内 容 简 介

本书是中国工程院咨询研究重点项目“高性能、功能性高分子材料2035发展战略研究”课题“功能性高分子材料”的研究成果。本书主要介绍功能性高分子材料的研究现状及发展趋势，包括应用于不同领域的功能性高分子材料主要品种的产能、产业化、市场需求及应用领域的发展情况。首先介绍了功能性高分子材料的发展及概述，然后根据功能性高分子材料的应用领域不同，分章节介绍了新能源电池（燃料电池、液流电池、锂离子电池、固态电池）领域用高分子材料、分离膜（液体分离膜、气体分离膜）用高分子材料、电子信息（柔性显示、挠性覆铜板）用功能性高分子材料和生物医用（血液透析、骨植入、人工血管）功能性高分子材料的种类范围、发展现状与需求、目前存在的问题及发展愿景。

本书可为功能性高分子材料领域的科学研究工作者、技术开发人员、高等院校师生提供相关的指导和参考。

图书在版编目（CIP）数据

功能性高分子材料 / 蹇锡高等编著. 一北京：科学出版社，2023.1

ISBN 978-7-03-073687-1

Ⅰ. ①功… Ⅱ. ①蹇… Ⅲ. ①功能材料－高分子材料 Ⅳ. ①TB324

中国版本图书馆 CIP 数据核字（2022）第 205823 号

责任编辑：翁靖一 / 责任校对：杜子昂
责任印制：师艳茹 / 封面设计：东方人华

科学出版社出版
北京东黄城根北街 16 号
邮政编码：100717
http://www.sciencep.com
三河市春园印刷有限公司印刷
科学出版社发行 各地新华书店经销

*

2023 年 1 月第 一 版 开本：720 × 1000 1/16
2023 年 1 月第一次印刷 印张：13 1/2
字数：268 000

定价：139.00 元

（如有印装质量问题，我社负责调换）

中国工程院咨询研究重点项

功能性高分子

蹇锡高 张守海 等

科 学 出 版

北 京

前　言

功能性高分子材料是高分子材料最重要的分支之一。功能性高分子材料发展于20世纪60年代，主要涉及生物、电子、能源三大领域，随着时代的进步、科技的创新，现已涉及新能源电池领域用高分子材料、具有高效分离功能的膜用高分子材料、电子信息用高分子材料、生物医用高分子材料等多个领域。功能性高分子材料是发展迅速且与其他领域交叉最广泛的高分子材料。功能性高分子材料给生活带来了诸多益处，生活中应用最为广泛的功能性高分子材料有如下几种。①新能源电池领域用高分子材料：大规模储能技术是解决可再生能源发电不连续、不稳定等问题，推进可再生能源的普及应用，落实“节能减排”重大国策的关键核心技术，是国家实现能源安全、经济可持续发展的重大需求。新能源电池领域用高分子材料的研发则是该项储能技术的基础。②分离膜用高分子材料：高分子分离膜具有选择性透过功能，其特殊通透性可起到浓缩和分离纯化特定一种或几种物质的作用。高性能分离膜材料具有高分离性能、高稳定性、低成本和长寿命等特征，是新型高效分离技术的核心材料，在解决水资源问题、环境问题、能源问题等方面发挥着重大的作用。③电子信息用高分子材料：主要涉及柔性显示基板材料、挠性印刷电路板材料。④生物医用高分子材料：医用型的高分子材料能够对某些生理疾病进行诊断和治疗，对患者疾病实现修复和治疗作用，使得患病组织可以再次恢复其特有的功效。这一类型的高分子材料大多用于医疗系统的疾病诊断和治疗，同时在器官移植方面也有一定的作用，可以有效缓解患者疼痛，恢复患者正常体征，提高患者生活质量，所以在医疗系统有着广泛的应用。

随着时代进步，人们对高分子材料的需求量也不断提高。功能性高分子材料的出现，不仅提高了国家的经济水平，同时还为国家的安全提供了保障。我国经济社会发展尤其是面临的产业升级以及新产业的形成和发展，对功能性高分子材料的需求日益突出。

本书主要以新能源电池领域用高分子材料、具有高效分离功能的膜用高分子材料、电子信息用高分子材料、生物医用高分子材料（血液透析膜、骨植入材料等）为研究对象，介绍国内外功能性高分子材料的研究现状及发展趋势，包括主要品种的产能、产业化、市场需求及应用领域的发展情况；国内现有技术与国外先进技术对比差距；提出我国未来的功能性高分子材料的发展方向和目标。

参与本书撰写的工作人员有大连理工大学化工学院蹇锡高院士（规划全书框架结构）、张守海教授（前言、第 1 章、第 3 章）、李先锋研究员和胡方圆教授（第 2 章）、李战胜教授（第 3 章）、王锦艳教授和李楠工程师（第 4 章）、柳承德副教授（第 5 章），全书由张守海统稿。此外，中国科学院大连化学物理研究所袁治章研究员、鲁文静博士，吉林大学赵成吉教授，北京师范大学李林教授，中国人民大学郑祥教授，浙江大学朱宝库教授、张林教授，中山大学付俊教授，中国医学科学院阜外医院欧阳晨曦主任医师，威高集团有限公司李永刚主任，威海帕斯砜新材料有限公司隋健总经理，大连理工大学刘乾博士等提供了部分资料，对本书的编写做出了贡献，在此一并表示感谢。

由于功能性高分子材料涉及化学、化工、材料、物理、医学等多学科领域，加之作者水平及时间有限，书中难免存在疏漏或不妥之处，敬请读者批评指正。

蹇锡高

中国工程院院士

大连理工大学教授

2022 年 9 月

目　录

第 1 章　导　　论

1.1　功能性高分子材料概述

功能性高分子材料是高分子材料最重要的分支之一。功能性高分子材料的发展脱胎于高分子科学的发展，并与功能材料的发展密切相关。国际上“功能高分子材料”的提法出现于 20 世纪 60 年代[1]。功能高分子材料成为高分子材料领域发展最为迅速、与其他领域交叉最为广泛的一个领域，随着时代的进步、科技的创新，现已涉及新能源电池领域用高分子材料、具有高效分离功能的高分子材料、电子信息用高分子材料、生物医用高分子材料等多个领域。

功能高分子材料可以认为是具有特殊功能的高分子材料的统称[2, 3]。它一般是指高分子材料本身受到物理或化学的外部刺激或者与其他物质发生相互作用之后，会产生质和量的变化，从而实现特定功能的高分子材料。它也可以看作是在原有力学性能基础上再赋予特定功能的高分子材料，如光敏性、导电性、催化活性、生物相容性、分离选择性、磁性等[4]。在功能高分子材料的分子主链或者侧链上常常含有一些特殊的功能基团使其具有某些特殊功能（对外部刺激的适应、反应、表达和应对能力等）。功能高分子材料以其独特的化学、电学、声学、光学、磁学及其他物理化学性质、生物化学性质等引起人们的广泛关注。功能高分子材料优异的性能促进各个领域的技术进步，甚至实现质的飞跃。可以说功能高分子材料的发展决定了科技的发展，在各行业都将产生巨大的经济效益和社会效益，对于人们的生活与生产有着举足轻重的作用。而我国经济社会发展尤其是所面临的产业升级及新产业的形成和发展，对功能高分子材料的需求日益突出。

1.2　功能性高分子材料的分类

功能高分子材料种类繁多，分类方法也有很多。根据研究目的、观察角度等不同，可以将功能高分子材料按照材料的组成与结构、来源、功能和应用特点、应用领域等不同的分类方法进行分类。

按照材料的组成与结构可以将功能高分子材料分为结构型功能高分子材料和复合型功能高分子材料。其中，结构型功能高分子材料是指在分子链中含有特定功能基团的高分子材料，它们的功能性主要是由其所含有的特定功能基团来体现的。复合型功能高分子材料是以普通高分子材料为基体或载体，与具有某些特定功能（如导电、电磁）的其他材料以一定方式复合而成，其功能性是由高分子材料以外的添加组分提供。

按照材料的来源可以将功能高分子材料分为天然功能高分子材料、半合成功能高分子材料和合成功能高分子材料。天然功能高分子材料：是自然界或矿物中由生化作用或光合作用而形成的功能高分子化合物，如酶、蛋白质、多肽等。半合成功能高分子材料：以天然高分子材料为主体，通过对其进行物理或者化学改性，制得的功能高分子材料。例如，淀粉经化学改性得到淀粉接枝共聚物，可用于制备高吸水树脂[5]；纤维素的化学改性产物可用于制备血液透析膜[6]等。合成功能性高分子材料：可以根据功能性的需求，对其化学结构、凝聚态结构、复合结构及宏观形态进行设计，从而充分发挥其功能性。例如，各种高分子药物、导电高分子材料、高分子膜材料、生物组织工程材料等，其结构设计的灵活性为其应用带来了广阔的前景。

按功能高分子材料的功能和应用特点，可以将功能高分子材料分为八大类[1, 7]，具体如表 1-1 所示。

表 1-1　功能高分子材料的分类[1]

功能特性		种类	应用
化学	反应性	高分子试剂、可降解高分子	高分子反应、环保塑料制品
	吸附和分离	离子交换树脂、螯合树脂、絮凝剂	水净化、分离混合物
		高吸水树脂	保水和吸水用品
光	光传导	塑料光纤	通信、显示、医疗器械
	透光	接触眼镜片、阳光选择膜	医疗、农用膜
	偏光	液晶高分子	显示、记录
	光化学反应	光刻胶、感光树脂	电极、电池材料
	光色	光致变色高分子、发光高分子	防静电、屏蔽材料、介电材料
电	导电	高分子半导体、高分子导体、高分子超导体、导电塑料、透明导电薄膜、高分子聚电解质	透明电极、固体电解质材料
	光电	光电高分子、电致变色高分子	电子照相、光电池
	介电	高分子驻极体	释电
	热电	热电高分子	显示、测量
磁	导磁	塑料磁石、磁性橡胶、光磁材料	显示、记录、储存、中子吸收
热	热变形	热收缩塑料、形状记忆高分子	医疗、玩具
	绝热	耐烧蚀塑料	火箭、宇宙飞船
	热光	热释光塑料	测量

续表

功能特性		种类	应用
声	吸音	吸音防震材料	建筑
	声电	声电换能材料、超声波发振材料	音响设备
机械	传质	分离膜、高分子减阻剂	化工、环保、输油
	力电	压电高分子、压敏导电橡胶	开关材料、机器人触感材料
生物	身体适应性	医用高分子	外科材料、人工脏器
	药性	高分子药物	医疗卫生
	仿生	仿生高分子、智能高分子	生物医学工程

按照应用领域的不同，功能高分子材料可以分为新能源领域用高分子材料、分离膜用高分子材料、电子信息用高分子材料、生物医用高分子材料等。新能源领域用高分子材料主要涉及燃料电池用质子交换膜、液流电池用离子交换膜和多孔离子传导膜、锂离子电池用隔膜和黏结剂等。分离膜用高分子材料主要是具有选择性透过能力的高分子材料，包括液体分离膜用高分子材料和气体分离膜用高分子材料，在解决水资源问题、环境问题、能源问题等方面发挥着重大的作用。电子信息用高分子材料主要涉及柔性显示基板材料、挠性印刷电路板材料等。生物医用高分子材料是指用于疾病的诊断、治疗和预防及人体组织和器官的替换、修复和再生的高分子材料，已经应用于如医疗器械（包括隐形眼镜、人工血管、人工关节、手术缝合线、血管支架、血液透析膜等）、体内外诊断、生物组织工程、药物缓释和靶向释放、基因释放、蛋白质缓释等方面[8]。

1.3 功能性高分子材料的发展历程

人类的发展与高分子材料密不可分，很早就开始利用棉、麻、丝、毛等天然高分子材料作织物；19 世纪中叶，发展了天然高分子材料的化学改性，制备了硫化天然橡胶、黏胶纤维等；20 世纪初，出现了第一种合成树脂——酚醛树脂，之后丁钠橡胶、醇酸树脂、脲醛树脂等相继出现，然而，当时人们还没有高分子材料的概念，也不清楚其结构。一直到 1929 年 H.Staudinger 建立了大分子假说，高分子科学在理论研究和工业上得到了快速发展。随着高分子材料的发展，其应用领域逐渐扩大，由于其具有密度小、易加工等优点，各领域对高分子材料的需求也日益增加。1965 年 J.A.Morton 提出了功能材料的概念后，功能材料快速发展。随着高分子材料和功能材料的发展，功能高分子材料成为高分子材料学科发展最为迅速的一个新兴领域，拓展十分迅速，从 20 世纪 80 年代中后期开始成为独立的学科，逐步拓展出高分子分离膜、高分子催化剂、高分子试剂、高分子液晶、导电高分子、光敏高分子、医用高分子、高分子药物、相变储能高分子等研究领域[1]。

最初的功能高分子可以追溯到1935年合成的酚醛树脂，通过离子交换可以使水不经过蒸馏而脱盐，操作简便还可节约能源，开创了离子交换树脂领域。1944年合成了磺化苯乙烯-二乙烯苯共聚物离子交换树脂及交联聚丙烯酸树脂。相继开发了苯乙烯系磺酸型强酸性离子交换树脂并实现了工业化，研制了强碱性苯乙烯系阴离子交换树脂和弱酸性丙烯酸系阳离子交换树脂，并应用于水的脱盐精制、药物提取纯化、稀土元素的分离纯化、蔗糖及葡萄糖溶液的脱盐脱色等。20世纪50年代末，以离子交换树脂、螯合树脂、高分子分离膜为代表的吸附分离功能材料和以利用其化学性能为主的高分子负载催化剂迅速发展起来，并初步实现产业化。

1953年出现了医用有机硅材料、可降解手术缝合线，生物医用高分子材料的研究与开发进入了新的时代。20世纪60年代以后，人们已经不满足于从已有高分子材料中筛选可以代替人体各种组织和器官或者用于医疗的高分子材料，而是从高分子材料的合成开始专门设计合成用于生物医用的高分子材料，经过多年的发展，绝大部分人体器官已经可以使用天然的或者人工合成的生物医用高分子材料作为替代品[9]。

1960年首次通过相转化法制成了具有历史意义的高脱盐、高通量的非对称醋酸纤维素反渗透膜，推动了膜科学的发展，使膜分离技术进入大规模工业化的阶段。分离膜用高分子材料相继拓展至纤维素衍生物类、聚砜类、聚酰胺类、聚酰亚胺类、聚酯类、聚烯烃类、含氟聚合物等[10]。由于高分子材料的日益发展，膜分离技术才得到飞速发展。膜分离技术因具有节能、环保、高效、易操作等特点，已在净水、生物、制药、化工、电子、天然气、食品加工等领域得到广泛应用，成为各国优先发展的“绿色技术”之一。

20世纪60年代初，质子交换膜燃料电池被提出，采用全氟磺酸质子交换膜的燃料电池成功用于航天器和潜艇[11]。20世纪80年代初，自加拿大Ballard动力系统公司（以下简称Ballard公司）将全氟磺酸质子交换膜用于质子交换膜燃料电池并获得成功以来，各种质子交换膜（如磺化聚醚砜、磺化聚醚酮、磺化聚酰亚胺、聚苯并咪唑等）陆续被研发出来。新能源电池领域的发展，也推动了相关功能高分子材料的开发与发展。

1960年，美国工程师在热塑性薄膜上敷以金属箔，再蚀刻成型，从而在柔软电路板上形成线路图案，制备了挠性覆铜板。经过半个世纪的发展，以聚酰亚胺薄膜等为基板材料的挠性覆铜板被广泛应用于手机、数码相机、液晶电视、笔记本电脑等电子产品中。电子技术的高速发展彻底改变了人类社会的生活、工作方式。随着电子技术的不断发展，对电子器件材料提出了新的要求，特别是材料的柔性化/可延展需求。相对于传统刚性电子器件，柔性电子器件由于在适用性、便携性及舒适性等方面的优势，其发展被视为推动电子技术发展的关键点，成为近年来学术界与工业界研究的热点之一[12]，也为电子信息领域用功能高分子材料的发展开拓广阔的空间。

上面对几类功能高分子材料发展和应用作了简短的介绍。由于高分子材料结构及结构层次的多样性，内容十分丰富，其功能性远未被充分挖掘，因此还有极大的发展空间。为了满足国民经济、国防军工等各领域的新技术发展需求，功能高分子材料正在向高功能化、多功能化（包括功能/结构一体化）、智能化和实用化方向发展。

参考文献

[1] 焦剑，姚军燕. 功能高分子材料. 2版. 北京：化学工业出版社，2016.

[2] 朱林华，戴春燕. 功能高分子材料的基础理论及应用研究. 北京：中国原子能出版社，2021.

[3] 何领好，王明花. 功能高分子材料. 武汉：华中科技大学出版社，2016.

[4] 李文俊. 功能高分子材料的发展. 精细石油工业，1991，4：49-54.

[5] 李铭杰，李仲谨，诸晓锋，等. 天然高分子改性制备高吸水性树脂研究进展. 化工进展，2010，29(3)：573-578.

[6] 俞学敏，朱丽静，高爱林，等. 血液透析膜的制备改性及组件设计. 膜科学与技术，2015，35（4）：110-122.

[7] 王国建. 功能高分子材料. 2版. 上海：同济大学出版社，2014.

[8] 张杰，张元晶，丁玉琴，等. 生物医用高分子材料研究热点. 高分子材料科学与工程，2021，37（9）：182-190.

[9] 张政朴. 反应性与功能性高分子材料. 北京：化学工业出版社，2004.

[10] 余亚伟，周勇. 聚砜材料在膜技术中的应用研究. 水处理技术，2016，42（4）：1-6.

[11] Kreuer K D. On the development of proton conducting polymer membranes for hydrogen and methanol fuel cells. Journal of Membrane Science，2001，185：29-39.

[12] 王志勇，汪韬，庄梦迪，等.功能高分子材料在柔性电子领域研究进展. 中国科学技术大学学报，2019，49（11）：878-891.

第 2 章　新能源电池领域用功能性高分子材料

能源是人类社会赖以生存和发展的重要物质基础，能源安全是关系国家经济社会发展的全局性、战略性问题。随着社会发展，能源消耗日益增加，导致环境污染及能源短缺等一系列问题。因此，普及应用可再生能源，提高可再生能源在能源消耗中的比重，成为我国能源发展的重要战略，这也是实现社会和经济可持续发展的必然选择，是推动我国能源革命、优化能源结构的重要保障。但是，风能、太阳能等可再生能源发电具有不连续、不稳定、不可控等缺点，而大规模储能系统可有效实现可再生能源发电的调幅调频、平滑输出、跟踪计划发电，从而减小可再生能源发电并网对电网的冲击，提高电网对可再生能源发电的消纳能力，解决弃风、弃光等问题。因此，大规模储能技术可最大程度上消除可再生能源发电不连续、不稳定等弊端，推进可再生能源的普及应用，进而掌握节能减排重大国策的关键核心技术，是国家能源安全、经济可持续发展的重大需求。燃料电池由于不受卡诺循环效应的限制，具有效率高、无污染等优势，被认为是最有发展前途的发电技术之一。

2.1　燃料电池用高分子材料

2.1.1　燃料电池用高分子材料的种类范围

燃料电池是一种将存在于燃料与氧化剂中的化学能直接转化为电能的装置[1, 2]。燃料电池汽车（fuel cell vehicle，FCV）采用燃料电池产生的电能作为动力，具有使用零污染、续航里程长和加氢时间短等优势，其广泛应用有助于节约燃料及减少大气污染，是未来汽车工业可持续发展的重要方向之一，也是解决全球能源和环境问题的理想方案之一。燃料电池的种类很多，其分类方法也有多种。按电解质的类型，燃料电池可分为碱性燃料电池（AFC）、磷酸燃料电池（PAFC）、熔融碳酸盐燃料电池（MCFC）、固体氧化物燃料电池（SOFC）和质子交换膜燃料电池（PEMFC）等五大类见表 2-1 和表 2-2。目前，应用较多的是 PEMFC 和 AFC[3, 4]。最早参与实际应用的燃料电池是 AFC，在 Apollo 飞船中应用的 AFC 不仅为飞船提供了动力，还为宇航员提供了饮用水，且其材料成本较低。阴离子交换膜（AEM）作为碱性阴离子交换膜燃料电池（AEMFC）的关键部分，直接决定着 AEMFC 的能量效率和使用寿命，但其面临着电导率和机械稳定性的平衡及降解等问题，因此 AEM 目前还处于起步阶段。

表 2-1　全球各燃料电池技术累积系统台套占比

类型	PEMFC	SOFC	MCFC	AFC	PAFC
占比/%	80.7	15.0	4.1	0.1	0.1

资料来源：E4tech，中信证券研究部

PEMFC 是近些年快速发展起来的新一代燃料电池，具有能量效率和能量密度高、体积重量小、启动速度快、运行安全可靠等优点，在新能源汽车方面应用较为广泛。PEMFC 的基本结构主要由质子交换膜（PEM）、催化剂层、扩散层、双极板组成。质子交换膜由碳基催化剂覆盖，而催化剂直接与扩散层和电解质接触，以达到最大的相互作用面。电解质、催化剂层和气体扩散层的组合被称为膜电极（MEA）。从成本构成来看，双极板和电催化剂在燃料电池堆中的成本占比分别为 23%和 36%，膜电极的成本占比为 16%，技术壁垒最高的组件质子交换膜的成本占比为 12%[5, 6]。质子交换膜是 PEMFC 的核心部件，是一种厚度仅为 50～180 μm 的薄膜，其微观结构非常复杂：它为质子传递提供通道，同时作为隔膜将阳极的燃料与阴极的氧化剂隔开，其性能直接影响电池的性能和寿命[7]。质子交换膜与一般化学电源中使用的隔膜有很大不同，它不仅是一种隔离阴阳极反应气体的隔膜材料，还是电解质和电极活性物质（电催化剂）的基底，即兼有隔膜和电解质的作用。另外，质子交换膜还是一种选择透过性膜，在一定的温度和湿度条件下具有可选择的透过性，在质子交换膜的高分子结构中，含有多种离子基团，它只容许氢离子（质子）透过，而不容许氢分子及其他离子透过[8]。根据氟含量不同，可将质子交换膜分为全氟质子交换膜、部分氟化聚合物质子交换膜、非氟聚合物质子交换膜和复合质子交换膜四类，其中应用较多的是 DuPont 公司生产的商业化全氟磺酸质子交换膜（Nafion 膜）[8]。

离子交换膜（IEM）作为 PEMFC 和碱性聚合物电解质燃料电池 APEFC 的核心部件，不仅要具有良好的电化学性能，还需要具有优异的机械性能和热稳定性，而且由于膜材料的工作环境为强酸性或者强碱性，还要求材料的耐酸碱能力强。因此，IEM 仍面临着诸多未知挑战。而全氟离子聚合物具有较强的化学稳定性和结构可调性，将会为接下来的应用研究打下重要基础[8]。

表 2-2　燃料电池分类[8-12]

电池类型	电解质	电解质形态	阳极	阴极	工作温度/℃	电化学效率/%	燃料/氧化剂	启动时间	功率输出/kW	应用
AFC	氢氧化钾溶液	液态	Pt/Ni	Pt/Ag	50～200	60～70	氢气/氧气	几分钟	0.3～5.0	航天、机动车
PAFC	磷酸	液态	Pt/C	Pt/C	160～220	45～55	氢气、天然气/空气	几分钟	200	清洁电站、轻便电源
MCFC	碱金属碳酸盐熔融混合物	液态	Ni/Al Ni/Cr	Li/NiO	620～660	50～65	氢气、天然气、沼气、煤气/空气	大于 10 min	2000～10000	清洁电站
SOFC	氧离子导电陶瓷	固态	Ni/YSZ	Sr/$LaMnO_3$	800～1000	60～65	氢气、天然气、沼气、煤气/空气	大于 10 min	1～100	清洁电站、联合循环发电
PEMFC	含氟质子膜	固态	Pt/C	Pt/C	60～80	40～60	氢气、甲醇、天然气/空气	小于 5 s	0.5～300.0	机动车、潜艇、便携电源、航天

2.1.2　燃料电池用高分子材料现状与需求分析

1. 燃料电池用高分子材料发展现状

20 世纪 80 年代初，自加拿大 Ballard 公司将全氟磺酸质子交换膜用于 PEMFC 并获得成功以来，各种质子交换膜陆续被研发出来，各自特点如表 2-3 所示。

表 2-3　各类质子交换膜优缺点比较[13]

类型	优点	缺点
全氟磺酸质子交换膜	机械强度高 化学稳定性好 在湿度大的条件下电导率高 低温时电流密度大，质子传导电阻小	高温时膜易发生化学降解，质子传导性变差 单体合成困难，成本高 用于甲醇燃料电池时易发生甲醇渗透
部分氟化聚合物质子交换膜	工作效率高 单电池寿命提高 成本低	氧溶解度低
新型非氟聚合物质子交换膜	电化学性能与 Nafion（四氟乙烯和全氟-3, 6-二环氧-4-甲基-7-癸烯-硫酸的共聚物）相似 环境污染小 成本低	化学稳定性较差 很难同时满足高质子传导性和良好机械性能
复合质子交换膜	可改善全氟磺酸膜电导率低及阻醇性差等缺点，可赋予特殊功能	制备工艺有待完善

全氟磺酸质子交换膜由主链疏水的聚四氟乙烯骨架和端基带有亲水性磺酸离子交换基团（—SO_3H）的全氟支链结构组成。主链疏水的聚四氟乙烯骨架和支链亲水的全氟磺酸侧基间聚集形成明显的亲疏水相区分离的离子传输通道结构，使得质子可在膜内的离子传输通道内进行有效的传输迁移。在全氟磺酸质子交换膜的膜内可以形成贯通 5～10 nm 的离子传输通道结构，完全满足质子的传输迁移。同时，主链的聚四氟乙烯骨架赋予质子交换膜材料较好的尺寸稳定性、机械性能和抗氧化稳定性[14]。目前市场应用最广的全氟磺酸质子交换膜是 DuPont 公司的 Nafion 膜（表 2-4）。相比其他质子交换膜，Nafion 膜具有较高的化学稳定性和机械强度，在高湿度的工作环境下能保持高电导率。目前商业化的全氟磺酸质子交换膜几乎都是以 Nafion 结构为基础。但膜材料对温度和含水量要求较高（在中高温度时质子传导性能明显下降），当用于直接甲醇燃料电池中时，甲醇的渗透率较高，制备工艺难度较大。Solvay 集团生产的短支链 Aquivion 膜的性能已经超过 Nafion112 膜，加拿大 Ballard 公司开发了 BAM 系列质子交换膜。这是一种典型的部分氟化聚苯乙烯质子交换膜，其热稳定性、化学稳定性及含水率都获得大幅

提升，超过了 Nafion117 和 Dow 膜的性能。北京化工大学制备出 Nafion 纳米纤维膜，电导率为 Nafion 膜的 5～6 倍，成功提升了 Nafion 膜的性能。东岳 DF260 膜厚度为 15 μm，在开路电压 OCV 情况下耐久性大于 600 h，膜运行时间达到 6000 h；在干湿循环和机械稳定性方面，循环次数都超过 2 万次。东岳 DF260 膜技术已经成熟并定型量产，二代规划产能 100 万 m^2，而且东岳集团已建成年产 50 t 燃料电池离子膜所需要的全氟磺酸树脂生产装置，可满足所需要的全氟磺酸树脂生产，满足 2.5 万辆燃料电池汽车的质子交换膜的需求。2018 年 7 月，投资 20 亿元建设的东岳氢能研发中心和千万平方米氢能膜材料项目，标志着燃料电池膜这一重大科研成果即将实现产业化[13-15]。

表 2-4　全球质子交换膜企业与产品

企业	国家	产品	投产时间/年
DuPont 公司	美国	Nafion 系列（117、115、112、1135、105）	1966
Dow 公司	美国	Xus-B204（停产）	—
3 M 公司	美国	全氟磺酸离子交换膜系列	—
Gore 公司	美国	SELECT 全氟磺酸离子交换膜系列	—
旭硝子株式会社	日本	FlemionF4000 系列，氯工程 C 系列	1978
旭化成株式会社	日本	Aciplex@F800 系列	1980
Solvay 集团	比利时	Aquivion 系列	—
Ballard 公司	加拿大	BAM 系列	1983
东岳集团	中国	DF260 系列膜	2004

注：旭化成株式会社以下简称旭化成

全氟类质子交换膜包括普通全氟磺酸质子交换膜、增强型全氟磺酸质子交换膜和高温复合质子交换膜（表 2-5）。普通全氟化质子交换膜的生产主要集中在美国、日本、加拿大和中国。目前，进一步提高质子交换膜的使用耐久性、寿命和工作性能仍然是质子交换膜燃料电池产业化面临的主要任务。此外全氟磺酸质子交换膜作为目前 PEMFC 唯一商业化的膜材料，电导率和稳定性虽好，但是生产难度高，成本居高不下，且易出现氟污染。降低质子交换膜成本的可选途径包括将全氟磺酸膜与聚四氟乙烯复合，改善膜的强度和稳定性，以降低质子交换膜的用量，以及开发廉价的低氟或无氟膜，但仍需解决氧化稳定性低的问题。聚四氟乙烯微孔膜是一种柔韧而富有弹性的微孔材料，孔隙率高、孔径分布均匀，具有透气但不透水的特性，将其粘贴在织物上可用作登山服、透气帐篷、雨衣等，但上述应用对聚四氟乙烯微孔膜的强度、孔隙率、厚度等要求不高，属于聚四氟乙烯微孔膜的低端应用。燃料电池膜处在燃料电池严苛的电化学工作环境中，对燃料电池膜的强度、化学稳定性要求非常高，然而传统的均质膜在这种严苛的电化学工作环境中，化学降解非常快，导致膜寿命较短。聚四氟乙烯微孔膜在燃料电池膜中的创造性应用，可大幅提高燃料电池膜的强度，进而降低燃料电池膜的厚度，同时燃料电池膜的寿命也大幅提高。目前，仅美国、日本等少数几家公司生产的高性能聚四氟乙烯微孔膜可以满足燃料电池膜的使用要求，国内仅能做防水透气用聚四氟乙烯微孔膜，这严重制约着高性能燃料电池膜国产化生产，制约着我国燃料电池产业的发展和行业安全，因此，聚四氟乙烯微孔膜属于“卡脖子”的核心关键材料[8, 14, 16]。

表 2-5　全氟磺酸膜的分类

<table>
<tr><th colspan="2">类型</th><th>应用</th></tr>
<tr><td colspan="2">普通全氟磺酸质子交换膜</td><td>DuPont 公司的 Nafion 系列膜，Dow 公司 Dow 膜和 Xus-B204 膜，3M 公司全氟碳酸膜，日本旭化成 Aciplex 系列，旭硝子株式会社 Flemion、氯工程 C 系列，加拿大 Ballard 公司 BAM 膜，比利时 Solvay 膜，中国山东东岳集团 DF988、DF2801 质子交换膜</td></tr>
<tr><td rowspan="2">增强型全氟磺酸质子交换膜</td><td>PTFE/全氟磺酸复合膜</td><td>美国 Gore 公司的 Gore-select 膜，带有微孔的 PTFE 膜对全氟磺酸树脂进行微观增强</td></tr>
<tr><td>玻璃纤维/全氟磺酸复合膜</td><td>英国 Johnson Matthery 公司采用造纸工艺制备自由分散的玻璃纤维基材，用 Nafion 溶液填充该玻璃纤维基材中的微孔，再烧结、压层的增强型复合膜</td></tr>
<tr><td rowspan="2">高温复合质子交换膜</td><td>杂多酸/全氟磺酸复合膜</td><td>以硅钨酸改性 Nafion 膜制得 NASTA 复合膜，加入噻吩制得 NASTATHI 系列膜</td></tr>
<tr><td>无机氯化物/全氟磺酸复合膜</td><td>向 Nafion 溶液中加入二氧化硅（SiO_2）颗粒制得 SiO_2/Nafion 复合膜，其中 SiO_2 含量约 3%</td></tr>
</table>

注：PTFE 代表聚四氟乙烯

尽管全氟磺酸质子交换膜表现出良好导电性能和电化学稳定性能，但其存在高的成本、高的燃料渗透率和高温时性能欠佳等不足。为了降低成本、拓宽质子交换膜材料的种类，低成本的非氟、碳氢主链聚合物质子交换膜材料发展迅速。非氟聚合物质子交换膜主要包括非氟磺化芳香聚合物质子交换膜和聚苯并咪唑质子交换膜[8, 14, 16]。

关于非氟磺化芳香聚合物质子交换膜的研究，国内外主要集中在磺化聚芳醚酮、磺化聚芳醚砜、磺化聚酰亚胺等非氟磺化芳香聚合物上。由于芳香聚合物如聚芳醚、聚酰亚胺等，具有优良的机械性能、化学稳定性、热稳定性、尺寸稳定性等，在电气、电子、航天航空等领域得到了广泛应用。为了制备燃料电池用质子交换膜材料，需要对芳香聚合物进行质子化改性，即引入酸性基团。目前质子化改性的常用手段是磺化改性，针对芳香聚合物磺化改性的方法主要有两种：①利用磺化试剂对高性能芳香聚合物进行磺化改性，引入磺酸基团；②利用含磺酸基团单体直接聚合合成含磺酸基团芳香聚合物，主要用于磺化聚酰亚胺和磺化聚芳醚等。磺化芳香聚合物不仅具有良好的化学稳定性和力学性能，而且原料易得、成本低廉，有希望成为替代全氟磺酸质子交换膜的材料之一。国内在非氟磺化芳香聚合物设计与合成方面的研究单位较多，也开发了大量的新型磺化非氟质子交换膜材料，如磺化聚芳醚酮质子交换膜材料、磺化杂萘联苯聚芳醚质子交换膜材料、磺化聚酰亚胺质子交换膜材料。并通过合成嵌段型磺化聚合物、侧链型磺化聚合物改善了质子交换膜的稳定性和传导性，但是与全氟磺酸膜相比，磺化聚芳醚的耐氧化稳定性和磺化聚酰亚胺的耐水解稳定性均还有待进一步提高[17, 18]。

聚苯并咪唑（PBI）质子交换膜主要用于高温质子交换膜燃料电池。质子交换膜燃料电池可以根据其工作温度的高低划分为高温质子交换膜燃料电池和低温质子交换膜燃料电池。通常低温质子交换膜燃料电池的使用温度不超过 100℃，质子传导的介质是水，而高温质子交换膜燃料电池的使用温度范围为 100～200℃，质子传导的介质是水或非水的质子溶剂。相对于低温质子交换膜燃料电池来说，高温质子交换膜燃料电池有几方面的优点：①在高温条件下，电极反应动力学系数和燃料的扩散速率提高；②高温燃料电池不需要低温燃料电池中的高相对湿度环境，因此燃料电池中的水循环系统可简化；③由于冷却剂和燃料电池堆之间的温差变大，冷却系统可简化；④高温条件下，可以减少一氧化碳在催化剂表面的吸附，从而提高催化剂对一氧化碳的耐受力，有利于防止催化剂中毒。因此，高温质子交换膜的研究越来越受到科研工作者的关注。为了在高温操作条件下具有理想的电池性能，高温质子交换膜需要满足如下要求：①低成本；②高温条件下有较高传导率；③高温下有较好的保水能力；④稳定的机械性能和抗氧化稳定性[10, 19-21]。

1995 年，磷酸掺杂的聚苯并咪唑复合膜开始被广泛地研究用于氢氧燃料电池中。PBI 是一类含有苯并咪唑环结构的聚合物，由于分子间氢键的存在，其玻璃化转变温度（T_g）高达 425～436℃，具有极好的热稳定性、机械性能和化学稳定性，在 400℃时仍然具有非常优良的力学性能和电学性能，较高的热稳定性和优良的机械性能使 PBI 满足了高温燃料电池质子交换膜的最基本要求。磷酸掺杂 PBI（PA/PBI）膜中的质子传导主要通过高斯机理进行，即质子在两分子间通过重排氢键的方式在分子间跳跃，苯并咪唑环结构既作为质子给体，又作为质子受体。这种传导方式可以在无水的条件下进行，因此 PA/PBI 膜可以在高达 200℃的温度下使用。质子在磷酸掺杂膜中的质子传导主要通过三种途径：①磷酸-磷酸分子间的传导；②磷酸分子和水分子间的传导；③磷酸分子和咪唑环间的传导。在磷酸掺杂量较低的情况下，质子化的苯并咪唑为主要成分，因而质子传导以-N-H 和磷酸分子间的跃迁为主；在磷酸掺杂量较高的情况下，自由磷酸间通过磷酸根和磷酸氢根形成传导通道，使质子传导率提高[10, 19-25]。

但这类质子交换膜也存在着以下缺点：①合成PBI的单体有很强的致癌性，而且合成时，单体很难达到100%的聚合，导致聚合物慢慢发生降解。②PBI不能熔融，而且在常见有机溶剂中溶解性不理想。在94℃加入10%的PBI/DMAc（二甲基乙酰胺）溶液，仍会有69%的未溶解聚合物残留。若为了保证聚合物的溶解性，合成的PBI的分子量就会受到限制，从而对膜的机械性能产生消极影响，不利于提高磷酸掺杂量。③吸附磷酸后，膜溶胀严重，力学强度大幅度下降。④掺杂膜的长期稳定性不理想，自由状态的磷酸容易从膜中渗漏出来。为此，人们主要从两个方面开展PBI的改性：一是提高PBI的分子量和可溶性，主要是提高膜的机械性能和可加工性能；二是调节聚合物碱性和结构，主要是提高膜对磷酸的吸附含量。为了提高膜中的磷酸掺杂量、传导性能、机械稳定性，减少磷酸流失，可以采用多种方式对PBI进行改性，主要改性方法包括交联、制孔、无机掺杂及采用新型的制备方法等[10, 19-25]。

目前只有美国PBI公司（PBI Performance Products，Inc.）能够生产供应商品化的PBI树脂（Celazole PBI），但特性黏数仅为0.9 dL/g，平均分子量不高，而且分子量分布也较宽，导致磷酸掺杂后膜的力学强度大幅度降低，不能满足燃料电池的使用需要。我国虽然有多家研究机构也在进行相关研究，但是尚未推出工程化应用的产品。PBI现有熔融缩聚与溶液缩聚等两种相对成熟的合成工艺，但是前者操作条件苛刻，需要高真空等复杂条件；后者反应条件相对温和，但消耗大量溶剂，反应时间较长。另外，由于PBI分子链刚性太强，只能溶于少数的有机溶剂和很强的酸中，因而加工困难，限制了其应用范围。当前，开发耐高温、机械性能优良及易加工的高分子量PBI树脂是主要研究方向[19-25]。

不同于质子交换膜，以氢氧根离子作为离子传导载体的阴离子交换膜具有独特的优势：①氢氧根离子的传导方向与甲醇等燃料的扩散方向相反，起到抑制燃料渗透的作用；②由于在碱性介质中使用，催化剂的活性可大幅度提升，燃料电池的催化剂有望摆脱贵金属催化剂铂的限制，使用稳定且廉价易得的镍、钴等非贵金属催化剂，大幅降低燃料电池成本，加速燃料电池的推广应用。然而，相对于质子交换膜，碱性阴离子交换膜的研究起步较晚，目前尚没有已商品化的产品[26-32]。

阴离子交换膜的制备通常是将阳离子基团通过季铵化反应，连接在带有苄基卤基团的聚合物前驱体上，目前最常被利用和研究的阳离子基团包括季铵盐、咪唑鎓盐、季鏻盐和胍盐等。目前商业化的阴离子交换膜主要应用于电渗析等电化学领域，大多数通过辐射接枝制备，品种相对单一，应用于燃料电池中存在离子传导率低、季铵基团在碱中易降解等问题，难以满足实际工况下长期稳定使用的要求。近年来，一系列季铵化的聚醚砜、聚芳醚酮、聚苯并咪唑和聚苯醚等相继开发出来，已有大量文献报道，验证了其在碱性阴离子膜燃料电池中的适用性。

但综合来看，由于作为传导介质的 OH^-的离子淌度明显低于质子，阴离子交换膜的传导率不高，一般为 10^{-3}～10^{-2} S/cm。为了提高传导率，需要在聚合物主链上接枝更多的离子基团，提高离子交换容量，以获得高的离子浓度。但是，随着离子化程度的提高，膜的亲水性增强，含水量和溶胀率大幅增加，导致膜丧失力学强度，甚至会在高温下溶解于水中，无法组装成三合一膜电极使用。这种膜的离子传导性能与膜的力学强度相互制约、难以兼顾的问题成了芳香族离聚物型阴离子交换膜研发所面临的最大挑战[26-32]。

碱性阴离子交换膜的发展面临的另外一个巨大挑战是聚合物链上的阳离子基团和聚合物主链的耐碱稳定性较差。在制备和评价阴离子交换膜时，必须综合考虑其主链骨架和阳离子基团的耐碱稳定性。一方面，在高温（＞60℃）强碱（pH＞14）条件下，氢氧根的亲核进攻会导致离子聚合物主链上醚键等不稳定结构降解，造成膜的机械强度和阴离子传导率大幅降低。因此，选择不含醚键等不稳定结构和砜基（或羰基）等强吸电子基团的聚合物作为碱性阴离子交换膜的主链骨架，是提高其耐碱稳定性的关键。另一方面，季铵根阳离子在高温碱性条件下易受氢氧根的亲核进攻，发生重排或降解，使聚合物链失去阳离子基团，损失电荷。提高阳离子基团的耐碱稳定性，可能的解决办法有两个：第一，使离子基团中元素上分布的正电荷离域，分散于共轭体系中，减小基团局部的正电性；第二，改变反应中间体的反应性，使其向着更有利于恢复至离子基团的方向发展，减少离子基团的损失[26-32]。

2. *燃料电池用高分子材料需求分析*

燃料电池汽车市场空间巨大，根据 DOE 公布成本占比测算，当 80 kW 质子交换膜燃料电池汽车年产量达 50 万辆时，燃料电池系统价格将降至 53 美元/kW，对应的隔膜市场将达到 1.6 亿美元，各组件的成本占比及市场空间见表 2-6。燃料电池 PEM 市场还是新兴市场，国内外均未形成较大规模。在燃料电池巨大的市场需求推动下，PEM 将获得进一步发展。

表 2-6　各组件的成本占比及市场空间总结表

项目	催化剂	双极板	隔膜	平衡装置	膜电极骨架	气体扩散层	合计
成本占比/%	49	22	11	7	6	5	100
市场空间/亿美元	7.0	3.1	1.6	1.0	0.9	0.7	14.3

在氢燃料电池产业中，日本、美国和韩国是氢燃料电池专利的主要产出国，专利的产出情况说明了对应国家对技术创新的重视程度。日本、美国的重点企

业在氢燃料电池领域中占有重要地位，基本掌握了该领域的核心技术，因此中国的氢燃料电池研发企业在发展国内市场的同时，面临着巨大的压力和知识产权的风险。

国内市场方面，当前国内质子交换膜价格高，价格居高不下的原因一方面是技术垄断，另一方面是工艺成本高。为了获得稳定而廉价的燃料电池，质子交换膜是最大的瓶颈和未来必须突破的领域。

因此，政府不仅要加大力度支持，还要集中国内企业和高校相关领域的高科技人才，针对氢燃料电池发展的重点领域及所面临的技术难题进行高强度的封闭式研发，打破被动局面，抢先占据氢燃料电池某些发展方向上的专利制高点。

2.1.3　燃料电池用高分子材料存在的问题

目前，我国全氟磺酸树脂的结构相对单一，树脂的制备技术水平还不高，树脂的分子量、分子量分布、离子交换容量等指标还有待进一步优化，特别是高玻璃化转变温度、高分子量的全氟磺酸树脂的国产化还有很长的路要走。

我国燃料电池及全氟磺酸质子交换膜的发展起步较晚，质子交换膜制备所需的核心关键材料（如全氟磺酸树脂、增强材料等）和关键设备相较国外来说，技术水平不高，核心技术的积累时间有限，导致质子交换膜的制备技术水平不高。这受制于整个燃料电池产业发展水平不高，质子交换膜的国产化进程相对缓慢。

关于非氟磺化芳香聚合物质子交换膜方面，国内外主要集中于磺化聚芳醚酮、磺化聚芳醚砜、磺化聚酰亚胺等非氟磺化芳香聚合物的研究。随着国内科研水平和条件的改善，在非氟磺化芳香聚合物质子交换膜材料设计合成研究方面与国外研究水平相差不大，开发了系列新型磺化非氟质子交换膜材料，如磺化杂萘联苯聚芳醚膜材料、新型磺化聚芳醚酮质子交换膜材料、磺化聚酰亚胺质子交换膜材料等，与全氟磺酸质子交换膜相比，表现出良好的选择性和较低的成本，但是其耐氧化稳定性或耐水解稳定性、质子传导性方面还有待提高。

在高温质子交换膜领域，人们对质子交换膜的研究主要是围绕改性磺酸膜和磷酸掺杂聚合物而展开的。改性磺酸膜主要是通过无机粒子掺杂和用非水质子导体掺杂的方法实现，这类膜稳定性差、重现性不好，应用前景不大。其中，磷酸掺杂的 PBI 膜在 400℃时仍然有优异的力学性能和电化学性能，是耐高温复合材料最为理想的基体树脂之一，但也存在着以下问题：①商业化的 PBI 特性黏数仅为 0.9 dL/g，分子量较低，掺杂后机械性能大幅下降，不能满足燃料电池的需要。②PBI 不能熔融而且在常见有机溶剂中溶解性较差，加工性能不好。③磷酸的掺杂水平越高，质子传导率越高，但掺杂水平过高，会导致膜的力学强度降低乃至完全丧失。如何保证和提高 PBI 在高磷酸掺杂水平时的力学强度是这类膜能获得实际应用的关键因素之一。④掺杂膜的长期稳定性不好，自由状态的磷酸容易从膜中渗漏出来。这些问题都亟待解决。

在碱性阴离子交换膜领域，国内外尚没有成熟的商品化产品。特别是在碱性燃料电池的实际工况下，现有阴离子交换膜的耐碱稳定性较差。例如，最常见的苄基三甲基季铵阳离子在高温下，易受 OH^-的进攻，转变为苄醇结构，损失电荷。共轭杂环类阳离子，如咪唑鎓盐和胍盐等也并不稳定，降解速率较快。即使在 C2 位引入甲基等空间位阻取代基，其耐碱稳定性也很差。含有醚键的聚醚砜和聚苯醚类阴离子交换膜在 80℃以上主链降解严重，限制了其在碱性阴离子交换膜燃料电池领域的应用。

2.1.4 燃料电池用高分子材料发展愿景

2025 年：针对质子交换膜燃料电池，重点发展全氟磺酸树脂、聚四氟乙烯微孔膜及其复合膜等关键原料及材料的基本国产化，打破由少数几家国外企业垄断的局面，满足市场对关键膜材料 80%的需求，解决离子传导膜离子选择性与传导性“Trade-off”效应；设计开发新型非氟磺化含氮杂环聚合物，提高非氟质子交换膜的稳定性和质子传导性，探索新型非氟磺化含氮杂环聚合物质子交换膜工程化放大技术，发展自主可控的非氟质子交换膜制备技术；针对高温质子交换膜燃料电池，重点发展高性能、可溶性聚苯并咪唑聚合物材料的基本国产化，开发兼具高的电导率和良好的机械性能、抗氧化稳定性的新型高温质子交换膜体系。针对碱性阴离子交换膜燃料电池，开展耐碱稳定性好、电导率高等高性能阴离子交换膜的基础研究制备及应用关键技术，并解决阴离子交换膜耐碱稳定性差和电导率低的问题。

2035 年：针对质子交换膜燃料电池，进一步提升质子交换膜的使用寿命和工作性能，满足燃料电池长期稳定使用要求，优化全氟磺酸树脂及非氟磺化杂环聚合物膜材料结构，突破规模放大技术；针对高温质子交换膜燃料电池，实现高性能、可溶性聚苯并咪唑聚合物材料的规模化和国产化制备，建立起高温质子交换膜新体系的制备与应用的关键技术体系，并解决高温质子交换膜磷酸流失问题。通过膜结构设计，解决高温质子交换膜磷酸掺杂量与机械强度和稳定性的“Trade-off”效应，实现在高温燃料电池内的大规模应用。针对碱性阴离子交换膜燃料电池，优化聚合物的主链及阳离子基团结构，解决规模化制备的技术问题，实现高性能阴离子交换膜的规模化、国产化制备，并实现在碱性燃料电池中的大规模应用。

2.2　液流电池用高分子材料

为了推动“能源革命”，国家发布了一系列政策支持储能技术的发展。2015 年 5 月，中华人民共和国国务院发布《中国制造 2025》：推进 10 MW 级液流电池储能成套装置、全钒液流电池储能等关键技术、材料和装置的研制和应用示范，实现燃料电池车批量生产和规模化示范应用。2016 年 3 月，在国务院发布的《中华人民共和国国民经济和社会发展第十三个五年规划纲要》中，将新一代信息技术、生物技术、空间信息智能感知、储能与分布式能源、高端材料、新能源汽车列为战略性新兴产业。2017 年 10 月，国家发展和改革委员会（以下简称发改委）、财政部、科学技术部、工业和信息化部和国家能源局发布《关于促进储能技术与产业发展的指导意见》：试验示范一批具有产业化潜力的储能技术和装备，重点包括 100 MW 级锂离子电池储能系统等，应用推广一批具有自主知识产权的储能技术和产品，重点包括 100 MW 级全钒液流电池储能电站等。2018 年 12 月，中国工程院等联合发布的《全球工程前沿 2018》报告中，储能技术在工程开发前沿和研究前沿中分别排名第一和第二，认为储能技术与可再生能源系统深度融合，是满足可再生能源规模化应用的重要手段。2019 年 7 月，国家发改委、科学技术部、工业和信息化部、国家能源局联合发布《贯彻落实〈关于促进储能技术与产业发展的指导意见〉2019—2020 年行动计划》，指出：要加强对先进储能技术研发任务的部署，集中攻克制约储能技术应用与发展的规模、效率、成本、寿命、安全性等方面的瓶颈技术问题等。2020 年 1 月，教育部、国家发改委、国家能源局发布《关于印发〈储能技术专业学科发展行动计划（2020—2024 年）〉的通知》指出：加快建立发展储能技术学科专业，加快培养急需紧缺人才，破解共性和瓶颈技术，推动我国储能产业和能源高质量发展。

如图 2-1 所示，储能技术应用于电力系统的发电、输电、配电、用电等各主要环节。到目前为止，研究人员已经开发了多种形式的储能技术，主要分为物理储能和化学储能两大类[33]。如表 2-7 所示，物理储能技术主要有抽水储能、压缩空气储能、飞轮储能、超导储能及蓄热储能电容器[33]。化学储能技术主要有液流电池、钠硫电池、锂离子电池、铅酸电池和金属空气电池等[34-41]。根据各种应用领域对储能功率和储能容量要求的不同，各种储能技术都有其适宜的应用领域，见图 2-2。飞轮储能、超导储能和超级电容器储能适合于需要提供短时及需求较大的脉冲功率的场合，如应对电压暂降和瞬时停电、抑制电力系统低频振荡、提高系统稳定性等；而抽水储能、压缩空气储能和化学电池（液流电池、铅炭电池及锂离子电池技术等）储能适合于电网调峰、可再生能源集中并入等大功率、大容量的应用场合[33]。

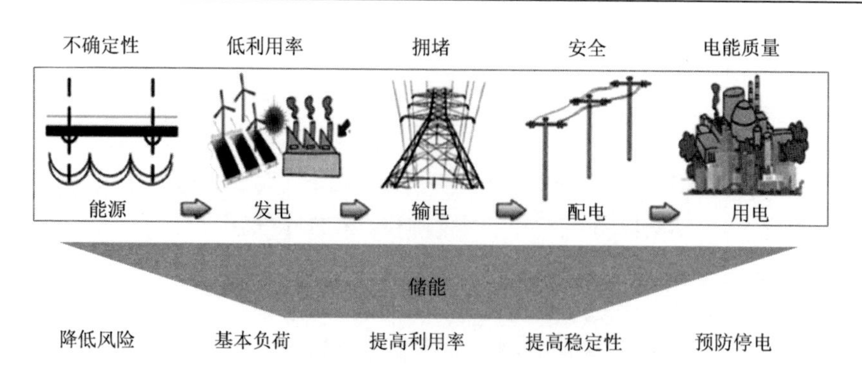

图 2-1　储能技术的应用

表 2-7　不同储能技术及其特点

	储能技术	优点	缺点
化学储能	液流电池	安全性高、设计灵活、循环寿命长	能量密度低
	钠硫电池	能量密度高、功率密度高	运行温度较高、安全性差
	锂离子电池	能量密度高、功率密度高	成本高、安全性较差
	金属空气电池	能量密度高	循环性差
	铅酸电池	技术成熟、成本低	循环寿命短、铅污染环境
	超级电容器	功率密度高、循环寿命长	成本高、能量密度低
物理储能	抽水储能	容量高、技术成熟	受限于地理条件
	压缩空气储能	容量高	受限于地理条件
	飞轮储能	功率密度高	需要真空条件、材料要求高
	超导储能	功率密度高	低温运行、能量密度低
	蓄热储能	容量高、功率高	高温运行、初始投入成本高

抽水储能[33, 34]及压缩空气储能[35, 36]具有规模大、寿命长、安全可靠、运行费用低等优点，建设规模一般在百兆瓦级以上，储能时长从几小时到几天，适用于电力系统的削峰填谷、紧急事故备用容量等应用。但这两种储能技术都需要特殊的地理条件和配套设施，建设的局限性较大。

锂离子电池具有质量轻、比能量高、自放电率低等优势，已广泛应用于便携式电子设备，并作为动力电池在电动交通工具领域得到应用。近几年，又开展了应用于固定储能设备的研发。但锂离子电池要作为规模储能设备，单电池的一致性问题、安全性问题及高成本问题是必须要解决的[34]。

与上述几种化学储能电池相比较，液流电池是适合于大规模储能的装置，在规模储能方面具有独特的优势：储能介质为水溶液，安全性高；蓄电容量大，可达百兆瓦时；容量和功率相互独立，系统设计灵活；充放电响应速度快，电池的使用寿命长，可靠性高，可深度放电；系统选址自由，受设置场地限制小；系统封闭运行；电池的大部分部件材料可循环使用，具有较高的成本优势；建设周期短，系统运行和维护费用低[38]。

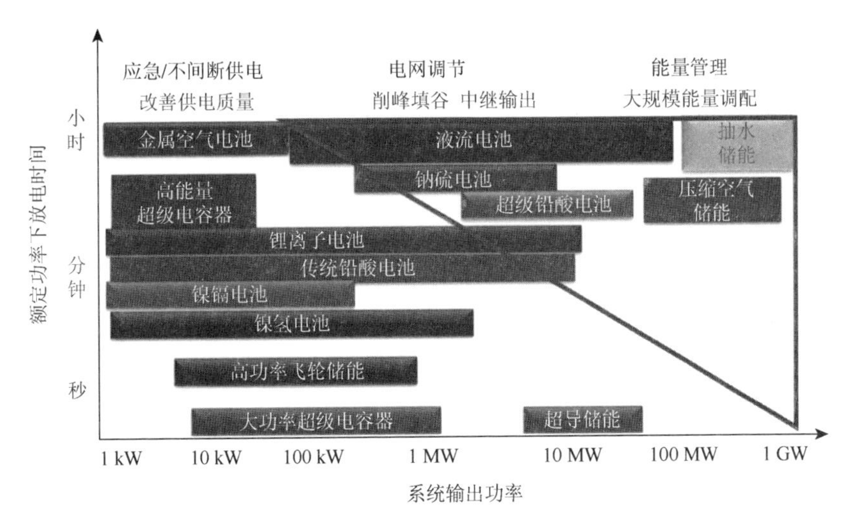

图 2-2　主要储能技术的输出特性及应用领域

液流电池的概念由美国国家航空航天局（NASA）L. H. Thaller 于 1974 年提出。液流电池基于正负极电解质溶液中氧化还原电对（即活性物质）发生的可逆氧化还原反应（即价态的可逆变化）实现电能和化学能的相互转换。充电时，正极发生氧化反应使活性物质的价态升高，负极发生还原反应使活性物质的价态降低，电能转化为化学能；放电过程与之相反。理论上讲，有离子价态变化的离子对均可以组成液流电池，如 V^{2+}/V^{3+}、V^{4+}/V^{5+}、Zn^{2+}/Zn、Fe^{2+}/Fe^{3+}、I^-/I_3^-、Br^-/Br_3^- 等。液流电池与一般固态电池之间的差异在于液流电池的正极/负极电解液储存于电极外部的储罐中，通过泵和管路输送到电池内部进行反应[39-42]。液流电池的独特设计使其功率和容量独立可调，功率由电堆中的电池数量和电极面积决定，容量由电解液活性物质浓度和体积决定[43, 44]。

在某些液流电池体系中，至少有一个氧化还原电对的反应涉及固态物质的沉积或气体物质的析出，这些体系称为“混合型”液流电池（hybrid-flow battery）。锌基液流电池，如锌溴（碘）液流电池、锌铁液流电池、锌锰液流电池等负极涉及金属锌的沉积溶解反应，是一种典型的“混合型”液流电池[42, 45]。通常，在中性（偏弱酸性）环境中，金属锌的沉积溶解电位为–0.763 V（*vs.* SHE），而在碱性环境中，金属锌的沉积溶解电位为–1.22 V（*vs.* SHE）。因此，与金属锌电对配对组成的锌基液流电池通常具有较高的电压[42, 46]。此外，金属锌沉积溶解过程涉及两电子转移反应，结合较高的开路电压，锌基液流电池通常具有较高的能量密度，例如，锌溴液流电池理论开路电压为 1.82 V，电池活性物质浓度高，理论能量密度高达 430 W·h/kg，实际能量密度约为 65 W·h/kg。相同容量的电池，锌溴液流电池所需电解液体积更小，实际应用中占地面积更小。

在众多液流电池体系中，技术优势最明显的是澳大利亚新南威尔士大学 M. Skyllas-Kazacos 提出的全钒液流电池[47, 48]。目前，国外从事全钒液流电池技术研究开发的单位主要包括日本住友电气工业（SEI）株式会社、德国 Gildmester 公司、德国 Fraunhofer 研究所、美国西北太平洋国家实验室（PNNL）、美国 UET 公司、英国 Red T 公司等。SEI 从 20 世纪 90 年代初开始研究全钒液流电池，2005 年在日本北海道苫前町建立了 4 MW/(6 MW·h)的全钒液流电池储能系统，用于与 30.6 MW 风力发电站匹配，平滑风电输出。该系统持续运行 3 年，成功进行充放电 27.6 万次。但由于市场前景不明朗、成本过高等原因，SEI 的液流储能电池研究工作停顿下来。2010 年上半年，SEI 看到大型风电场和智能电网对大规模储能技术的广阔市场需求，重启液流电池研发，并于 2015 年在安平町南早来变电站建成 15 MW/(60 MW·h)的储能系统[48]。德国 Gildmester 公司的液流电池技术源自奥地利 Cellstrom 公司，2008 年开发出 10 kW/(100 kW·h)的电池系统，与 Solon AG 光伏公司合作应用在城市电动车的充电站，积极拓展在偏远地区供电、通信、备用电源等领域[49, 50]。美国 UET 公司是一家新兴的全钒液流电池开发企业，近年来在美国、意大利等地实施了总计约 10 MW/(40 MW·h)的储能系统。在基础研究方面，美国西北太平洋国家实验室提出用混合酸作为支持电解质，可提高电解液中钒离子的浓度，并拓宽全钒液流电池电解液的工作温度窗口，电解液的能量密度提高了约 40%，该技术已被美国 UET 公司所采纳[51]。德国 Fraunhofer 研究所在电极反应动力学等方面做了一定的研究工作。

国内有中国科学院大连化学物理研究所（DICP）、大连融科储能技术发展有限公司（RKP）、清华大学、中国科学院金属研究所、中南大学等多家机构从事液流电池的研发工作。DICP 研发团队以技术入股创立 RKP。近几年，DICP-RKP 合作团队，在电池材料，包括电解质溶液、非氟离子传导膜、碳塑复合双极板和电堆结构设计技术方面都取得了一系列的技术进步，开发出高导电性、高韧性碳塑复合双极板，高导电性、高离子选择性离子传导膜。同时，通过数值模拟和实验验证，掌握了高功率密度电堆的设计方法，大幅度降低了电堆的欧姆极化，从而在保持电堆充放电能量效率大于 80%的前提下，电堆工作电流密度由原来的 80 mA/cm^2 提高到 180 mA/cm^2，提高一倍以上，从而大幅度降低了全钒液流电池的制造成本。RKP 建造的国电龙源卧牛石 5 MW/(10 MW·h)储能电站，已经安全稳定运行近 10 年，验证了全钒液流电池技术的可靠性和耐久性[52, 53]。

最近，DICP-RKP 通过电池材料的创新和电堆结构的创新，在保持电池充放电能量效率大于 80%的条件下，全钒液流电池的单电池的工作电流密度提高到 300 mA/cm^2，20 kW 级电堆的额定工作电流密度达到 220 mA/cm^2 以上。同时，DICP 研发团队成功开发出新一代 30 kW 级低成本全钒液流电池电堆，该电堆采用研究团队自主研发的可焊接多孔离子传导膜（成本＜100 元/m^2），相对于传统的电池组装技术，膜材料实际使用面积减少 30%。在新一代电堆的组装工艺中，研究团队打破了传统的组装方式，首次将激光焊接技术应用于电堆组装工艺中，大大提高了电堆的可靠性，同时也提高了电堆装配的自动化程度，减少了密封材料的使用，电堆总成本降低了 40%。新一代电堆的成功研发，将大幅度降低全钒液流电池系统的成本，推动全钒液流电池的产业化应用。

在应用示范方面，2012 年 RKP 在辽宁省卧牛石的国电龙源 50 MW 风电场建成了全球最大规模的 5 MW/(10 MW·h)全钒液流电池储能系统，实现了风电场的平滑输出和跟踪计划发电。2016 年，RKP 建成了年产 300 MW 全钒液流电池储能装备生产工厂，产品出口到德国、美国、日本、意大利等国家，在国内外已实施了近 30 项应用示范工程；其应用领域涉及海岛、边远地区可再生能源发电、分布式供电及风电场平滑输出、计划发电等，在全球率先实现了产业化；该团队正在建设国家能源局批准建设的 200 MW/(800 MW·h)国家级示范项目[54]。可见，全钒液流电池储能系统参与电力调控的价值也已逐渐被业界重视。

目前，以全钒液流电池为代表的液流电池储能技术发展迅速，已经处于产业化推广阶段。但相比其他电池技术，全钒液流电池技术仍存在一次性投入较高、能量密度较低的问题，更适合用兆瓦级以上的大规模储能。与全钒液流电池不同，以金属锌为负极活性组分的锌基液流电池体系具有储能活性物质来源广泛、价格便宜、能量密度高等优势，已衍生成为目前液流电池储能技术中种类最为繁多的一类储能技术，主要包括锌卤素（溴、碘）液流电池、锌镍单液流电池、锌铁液流电池等。锌基液流电池使用水溶液作为电解质且活性物质来源广泛，因此具有优异的安全性以及循环寿命长、成本低的优势，在分布式储能领域极具应用价值和竞争优势[55-59]。

锌基液流电池在充放电过程中，负极活性物质的充电产物（金属锌）沉积在电极上。因此，锌基液流电池的储能容量通常受限于沉积在负极电极上金属锌的总量。在众多的锌基液流电池体系中，锌溴液流电池和锌碘液流电池正、负极两侧电解液组分（溴化锌或碘化锌）完全一致，不存在电解液的交叉污染，电解液再生简单，电解液理论使用寿命无限，可 100%深度充、放电循环数千次，是目前技术最为成熟的一类锌基液流电池体系，目前处于产业化推广阶段[55-57]。

在国际上，目前从事锌溴液流电池研发的主要生产商包括澳大利亚 Redflow 公司、美国 EnSync Energy Systems 公司（ZBB 能源公司）、韩国乐天化学公司和美国 Primus Power 公司。2011 年 4 月，ZBB 公司与伊顿电气签署一项合作协议，提供一套 500 kW·h 的锌溴液流电池储能系统以应用于微型电网系统中，该微型电网系统用于美国俄克拉何马州 Ft.Sill 的军队电力设施的连接运营。2011 年 8 月，ZBB 公司为圣尼古拉斯岛的海军基地提供用于微电网的 500 kW/(1000 kW·h)的储能系统。美国 Primus Power 公司于 2017 年推出用于分布式储能领域的 25 kW/(125 kW·h)锌溴液流电池模块，该电池模块的设计具有单槽、低成本钛电极、无塑料膜等特点，大大降低电池成本，使用寿命长达 20 年，在使用过程中无须更换电极堆芯，每次可全功率（25 kW）持续运作 5 h。Redflow 公司于 2018 年推出了家庭用 10 kW·h 锌溴液流电池模块和应用于智能电网的 600 kW·h 电池系统，其中，10 kW·h 锌溴液流电池模块可以单独工作，也可以扩展为更大容量存储系统的一部分，适用于住宅、电信、商业和工业以及电网规模，该模块的温度适应范围广，在 15～50℃范围内其安全性和使用寿命均不受影响，通过电池管理系统，可实现电池的全天候远程监控[60]。

在国内，锌溴液流电池的产业化研发起步相对较晚。目前国内从事锌溴液流电池开发的企业较少，主要包括美国 ZBB 公司与安徽鑫龙电器股份有限公司合资成立的安徽美能储能系统有限公司及北京百能汇通科技股份有限公司，其中安徽美能储能系统有限公司主要以美国 ZBB 公司的 EnerStore™ 技术为基础，进行锌溴液流电池储能系统产品的总装。北京百能汇通科技股份有限公司对锌溴液流电池关键材料的研究主要集中在离子传导膜、极板及电解液上，并未涉及高活性电极材料的研究，推测其产品的运行工作电流密度较低。中国科学院大连化学物理研究所与陕西华银科技股份有限公司合作，于 2017 年 11 月开发出国际上首套 5 kW/(5 kW·h)锌溴单液流电池储能示范系统，并在陕西省安康市陕西华银科技股份有限公司厂区内投入运行[61]。该系统由一套电解液循环系统、4 个独立的千瓦级电堆及与其配套的电力控制模块组成，主要为公司研发中心大楼周围路灯和景观灯提供照明电。锌溴单液流电池有别于传统液流电池技术，正负极采用相同电解质溶液，只需要一套电解液储存及循环系统，结构更为简单、成本更低，同时，单液流的结构将溴封闭于正极内，解决了溴对管路系统的腐蚀问题。锌溴单液流电池示范系统的成功运行，将为其今后工程化和产业化开发奠定坚实的基础。2018 年 11 月，开发出第二代用户侧 5 kW/(5 kW·h)锌基单液流电池系统样机，相比第一代锌基单液流电池系统，该系统集成于“冰箱式”的小型柜体中，系统体积减小 70%，在用户侧分布式储能领域具有很好的应用前景。

综上可以看出，锌溴液流电池由于具有成本低、安全性高等优势在分布式储能领域具有很好的应用前景，受到国内外企业的高度关注。尽管 Premium Power 公司和 ZBB 公司有从 25 kW 到 500 kW 不同规格的产品可供选择，但其运行工作电流密度较低（20 mA/cm^2），而较低的工作电流密度使得电堆尺寸增大，造成材料成本及占地面积增大，不利于锌溴液流电池的广泛应用。因此，提高电堆运行工作电流密度，从而降低电堆尺寸、材料成本及占地面积，有利于促进锌溴液流电池的广泛应用，从而进一步开拓锌溴液流电池的市场份额。

除锌溴液流电池外，近年来，为实现液流电池储能技术的迭代发展，一系列不同类型的锌基液流电池储能技术不断涌现。以德国耶拿大学 Ulrich S. Schubert 为代表的团队提出了锌聚合物液流电池，该体系正极使用 TEMPO 的聚合物作为电池的活性物质，以廉价的渗析膜作为电池的隔膜。虽然该体系取得了比较理想的循环性能，但是电池的工作电流密度不能满足工业化的需求，并且聚合物的溶解度限制了能量密度的提高[62]。为了追求更高的能量密度，美国西北太平洋国家实验室的 Bin Li 等提出了锌碘液流电池体系，该体系使用高溶解度的 ZnI_2 作为正负极电解质活性物质，以 Nafion 115 作为电池膜，能量密度最高可达 167 W·h/L，大大高于普通的液流电池，但该体系的工作电流密度较低（10 mA/cm^2），循环稳定性差，体系中有三分之一的活性物质无法被利用（I^-被用来络合 I_2，形成稳定的 I_3^-）。同时，Nafion 膜的使用大大提高了电池的成本，不利于工业化的推进[63]。因此，香港中文大学的 Yichun Lu 等提出采用 Br^-络合技术，将无法被利用的三分之一的 I^-释放出来，使电解质溶液中有效活性物质浓度进一步增加。采用 Br^-作为 I_2 的络合剂，电池体系能量密度最高可达 202 W·h/L，远高于前期所报道的锌碘液流电池体系的能量密度。但该体系的工作电流密度依然较低（10 mA/cm^2），Nafion 膜的使用同样增加了电池的成本，不利于工业化的推进[64]。随后，加拿大滑铁卢大学的 Zhongwei Chen 等提出了碱性锌碘液流电池体系的概念，该体系负极采用碱性锌酸盐作为电解质溶液，正极采用中性的 KI 与 I_2 作为电解质溶液，以 Nafion 117 作为离子传导膜[65]。在碱性体系下，负极锌的沉积电位较中性体系下锌的沉积电位更负，电池的开路电压可达到 1.8 V，远高于中性锌碘液流电池体系的开路电压（1.3 V），因而所构筑的碱性锌碘液流电池能量密度最高可达 330.5 W·h/L，是目前水系液流电池中能量密度最高的液流电池体系。但由于负极采用 KOH 作为支持电解质溶液，电池运行过程中，OH^-会透过离子传导膜到达正极与正极活性物质（I_3^-）发生化学反应，从而导致电池的循环稳定性较差，不利于电池的长期稳定运行。虽然科研工作者在这些锌基液流电池新体系的研究方面做了大量研究工作，发表了许多研究论文，但这些体系目前还处于实验室研发阶段，距离示范应用任重而道远。

基于在液流电池领域二十余年的研发基础，中国科学院大连化学物理研究所近年来在高能量密度、长寿命的锌基液流电池技术方面开展了大量的从基础研发到工程化开发的研究工作，并取得了很好的研究进展。针对分布式储能对储能成本的要求，中国科学院大连化学物理研究所通过使用廉价的锌盐和铁盐作为活性物质，创新性地提出了中性锌铁液流电池体系[66]。该体系使用高溶解度的 $FeCl_2$

和 $ZnBr_2$ 作为电池的活性物质，最高可以获得 50 W·h/L 的能量密度。此外，采用自主开发的多孔离子传导膜，电池的工作电流密度可达 80 mA/cm^2，电池成本可以降低至 50 美元/(kW·h)，是目前所有液流电池中成本最低的一类体系。为进一步提高锌铁液流电池的运行工作电流密度，通过关键材料创新，实现了锌铁液流电池在 60～200 mA/cm^2 的工作电流密度范围内运行，大幅度提高了锌基液流电池的功率密度[67]。为进一步推进锌铁液流电池产业化，中国科学院大连化学物理研究所与烟台金尚新能源科技股份有限公司成立“微电网储能技术联合研发中心”，致力于锌铁液流电池的规模放大和产业化推广。目前实验室已开发出 5 kW 锌铁液流电池电堆样机，在 80 mA/cm^2 的工作电流密度下，电堆能量效率可达到 83%以上。2020 年 9 月，中国科学院大连化学物理研究所自主开发的国内首套 10 kW 级碱性锌铁液流电池储能示范系统在金尚新能源科技股份有限公司厂区内投入运行。该系统由电解液循环系统、电池系统模块及与其配套的电力控制模块组成，设计输出功率为 10 kW，容量为 10 kW·h。该系统与 13 kW 光伏配套组成智能微网，系统采取并离网相结合的模式，实现谷电峰用、新能源消纳、重要负载不间断供电等用途。该示范系统在额定 10 kW 功率下运行时的能量效率为 78.7%。

同时，针对目前锌碘液流电池循环寿命短、功率密度低的问题，中国科学院大连化学物理研究所提出利用廉价的聚烯烃多孔膜（50 美元/m^2）替代昂贵的全氟磺酸离子交换膜，大幅度降低了电池成本[59]。由于聚烯烃多孔膜的多孔结构在中性环境下表现出优异的离子传导能力，电池的工作电流密度由原来的 10 mA/cm^2 提高至 180 mA/cm^2。即使在 180 mA/cm^2 的工作电流密度条件下，电池的能量效率依然可以保持在 70%以上，表现出很好的功率特性。为证实该体系的实用性，成功集成出千瓦级电堆，该电堆在 80 mA/cm^2 下稳定运行超过 300 个循环，能量效率稳定在 80%，表现出很好的可靠性。该电池目前仍处于研究初期阶段，需进一步提高其高电流密度下的可靠性，推进其实用化和产业化。基于对锌碘液流电池的开发及锌溴单液流电池技术的积累，进一步通过电池结构创新，提出了高能量密度、长寿命的锌碘单液流电池的概念，在保持电池能量密度及效率不降低的前提下，简化了电池结构，使得电池系统成本进一步降低[68]。

从上述液流电池研究进展及发展历程可以看出，液流电池储能系统性能的提高离不开其关键材料的发展。其中，离子传导膜是液流电池的关键组件之一，其起到隔离电池正负电极活性物质，同时传导载流子以形成电池回路的作用。离子传导膜性质的优劣和价格的高低往往决定着液流电池性能的好坏和成本的高低。因此，液流电池用离子传导膜材料的研究对进一步提高电池性能并降低电池成本，满足人类社会发展的需求至关重要。

2.2.1　液流电池用高分子材料的种类范围

在液流电池中，离子传导膜起到阻隔正负极电解液中活性物质的交叉共混，同时选择性地传导正负极电解液中的非活性物质（载流子，如 H^+、Cl^-），以形成电池回路的作用。基于液流电池的运行原理，理想的液流电池用离子传导膜应该具有下列特征[48, 69-71]（图 2-3）：

（1）离子传导率高。离子可以自由快速地通过膜，进而使电池的电压损失最小化，提高电池的工作电流密度和功率密度。

（2）离子选择性高。离子传导膜必须要阻止正负极电解液中活性物质的扩散，减少正负极电解液的交叉污染，避免电池自放电导致的容量衰减和库仑效率降低。

（3）化学稳定性高。离子传导膜在液流电池的运行环境中所具有的优良机械性能、热性能和化学稳定性可以保证电池的长期稳定运行。

（4）成本低。降低离子传导膜成本是成功实现液流电池商业化和产业化的重要前提之一。

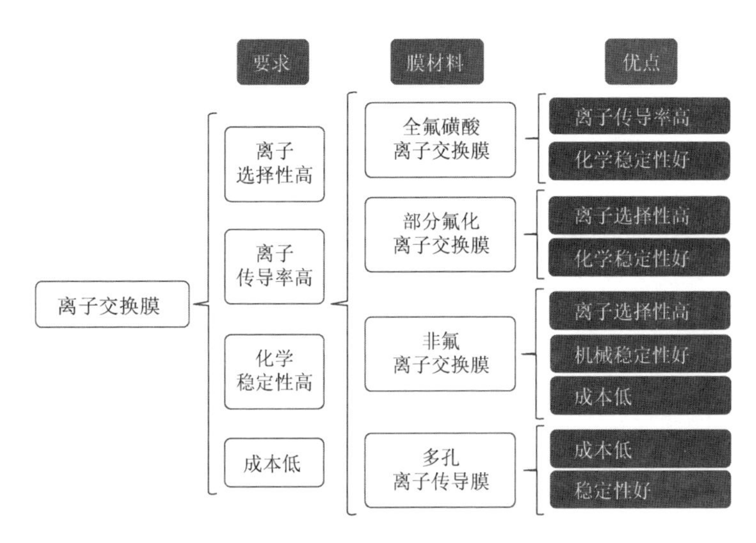

图 2-3　液流电池用离子传导膜概述

目前，常用的液流电池用膜材料包括离子交换膜和多孔离子传导膜两类。离子交换膜又可以细分为全氟离子交换膜、部分氟化离子交换膜和非氟离子交换膜。其中，液流电池用离子传导膜中最具代表性、应用最为广泛的是离子传导率高和化学稳定性优异的全氟磺酸离子交换膜[72]。

部分氟化离子交换膜是基于具有优良化学稳定性的氟碳聚合物，如乙烯-四氟乙烯共聚物和聚偏氟乙烯等。通常利用电子束、γ 射线辐射和醇钾溶液（氢氧化钾的乙醇溶液）等对膜进行处理，将离子交换基团接枝到膜上[48]，提高部分氟化离子交换膜的离子传导率。

非氟离子交换膜材料是基于高机械稳定性和低成本的芳香族聚合物，如聚醚醚酮和聚苯乙烯，常用于全钒液流电池和锌铁液流电池等液流电池体系中。为了调控芳香聚合物的离子传导率，通常采用磺化、季铵化或共混等方法引入磺酸基团、季铵基团等亲水性基团。芳香族聚合物所含有的刚性苯环、疏水聚合物链及可以传导离子的磺酸基团，使其通常具有高的离子选择性和优良的机械稳定性[73]。

多孔离子传导膜基于孔径筛分效应实现对活性物质和非活性物质的选择性分离，可以从分子尺度上实现对离子传导膜选择性和传导率的调控。多孔离子传导膜的“离子筛分传导”机理克服了离子交换膜对离子交换基团的依赖，具有稳定性高和成本低的优点，是目前最具发展和应用前景的液流电池用离子传导膜材料之一[74]。

2.2.2　液流电池用高分子材料现状与需求分析

1. 液流电池用高分子材料发展现状

1）全氟磺酸离子交换膜

液流电池用全氟离子传导膜中最具代表性、应用最为广泛的是全氟磺酸离子交换膜，包括美国 DuPont 公司的 Nafion 系列膜、美国 Dow 公司的 Dow 膜、日本 Asahi Chemical 公司的 Aciplex 系列膜、日本 Asahi Glass 公司的 Flemion 系列膜、加拿大 Ballard 公司的 BAM 系列膜、比利时 Solvay 集团的 Aquivion 系列膜等。以上各类全氟磺酸离子交换膜的区别在于其侧链结构和长度不同，从而具有不同的物化性质和生产成本[72]。DuPont 公司的 Nafion 系列膜是液流电池中最常用的商业化膜材料，最早于 20 世纪 60 年代中期由美国 DuPont 公司开发研制出来，1964 年应用于氯碱工业，1966 年应用于燃料电池。20 世纪 80 年代以后，Nafion 系列全氟磺酸离子交换膜逐渐应用于液流电池。

通常，Nafion 系列全氟磺酸离子交换膜由磺酰氟基团封端的四氟乙烯（TFE）和全氟乙烯基醚的共聚物制得[75]。其中，Nafion 膜的输水 TFE 骨架提供优良的机械和化学稳定性，因为 C—F 键键能（485 kJ/mol）较高，富电子氟原子紧密地包裹在 C—C 主链周围，保护碳骨架免受电化学反应中自由基中间体的氧化。在水系液流电池特别是全钒液流电池运行环境中，Nafion 膜的磺酰氟基团容易水合形成强酸性磺酸离子交换位点，因而膜内部的疏水氟碳骨架和亲水柔性磺酸侧链发生亲/疏水纳米级相分离。此外，侧链亲水磺酸基团容易聚集，形成连续的离子传输通道，有利于对离子的传导[76]。因此，Nafion 膜通常具有优良的化学稳定性和高的离子传导率。然而，Nafion 膜中亲水磺酸基团聚集形成的连续离子传输通道也有利于活性物质如钒离子的传输，进而导致电解液的交叉互串。因此，Nafion 膜在全钒液流电池中通常具有较低的离子选择性，从而影响电池的库仑效率、容量保持率和电池可靠性。因此，为了提高全氟磺酸离子交换膜的离子选择性并抑制其溶胀，通常采用下列方法对全氟磺酸离子交换膜进行改性[69]。

（1）向膜中引入无机纳米颗粒，如 SiO_2、TiO_2、氧化石墨烯、磷酸锆等。无机纳米颗粒的填充可以降低离子迁移通路的连续性，阻碍钒离子迁移，提高膜的离子选择性，同时膜的溶胀得到抑制，机械稳定性得以提高。无机颗粒表面通常含有亲水性官能团，保证离子的传输，使改性后的膜依然具有高离子传导率[77-80]。

（2）向膜中引入部分氟化或全氟聚合物，如高度结晶疏水的聚偏氟乙烯和聚四氟乙烯。部分氟化或全氟聚合物的高结晶度和高疏水性可以抑制膜的溶胀，提高膜的离子选择性和机械稳定性。但要注意高亲水性树脂与疏水性聚合物材料的相容性，以及聚合物材料的结晶度和疏水性会对膜的离子传导率产生一定程度的影响[81, 82]。

（3）基于复合膜的离子传导膜。向膜表面引入薄的分离层，如聚乙烯亚胺层、聚吡咯层或者多层聚电解质复合物。分离层中的荷正电基团对荷正电活性物质的 Donnan 排斥效应可以有效地降低正负极电解液中活性物质的交叉共混。为了保证膜的离子传导率，分离层通常比较薄[83-85]。

（4）酸碱共混离子交换膜。利用膜中磺酸基团和碱性聚合物中的碱性基团（如胺基）之间的相互作用，提高膜的离子选择性和稳定性。酸碱共混可以在膜内形成交联结构，使膜的结构更为致密，提高膜的离子选择性和稳定性。并且胺基在酸性介质中容易质子化，与荷负电磺酸基团共同保证离子的传输[86-89]。

如上所述，一方面改性材料的疏水性和稳定性可以提高复合离子交换膜的选择性和稳定性，另一方面全氟磺酸离子交换膜在复合膜中所占比例的下降有助于降低膜的成本。

2）部分氟化离子交换膜

部分氟化离子交换膜是基于化学稳定性优良的氟碳聚合物，如聚（乙烯-共-四氟乙烯）（ETFE）和 PVDF。为了提高部分氟化离子交换膜的离子传导率，通常利用电子束、γ 射线辐射等对膜进行处理，将离子交换基团接枝到膜上[48]。辐射接枝是目前常用的对部分氟化离子交换膜进行改性的方法。例如，将苯乙烯和马来酸酐通过先辐射后功能化处理的方法引入到聚偏氟乙烯膜上，并将其应用于全钒液流电池中[89]。接枝膜的聚偏氟乙烯骨架和苯环保证优良的化学稳定性和低的钒离子透过率，亲水性磺酸基团和羧基确保膜的离子传导率。因此，所制备的聚偏氟乙烯接枝苯乙烯磺酸-马来酸酐共聚物膜具有比商业化全氟磺酸离子交换膜更高的离子选择性和更低的开路电压衰减率。

接枝率强烈影响部分氟化离子交换膜的性质。高接枝率通常可以降低膜的面电阻，提高膜的离子交换容量和离子传导率。但太高的接枝率会使聚合物发生一定程度的降解。因此，优化辐射接枝过程的接枝率对于部分氟化离子交换膜的性能非常重要。此外，部分氟化离子交换膜的功能化过程（特别是磺化过程）经常会用到强氧化剂（如氯磺酸），容易造成膜的降解。因此，部分氟化离子交换膜的稳定性需要进一步加强。

3）非氟离子交换膜

液流电池中常用的非氟离子交换膜材料是基于高机械稳定性和低成本的芳香族类聚合物，如聚醚醚酮、聚芳醚酮、聚芴基醚酮、聚苯乙烯等。通常采用磺化、季铵化或共混等方法引入磺酸基团、季铵基团等亲水性基团，调控芳香族聚合物的离子传导率。与 Nafion 膜相比，芳香族聚合物主链含有刚性苯环、疏水聚合物链以及可以传递离子的磺酸或季铵基团，使得芳香类非氟离子交换膜内发生的亲/疏水相分离程度更低，膜内的离子传输通道窄而不连续，离子迁移阻力更大。因此，芳香类非氟离子交换膜通常具有更高的离子选择性和更好的机械稳定性[73]。

非氟离子交换膜分为阳离子型交换膜和阴离子型交换膜两类。基于磺化芳香聚合物的阳离子型交换膜是液流电池用膜材料的研究重点之一。磺化芳香聚合物的刚性主链保证膜的离子选择性和机械稳定性。迄今，人们已经开发出一系列磺化聚合物，包括磺化聚（亚芳基硫醚酮）、磺化聚（芴基醚酮）、磺化聚（四甲基二苯基醚酮）、磺化聚醚醚酮、磺化杂萘联苯聚芳醚酮等，并研究了其在液流电池中应用的可行性[48, 90-96]。阴离子型交换膜通常含胺基等弱碱性基团，其在酸性条件下容易质子化为季铵基团。季铵基团对荷正电活性物质的 Donnan 排斥效应可以有效提高膜的离子选择性。此外，通过对季铵基团的调控可以在降低膜离子透过率的同时保证膜的离子传导能力。迄今，季铵化聚（四甲基二苯基醚砜）、季铵化杂萘联苯聚芳醚及聚砜基阴离子型交换膜已经应用于液流电池中[48, 97-101]。

常用的阴离子型交换树脂的合成路线主要分为两步：①先用氯甲基化试剂（如氯甲基甲醚）对聚合物进行氯甲基化处理；②利用含有孤对电子的 N 类试剂（如三甲胺、咪唑、吡啶、联吡啶等）进行亲核取代反应制备得到阴离子型交换树脂。通常，用含双氮类的亲核试剂（如咪唑、联吡啶等）与氯甲基化处理后的高分子树脂反应后，可在膜内构建致密的交联网络，有利于膜材料离子选择性和稳定性的提高[48, 97-101]。例如，利用 4, 4′-联吡啶或咪唑与氯甲基化聚砜反应可在膜内部构筑交联网络结构。荷正电联吡啶或咪唑基团和交联网络的存在可提高膜的离子选择性，酸性条件下可质子化的联吡啶或咪唑基团可保证膜材料高的离子传导率。

通过氯甲基化路线合成制备得到的阴离子交换树脂中，阴离子交换基团通常位于主链侧链。另一类阴离子交换膜为基于全刚性主链的芳香族聚合物，如主链含氮杂环类的阴离子交换膜，典型代表为聚苯并咪唑（PBI）类膜材料。PBI 是一类无定形热固性树脂，热分解温度在 600℃以上，玻璃化转变温度在 400℃以上，拥有优异的热稳定性，是当今最为高档的工程热塑性塑料之一。由于 PBI 优异的热稳定性、机械稳定性和化学稳定性，在膜分离过程中表现出较好的应用前景。目前 PBI 已在液流电池、燃料电池、纳滤、正向渗透和全蒸发等领域得到较好的应用。此外，PBI 结构中的亚胺结构，可以与含有如卤素、羧基等官能团的化合物发生交联反应，可针对不同需求对其灵活改性。

PBI 膜由于其优异的化学稳定性和高的尺寸稳定而被认为是应用于液流电池中最有希望的离子交换膜之一。这类膜材料主链中的咪唑基团在酸性溶液中质子化后形成离子传输通道，因而，可用于酸性介质的液流电池体系中[102]。但传统 PBI 膜材料在常规有机溶剂如 DMAc、二甲基亚砜（DMSO）、*N*-吡咯烷酮（NMP）等中溶解度较低，导致成膜性能较差；此外，传统 PBI 膜材料离子传导率较低，导致其在液流电池中的电压效率较低，无法满足高功率密度液流电池电堆的技术需求。

针对传统 PBI 膜材料存在的溶解度低、成膜性能较差等问题，通过 3, 3′-二氨基联苯（DABz）和 4, 4′-二羧基联苯醚（DCDPE）一步亲核缩聚反应制备出主链含柔性醚键的 PBI 膜材料，可有效解决传统 PBI 膜材料溶解性差的问题[103]。尽管如此，这种含柔性醚键的 PBI 膜离子传导率依旧较低，在液流电池中并不能得到很好的电池性能。通过浓酸预溶胀策略或降低 PBI 膜的结晶度以提高膜的酸掺杂率、引入离子基团以提供质子传递位点等手段可在一定程度上改善 PBI 膜的离子传导率。例如，通过 *N*-取代反应在 PBI 上接枝 1-溴-2-（2-甲氧基乙氧基）乙烷非离子型亲水侧链诱导形成微相分离，构建出连通的离子传递通道[104]。该分子修饰诱导了膜中微观相分离结构和亲水团簇的形成，其作为有效的离子传递通道，显著提高了 PBI 膜的离子传导率。此外，该修饰中未引入离子交换基团，使得修饰后的 PBI 膜材料保留了原始 PBI 骨架的化学和尺寸稳定性，但修饰基团 1-溴-2-(2-甲氧基乙氧基)乙烷在强酸性、强氧化性介质中的氧化稳定性需进一步提高。

为进一步提高 PBI 膜材料离子传导率，同时保证材料的稳定性，以 DABz、DCDPE 和 2, 6-吡啶二羧酸单体为原料，通过两步亲核缩聚法合成制备出主链含有吡啶基团的聚苯并咪唑（B-PBI）离子传导膜[103]。与 *N*-取代接枝修饰型 PBI 不同的是，B-PBI 中的咪唑基团和吡啶基团直接键合在主链上，有利于保持膜材料的化学稳定性。此外，B-PBI 主链上的咪唑环可作为第一离子传输通道，吡啶环可作为第二离子传输通道。双离子传输通道的存在可赋予膜高的离子传导率；同时，咪唑环和吡啶环在酸性电解液中质子化后带正电荷，可以有效地排斥电解液中同样带正电荷的活性物质，从而使得膜具有高的离子选择性。

除 PBI 外，芳香族聚噁二唑（POD）类聚合物也是一类主链中含有氮杂环的全刚性聚合物，具有良好的热稳定性、阻燃性、电绝缘性[105]。与全刚性 PBI 聚合物类似，具有全芳香特性的 POD 在常规有机溶剂中溶解度较差。POD 分子链主要由芳香族单元与 1, 3, 4-噁二唑环连接而成，主要性能由 1, 3, 4-噁二唑环决定。由于 POD 的全芳香特性，噁二唑基团具有较强的极性，使得整个高分子主链之间存在较强的相互作用[105]。噁二唑环上的 N 和 O 元素在酸性介质中极易质子化，质子化后的 N 和 O 元素可使 POD 膜具有一定的离子传导能力，可视为离子交换基团，同时噁二唑环隶属于主链的一部分，这种结构有望提高离子交换膜的氧化稳定性。例如，4, 4′-二羧基二苯醚（DPE）与硫酸肼通过一步共聚法制备得到 POD 离子交换膜，在液流电池中，具有优于 Nafion 膜的性能。然而，在强酸性介质中，POD 主链噁二唑环上的 N、O 元素及苯醚键极易质子化而成为吸电子基团，这些吸电子基团使得噁二唑环上的两个碳成为亲电中心，这两处亲电中心易在亲核试剂的进攻下发生开环反应，生成酰肼基团；酰肼基团上的羰基在酸性介质中进一步质子化后，羰基碳成为亲电中心，该亲电中心可在亲核试剂的进一步进攻下反应生成酰胺基团和羧基基团。由此可以看出，主链噁二唑环上的 N、O 的质子化作用是导致 POD 在液流电池中不稳定的主要原因，而 N、O 的质子化作用又是保证 POD 膜质子传导的决定性因素，这两者之间的矛盾使得 POD 膜无法满足其在液流电池中的应用要求[105]。

与含有磺化基团的阳离子型交换膜相比，阴离子型交换膜的离子传导率相对较低。所以，磺化聚合物在液流电池中的应用更为普遍。但是磺化非氟离子交换膜的溶胀率较高、离子选择性较差，通常采用共混和表面涂覆的改性方法来优化磺化非氟离子交换膜的性能。常用的改性方法包括：

（1）向膜中引入石墨烯[106, 107]、氧化石墨烯、SiO_2[108]、硅钨酸[109, 110]、TiO_2[111]等无机纳米颗粒作为离子迁移屏障。

（2）向膜中引入聚丙烯腈[112]、聚醚酰亚胺[93]、壳聚糖[113]、聚苯并咪唑[114]等含氮基团聚合物或直接采用辐射诱导的方法[115]在膜内构建交联结构，使膜的形貌更致密，降低膜的溶胀率，提高膜的离子选择性和稳定性。

（3）利用聚丙烯[91, 109]、聚四氟乙烯[116]等作为多孔基体，降低膜的溶胀率，阻隔离子迁移并提高膜的机械稳定性。

值得注意的是，用于磺化非氟离子交换膜改性的材料一般具有较好的离子传导能力，以弥补膜离子选择性的提高所造成的膜离子传导率的损失。例如，将高机械强度、热和化学稳定性的 PBI 引入到磺化聚醚醚酮（SPEEK）中，利用 SPEEK 中磺酸基团与 PBI 中咪唑基团之间的酸碱相互作用在膜内构建交联结构，可有效抑制 SPEEK 膜的溶胀作用，在保证高离子传导率的同时兼具高的离子选择性[114]。此外，采用三元叔胺接枝聚苯醚（PPO-TTA）与 SPEEK 为材料可设计制备出一种新的多叔胺型两性离子交换膜[117]。利用叔胺基团作为质子受体，与作为质子供体的磺酸基团形成“酸碱对”结构。“酸碱对”的氢键交联网络结构缩小了膜的亲水离子通道，有效提高了膜材料的离子选择性。同时，丰富的氢键网络结构有助于离子的传导，保证了其优异的离子传导能力。膜内未形成“酸碱对”的叔胺在酸性环境中可结合质子并带正电荷，进一步促进了氢键网络的构建，增强了离子的传递，阻碍了活性物质的渗透。

对于非氟类离子交换膜，由于离子交换基团无规则分布于刚性芳香族主链中，其亲疏水相分布连续性差，微相分离结构不明显，离子簇半径较小，因此具有高的离子选择性。无论是非氟高分子树脂的磺化阳离子交换膜或季铵化阴离子交换膜，用其组装的液流电池均表现出优于用 Nafion 膜所组装的液流电池的库仑效率和相近的能量效率，但其化学稳定性和耐久性并不能满足液流电池长时间运行的需要，经过数十年的研发，至今仍未能实现应用。

液流电池处于强氧化性、强酸性（或强碱性）及高电位的复杂环境中，对膜的稳定性要求高。非氟离子交换膜在液流电池环境下的降解机理比较复杂，研究不够深入，给非氟离子交换膜的设计开发带来了极大的挑战。研究人员通过“在线”和“离线”测试研究，表明在强酸性、强氧化性的运行条件和电场环境下，离子交换基团的引入降低了其相邻碳原子的电子云密度，形成较强的亲电中心，容易受到强氧化性离子的攻击发生断链而降解，使非氟离子交换膜的稳定性下降（图 2-4）。因此，离子交换基团的引入是导致非氟离子交换膜在液流电池中稳定性下降的根本原因[105, 118, 119]。

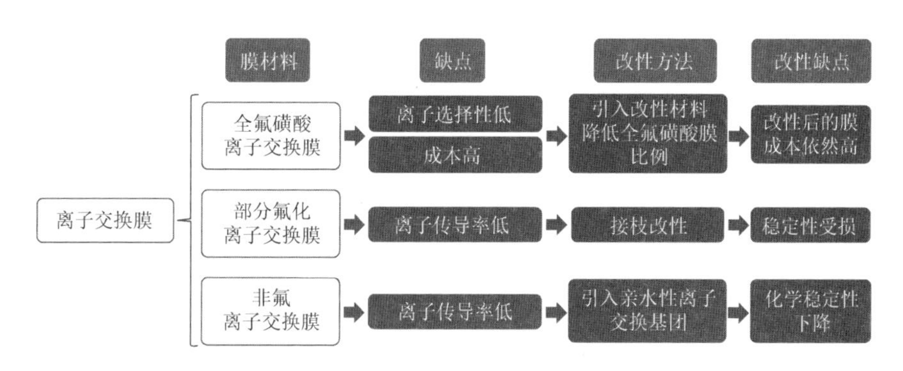

图 2-4　液流电池用离子交换膜改性概述

基于非氟离子交换膜的降解机理，保护聚合物主链上的离子交换基团或者将离子交换基团从聚合物主链上“剥离”成为提高非氟离子交换膜稳定性的有效方法。例如，向膜中引入三氟甲苯双功能基团，利用苯环的共轭效应保护聚合物主链上的醚键[119]，或者利用酸碱交联反应，将其与不含离子交换基团的稳定的聚合物复合，制备出以不含离子交换基团的聚合物为支撑体，且离子交换基团孤立的高稳定性复合离子交换膜[120]。

非氟离子交换膜在液流电池中稳定性差的另一个原因在于亲水性聚合物的均匀分布使其直接暴露于强碱性介质（碱性电池）或强酸性和氧化性介质（如全钒液流电池或锌溴液流电池）的电解质中，并进一步导致膜的氧化降解，使其在大多数液流电池中的应用受限。因此，将均匀分布的亲水性聚合物封装在具有超高稳定性的聚合物中是提高膜材料稳定性的一个有效策略。例如，通过聚合物自组装法构筑具有核壳结构的离子传导膜。通过将亲水性 SPEEK 聚合物完全封装到具有超高稳定性的聚醚砜（PES）树脂中，PES 壳可以保护 SPEEK 核免受降解，而聚集的亲水性 SPEEK 可以赋予膜高的离子传导率。因此，这种方法所设计制备得到的膜在酸性和碱性液流电池中均具有优异的电化学性能[105]。

4）多孔离子传导膜

为了克服全氟磺酸离子交换膜选择性低和成本高，部分氟化和非氟离子交换膜稳定性差的问题，中国科学院大连化学物理研究所研究人员原创性地提出了不含离子交换基团的“离子筛分传导”的概念，将多孔纳滤膜引入到液流电池中[121]。不同于离子交换膜，多孔离子传导膜可以通过控制自身的孔结构，包括孔径、孔隙率等，基于孔径的筛分效应，可以从分子尺度上实现对活性物质的隔离和对载流子的传导[74]。多孔离子传导膜“离子筛分传导”机理的关键在于电解液中的活性物质和载流子的 Stokes 半径的不同[121]。当多孔离子传导膜孔径与活性物质的尺寸相差不大时，活性物质在扩散过程中会与孔壁发生摩擦或碰撞，从而不能自由通过膜；而三维体积更小的载流子可以基于车载运输机理自由通过。因此，多孔离子传导膜摆脱了对离子交换基团的依赖，从根本上解决了由于离子交换基团的引入带来的膜稳定性差的问题，因而具有更好的化学稳定性[74, 95]。利用相分离法、拉伸法和静电纺丝法等方法可以制备出具有不同形貌特征的多孔离子传导膜，从而可以满足液流电池的多种需求[74]。因此，多孔离子传导膜的全新概念扩展了液流电池用膜材料的选择范围，为液流电池用实用化离子传导膜的研发开创了一条全新的思路。

多孔离子传导膜基于“孔径筛分效应”实现了对离子的选择性筛分，摆脱了离子传导膜对离子交换基团的依赖，从根本上解决了传统非氟离子交换膜可靠性和耐久性差的问题。多孔离子传导膜在液流电池中的性能与其微观结构密切相关。研究者针对多孔离子传导膜微观结构调控开展了系列研究工作，通过研究多孔离子传导膜的成膜过程，实现了对其形态的调控，开发出不同种类的多孔离子传导膜，如指状孔结构的聚丙烯腈（PAN）多孔离子传导膜[121]、海绵状孔结构的 PBI 多孔离子传导膜[102]等，并与多孔离子传导膜电化学性能相关联，阐明了多孔离子传导膜构效关系。尽管研究者在多孔离子传导膜的结构设计及构效关系等方面同时开展了大量研究工作，并取得系列研究进展，但在多孔离子传导膜的成膜机理及其在液流电池中的构效关系仍需要深入细致地研究。深入全面地揭示多孔离子传导膜的成膜机理，以及成膜机理与多孔离子传导膜性能之间的关系，制备高性能多孔离子传导膜，对实现多孔离子传导膜的实际应用具有非常重要的意义[122-125]。

由于多孔离子传导膜的微观结构决定着膜的性能，膜材料微观结构则取决于对成膜过程的控制，因此阐明聚合物成膜过程与机理对多孔离子传导膜的结构设计具有重要的理论指导作用。多孔离子传导膜成膜过程受多种因素影响，其中溶剂的诱导效应对成膜动力学和热力学过程均有重要影响。以不同结构的多孔离子传导膜（膜的亲疏水特性、链段刚性、柔性、材料含氧基团）为研究对象，对其进行溶剂处理，溶剂处理过程中多孔离子传导膜受到溶胀力和内聚力的共同作用，溶胀力使膜的孔结构发生扩展，内聚力使膜的孔结构发生收缩。以此为基础，通过调控不同结构的多孔离子传导膜所受到的作用力，可制备出形貌和性能可控的多孔离子传导膜[122-125]。

此外，从非溶剂浴角度来调控多孔离子传导膜的微观形貌，有益于进一步阐明多孔离子传导膜的成膜机理。选取聚苯并咪唑为模型化合物，不同浓度的盐溶液为非溶剂相，利用相转化法制备了具有不同微观结构的离子传导膜。随着非溶剂相中盐溶液浓度的增加，膜截面从指状孔逐渐向海绵状孔转变。以纯水为非溶剂浴时，水以自由水的形式存在，其体积小、运动快，与铸膜液中溶剂的交换速率快，发生瞬时相分离，得到贯通型指状孔结构；当以氯化钠溶液为非溶剂时，部分水分子以结合水的形式存在，自由的水分子减少，水的活度和化学势减小，非溶剂向铸膜液中扩散的驱动力减小，相转化速率变慢，指状大孔的形成受到抑制。且随着非溶剂浴中盐溶液浓度的增加，即溶液中离子强度的增加，非溶剂与溶剂的交换速率更加缓慢，逐渐形成海绵状孔结构。海绵状孔结构可以对活性物质进行层层筛分，有效阻止正负极电解液的交叉互混。而且其孔道内充满支持电解质，有利于离子的传导[126]。

对于采用传统相转化法（NIPS）制备得到的多孔离子传导膜，为了提高膜的离子选择性，必须提高膜的致密程度，而这一过程会降低膜的孔道贯通性，从而降低膜的离子传导率，即：离子交换膜和 NIPS 法制备的离子传导膜均存在离子传导率与离子选择性之间的平衡，难以突破性能瓶颈。复合膜的复合结构可以较好地解决上述问题。复合膜通常由多孔支撑层与分离层构成，其中，支撑层用于给膜提供足够的机械强度，分离层用于提供足够的选择性。分离层可以通过喷涂、旋涂、滴涂、刮涂等方法在支撑层上制备。由于复合膜的分离层与支撑层可以单独调控，因而有望制备得到兼具高离子传导率与高离子选择性的离子传导膜[127]。

硅铝沸石分子筛、金属有机骨架（MOF）、共价有机框架（COF）等多孔纳米材料具有规整且贯通的孔道结构，能够高效筛分离子的同时高效传导离子，是制备复合膜分离层的理想材料。例如，通过喷涂的方法将孔径介于 0.35～0.54 nm 之间的 ZSM-35 分子筛引入到液流电池中，可以精确实现活性物质和电荷平衡离子的分离，从实验上证实离子筛分传导机理的正确性[128]。此外，还可利用复合膜分离层特有的性质，如机械强度、导热特性、导电特性等调变液流电池膜与电极界面处的电化学反应历程，进而提高电池性能。例如，通过喷涂的方法将具有高导热性和高机械强度的氮化硼纳米片（BNNSs）引入到多孔基膜上制备出复合离子传导膜，并应用于锌基液流电池中[67]。面向负极侧的 BNNSs 一方面可以有效改善电极表面温度分布，调控锌沉积电化学反应速率，从而达到调控锌沉积形貌的目的；另一方面，其高机械强度的特性可有效阻挡过度生长的锌枝晶对膜材料造成破坏，两方面的协同作用可显著提高电池的循环寿命。然而，这种喷涂的方法通常需要使用少量的高分子黏结剂将分子筛纳米材料黏结于多孔支撑层表面，其黏结力较弱，在电池运行过程中易被电解液冲刷下来，从而导致电池性能的衰减。因此，为了实现分子筛复合膜的大规模生产，通常可利用界面聚合法将分子筛原位黏结在多孔基底上。例如，首先将多孔支撑层浸没在间苯二胺的水溶液中使膜内吸附间苯二胺小分子；然后将上述吸附有间苯二胺小分子的膜浸没在 ZSM-35 分子筛的分散液中，使膜表面吸附一层分子筛层；最后将上述膜浸没在含有均苯三甲酰氯的正己烷溶液中，均苯三甲酰氯在膜的界面处与间苯二胺小分子发生聚合反应，将分子筛固定在膜表面[129]。

除了使用多孔纳米材料，将分离层减薄的同时保证足够的致密程度是制备高性能复合膜的另一个有效的方法，例如，在聚丙烯腈多孔膜基体上复合一层厚度约为 750 nm 的自聚微孔聚合物 PIM-1[130]、通过两步 NIPS 法控制溶剂-非溶剂扩散速率，制备分离层厚度可控（1.58～2.86 μm）的多孔离子传导膜[127]。界面聚合法是制备具有超薄分离层复合膜的一种常用方法。由于分离层厚度很薄，所制备的复合膜通常具有极低的电阻，同时分离层的高度交联结构可避免材料过度溶胀，在电解液中能够保持结构完整性。此外，合适的界面聚合反应可使得分离层具有较好的交联结构，交联结构增加了分子链之间的空间位阻，使分子链之间存在较大的自由体积，有助于形成小于 1 nm 的分子间通道，通道的尺寸能够高效阻挡活性物质、传递电荷平衡离子[131]。

从多孔离子传导膜首次应用到液流电池中到现在，研究者探索出一系列的改性方法来优化多孔离子传导膜在液流电池中的性能，取得了一系列重要进展。例如，可以通过对多孔离子传导膜的组分与结构优化，基本解决多孔离子传导膜选择性与传导率之间的矛盾。并且初步研究和阐释了多孔离子传导膜的构效关系和容量衰减机理、离子传输机理、成膜机理等关键科学问题，为多孔离子传导膜的结构调控和性能优化积累了大量有效宝贵的经验。目前，中国科学院大连化学物理研究所研究人员已经成功开发出性能优于商业化全氟磺酸离子交换膜的多孔离子传导膜材料，并突破了多孔离子传导膜的规模放大工艺，将多孔离子传导膜应用于千瓦级全钒液流电池电堆和千瓦级锌基液流电池（锌碘液流电池、锌溴液流电池和锌铁液流电池等）电堆等系统中，推动了多孔离子传导膜的产业化进程。

5）混合基质膜

另一种提高膜材料离子选择性的有效方法是将多孔纳米材料与高分子聚合物混合，制备成混合基质膜[132]。混合基质膜（或称为杂化膜，MMMs）由分散的微粒相（填充剂）和连续的聚合物相（聚合物基质）通过填料与聚合物基质之间的相互作用构成，进而可以兼具聚合物膜和无机膜的优点[132]。填充剂材料种类繁多，为混合基质膜提供了更多的选择和调控空间。其中，三维的材料有沸石分子筛、MOF、COF 等；二维的材料包括石墨烯、氧化石墨烯、六方氮化硼、二硫化钼等；一维的材料包括碳纳米管、金属氧化物纳米线等。在锌基液流电池中，这些多维纳米材料多具有规整结构和可控的传输通道，应用于混合基质膜中有望在提高膜机械性能基础上提高膜的选择性和离子传导率。

目前已有部分混合基质膜开始应用于液流电池体系中，如通过剪切复合的方法制备聚四氟乙烯/硅纳米颗粒混合基质膜，由于聚四氟乙烯与硅纳米颗粒具有优异的稳定性，所制备的混合基质膜在液流电池环境中也呈现出优异的稳定性。在 50 mA/cm^2 的电流密度条件下，用所制备的混合基质膜组装的全钒液流电池能量效率接近 80%，性能与用 Nafion 115 组装的电池性能相当，且在 50 个循环内，电池的容量未出现明显的衰减，表现出较好的容量保持率。结合混合基质膜聚合物与固体基质可独立调控的优点，将以二氧化硅为固体基质材料的混合基质膜应用于中性锌碘液流电池体系中，表现出优异的离子传导能力[59]。在 80 mA/cm^2 的工作电流密度条件下运行，单电池能量效率达 82%，较之前报道的锌碘体系提高了 8 倍，能量密度达 80 W·h/L；在 180 mA/cm^2 的工作电流密度条件下运行时，电池的能量效率超过 70%，表现出很好的功率特性。更为重要的是，该混合基质膜结构中可以充满氧化态电解液 I_3^-，可以与锌枝晶反应，解决了由锌枝晶导致的电池循环寿命差的问题。即便是电池因为锌枝晶发生短路，电池性能也能够通过膜内 I_3^- 对锌枝晶的溶解作用实现自恢复。该体系单电池在 80 mA/cm^2 下连续运行超过 1000 个循环，性能无明显衰减，表现出很好的稳定性。选用商业化聚乙烯多孔膜为基膜，原位将功能化空心球引入到基膜中制备出聚乙烯基混合基质多孔膜并应用于碱性锌铁液流电池中[132]。其中，空心球极大地缩短离子传输路径，进而提高膜材料的离子传导率，显著提高电池的功率密度；膜内均匀分布的无机材料可赋予膜材料优良的机械性能，可有效抑制锌枝晶对其造成的破坏，进而大幅度提高锌基液流电池的循环稳定性。此外，选用的空心球在碱溶液中具有优良的稳定性。利用该混合基质膜组装的碱性锌铁液流单电池，在 80 mA/cm^2 的工作电流密度条件下，库仑效率接近 100%，能量效率超过 88%。尽管如此，目前混合基质膜的设计制备及其应用仍然存在诸多挑战，具体如下：

（1）填充物在聚合物中的分散性是混合基质膜面临的主要挑战之一。混合基质膜的制备方法通常是将固体填充物颗粒与铸膜液混合，进而刮涂成膜。在混合步骤中，存在填充物颗粒分散不均匀导致成膜后颗粒团聚的问题，这一问题一方面限制了填充物的担载量，另一方面团聚的颗粒会导致膜阻升高，选择性下降，还会导致膜机械强度降低。通过对填充物颗粒进行表面修饰，提高其与聚合物溶液之间的相容性，从而提高分散液稳定性是改善固体填充物在聚合物中分散性的一种常用策略。例如，在 ZSM-5 分子筛表面修饰烷基链，可提高 ZSM-5 分子筛在聚二甲基硅氧烷（PDMS）铸膜液中的稳定性[133]。另一种改善填充物在聚合物中分散性的有效方法是缩小填充物颗粒尺寸，提高其分散性。例如，使用冷冻研磨法，将 MOF 颗粒研磨细化，提高了 MOF 基混合基质膜的填充物分散性与担载量。此外，还可通过改进铸膜液配制工艺来提高填充物在聚合物中的分散性。例如，将 MOF 分散在丙酮中，再与铸膜液混合，最后将丙酮蒸发，使用该工艺制备的 PVDF/MOF 混合基质膜具有更好的均匀性，可实现高担载量与高分散性[134]。

（2）固体填充物与聚合物之间的界面相容性是混合基质膜面临的另一个挑战性的问题。差的界面相容性会导致填充物-聚合物界面处传质阻力升高，选择性降低。解决这一问题的方法有：对填充物进行表面修饰；或者使用与聚合物相容性较好的功能材料作为填充物。因此，聚合物基填充物，如 COF 或多孔芳香框架（PAF），相比于无机的功能材料在解决相容性问题上更具优势[135, 136]。

以上问题是混合基质膜存在的普遍问题，而针对不同液流电池体系，混合基质膜将面临更多的挑战。针对不同体系的液流电池，混合基质膜需要采用不同的材料。例如，采用弱酸性、氧化性电解液的锌溴液流电池应优先考虑使用高硅铝比的沸石分子筛、纳米二氧化硅、氧化石墨烯等材料，大多数 MOF 材料由于耐酸性较差则不适用于酸性介质的液流电池。采用强碱性电解液的液流电池应优先考虑使用耐碱的功能材料，如六方氮化硼、氧化石墨烯等[67]。采用中性电解液的液流电池，如中性的锌碘液流电池、锌铁液流电池等，由于电解液的电荷平衡离子是碱金属离子或卤素离子，它们比质子或氢氧根离子体积更大、质量更重，因此，采用的多孔填充物应该具有更加亲水的特性，孔道结构应具有更大的尺寸。

2. 液流电池用高分子材料需求分析

多孔离子传导膜是当前最具发展和应用前景的液流电池用隔膜之一，对高性能、低成本多孔离子传导膜的研究开发有利于推动液流电池的商业化和产业化进程。理想的液流电池用多孔离子传导膜应该具有高离子选择性和高离子传导率，但是，多孔离子传导膜的高离子选择性和高离子传导率通常是相互矛盾的，例如，孔径小有利于提高膜的选择性，但会对离子传递带来阻力。多孔离子传导膜的孔结构直接决定其在液流电池中的性能，常见的多孔离子传导膜的结构包括海绵状孔结构、指状孔结构及复合结构。

1）海绵状孔结构和指状孔结构

液流电池用多孔离子传导膜通常由相分离法制备而来，最常用的方法是非溶剂诱导相分离法（即浸没相转化法）和蒸气诱导相分离法[74]。相分离法制备的多孔离子传导膜形貌受到多种制备参数的影响，包括铸膜液组成、溶剂类型、添加剂种类和含量、凝固浴组成、铸膜厚度和温度等[74]。一般而言，铸膜液中聚合物的浓度越高，所制备的多孔离子传导膜的孔径越小，孔结构越致密；反之多孔离子传导膜的孔径越大，孔结构越开放[121, 137, 138]。铸膜液中添加剂的尺寸越小，所制备的多孔离子传导膜的孔径越小，孔分布越密集。凝固浴组成主要影响相分离过程中溶剂与非溶剂的交换速率，快速的溶剂-非溶剂交换使铸膜液发生瞬时相分离，倾向于形成指状孔结构，缓慢的溶剂-非溶剂交换使铸膜液发生延迟相分离，倾向于形成海绵状孔结构[139, 140]，见图 2-5。实际上，调节相分离过程制备参数的本质在于改变溶剂和非溶剂的交换速率，从而实现对多孔离子传导膜形貌的调控[74]。通常情况下，海绵状孔结构是对称的，具有孔径小和孔径分布窄的特点，使膜具有高离子选择性和高稳定性。指状孔结构通常是不对称的，由薄的皮层和厚的指状孔层构成，膜的选择性和传导率由其皮层结构决定。指状孔结构通常具有高孔贯通性，有利于膜对离子的传导[74]。

凝固浴组成的变化

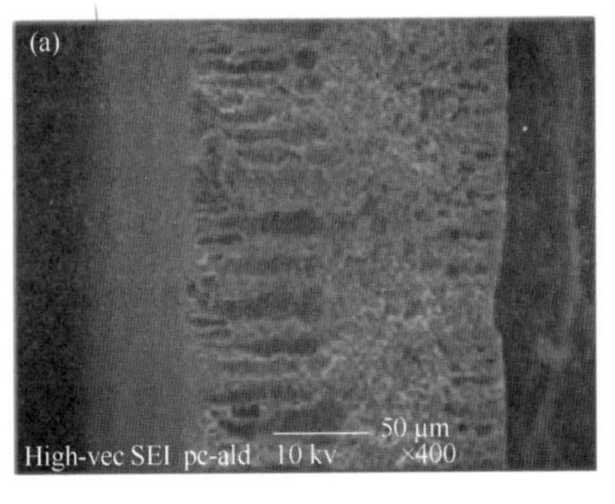

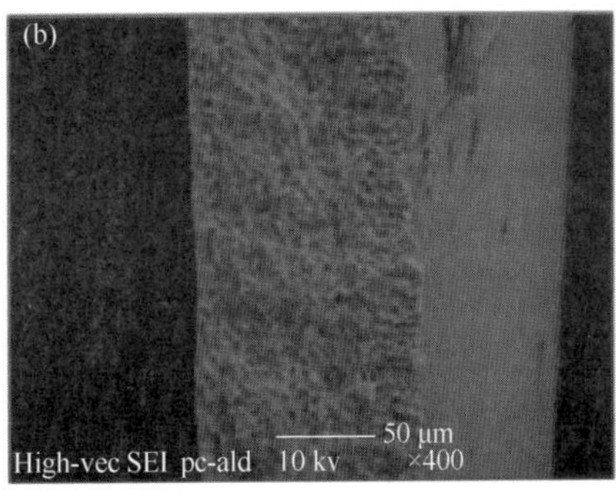

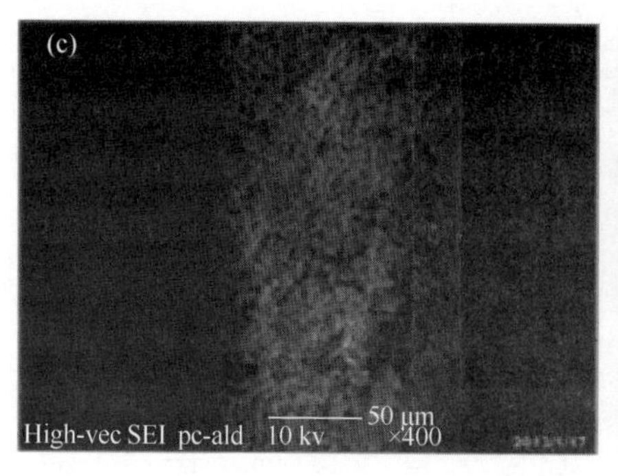

图 2-5　多孔离子传导膜由指状孔结构向海绵状孔结构的转变

凝固浴组成：（a）水；（b）水∶乙醇＝7∶3；（c）水∶乙醇＝3∶7；（d）乙醇

一般而言，海绵状孔结构具有比指状孔结构更高的离子选择性和机械稳定性。根据相分离法的基本原理和特征，可以通过优化制备过程参数的方法，对多孔离子传导膜的孔结构进行调控，提高海绵状孔结构的孔贯通性，减小指状孔结构皮层的孔径并缩窄其孔径分布，使海绵状孔结构和指状孔结构可以同时具有高离子选择性和高离子传导率，打破多孔离子传导膜选择性和传导率的“trade-off”效应。此外，通过对制备参数的优化，可以直接实现由指状孔结构到海绵状孔结构的转变，反之亦然，从而可以更好地优化多孔离子传导膜的结构和性能[74]。

2）复合结构

复合结构指复合多孔离子传导膜的结构。复合多孔离子传导膜一般以具有海绵状孔结构或指状孔结构的多孔离子传导膜为基体，引入改性材料以进一步提高多孔离子传导膜的性能。复合多孔离子传导膜可以兼具多孔基膜和改性材料的特点，并且复合多孔离子传导膜的基膜和改性材料的性能独立可调：多孔基膜的结构可以通过优化制备参数的方法进行初步调控，而改性材料的种类和组成具有多样性。因此，复合多孔离子传导膜可以取长补短，实现其高离子选择性和高离子传导率之间的平衡，从而在液流电池中具有广阔的应用前景[74]。

常用的改性材料包括无机纳米颗粒和荷电基团等，常用的引入方法包括共混法、表面涂覆法（喷涂、刮涂和浸涂等）和自组装法等[74]见图 2-6。将亲水性无机纳米颗粒引入到多孔离子传导膜中，可以减小膜孔径和降低膜孔隙率，提高膜的离子选择性和稳定性。无机纳米颗粒的亲水性有助于离子的传导，弥补膜离子传导率的损失。为了解决所引入的无机纳米颗粒层在液流电池运行过程中从多孔基体表面脱落的问题，可以首先选择合适的无机纳米材料，如具有规整孔道结构的多维纳米材料 MXene 和 MOF 材料等，以及合适的多孔基体和黏结剂。然后采取有效的改性方法对无机纳米材料及多孔基体的结构和性能进行初步调控。最后利用新型的制备方法将无机纳米颗粒引入到多孔基体中，提高膜的稳定性，如利用界面聚合法等[74]。

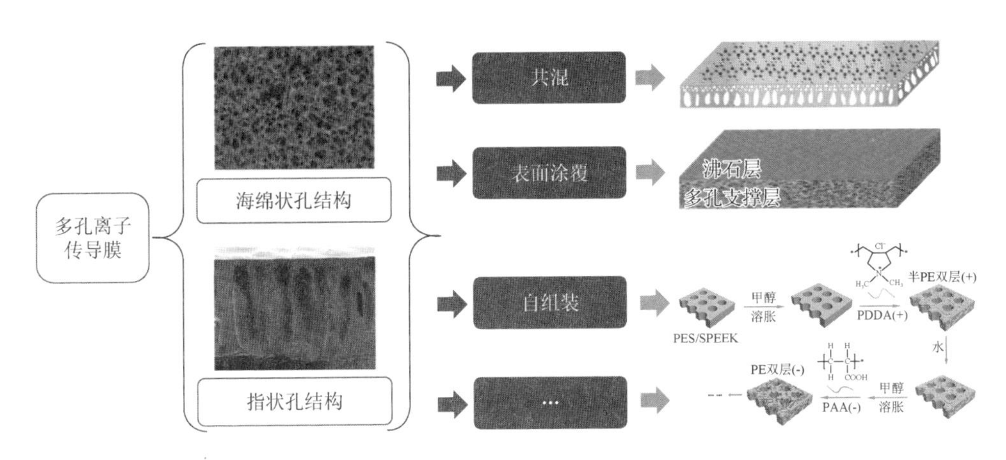

图 2-6　复合多孔离子传导膜概述

向多孔离子传导膜中引入荷负电基团的目的是提高膜的离子传导率。虽然荷负电基团也会同时传输活性物质，但通过对多孔离子传导膜孔结构的调控可以保证膜对活性物质和载流子的选择性筛分。目前最常用的荷负电基团是亲水性磺酸基团。向多孔离子传导膜中引入荷正电基团的目的在于利用 Donnan 排斥效应提高膜的离子选择性。为了保证膜的离子传导率，荷正电基团多为可在液流电池运行条件下质子化的含氮基团，如吡啶、聚乙烯吡咯烷酮、咪唑和吡咯等[74]。

虽然荷电基团并没有引入到多孔离子传导膜聚合物材料的主链上，但是荷电基团的存在还是会在一定程度上影响多孔离子传导膜的化学稳定性。利用荷电基团之间的相互作用在多孔离子传导膜内构筑交联网络是规避荷电基团对膜化学稳定性造成影响的有效方法之一。并且通过利用离子传导能力强的荷电基团来构建交联网络，或者在膜内构筑连续的离子传输通路，可以保证膜的高离子传导率[74]。

3）混合基质膜

混合基质膜是将无机材料作为分散相填充于聚合物连续相中而制得的膜，可以兼具聚合物膜和无机膜的优点。尽管已有部分混合基质膜开始应用于液流电池体系中，但目前混合基质膜的设计制备及其应用仍然存在诸多挑战。针对不同液流电池体系特点，结合混合基质膜聚合物与填充物两者可独立调控的优势，通过设计制备不同种类的功能化填充物，优化聚合物材料种类、溶液组分，调控填充物与聚合物之间的相容性，解决填充物与聚合物之间的界面相容性问题，有望制备出具有不同结构特点，能同时满足不同液流电池使用要求的高性能混合基质膜材料[141-144]，见图 2-7。

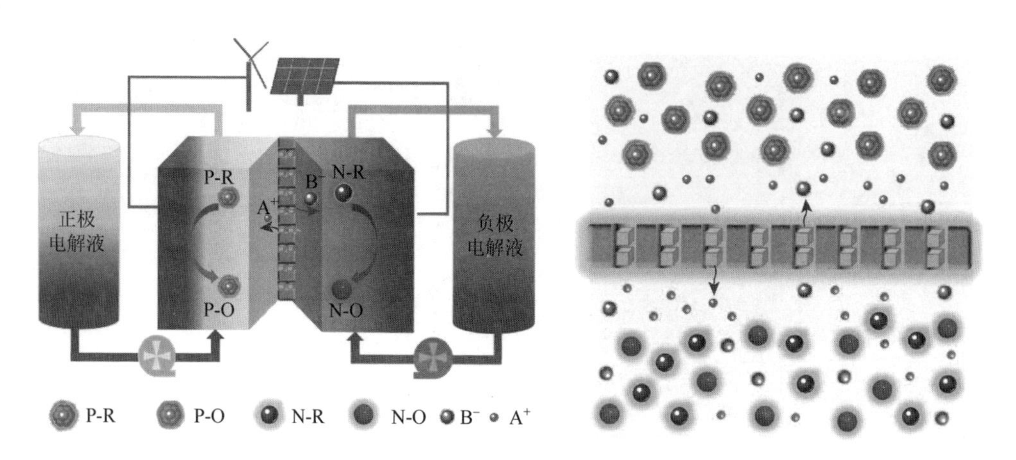

图 2-7　混合基质膜在液流电池中的应用

混合基质膜中的固体基质通常包括 COF、PAF、分子筛、沸石咪唑酯骨架结构材料（ZIF）等。其中，COF 基质通常以硼酸酐及硼酸酯系列、席夫碱系列、三嗪系列小分子为连接基团和连接单元，通过溶剂热合成法、离子热合成法、微波辅助法、机械研磨法等方法合成。通过调控小分子单体种类，小分子单体上功能基团，合成条件包括反应温度、反应时间、单体配比等可实现 COFs 材料微观形貌及孔结构的可控设计及制备。PAF 材料常以不同构筑单元为前驱体，通过亲核取代反应、Ullmann 偶联反应、重氮偶合反应、傅-克反应等方法合成制备而得。通过调变构筑单元结构可调控 PAFs 材料的微观形貌及孔结构；通过 PAF 结构上的芳环改性，如在芳环上引入磺酸、氯甲基等功能化基团，赋予 PAF 材料不同功能特性，可实现 PAFs 材料结构和功能的可设计性和可调控性。分子筛基质通常以硅溶胶、铝酸钠溶液、氢氧化钠、模板剂为原料，通过水热合成法、水热转化法或离子交换法等方法制备而得。分子筛的定向设计可通过改变硅/铝溶胶比例、模板剂种类、煅烧温度及制备方法来实现[141-144]。

由于混合基质膜在液流电池中的应用还处于起步阶段，很多关键科学问题仍需进行深入细致的研究，特别是混合基质膜中固体基质在不同液流电池体系中的稳定性、混合基质膜的构效关系及不同离子在混合基质膜内的离子传输机理的研究处于空白阶段[145]。因此，开发高性能、低成本液流电池用混合基质膜，阐明混合基质膜微观结构及特性（包括填充物担载量、孔结构、微观形貌等）对其性能的影响规律及其对不同离子在膜内扩散和传递的调控关系对于拓宽混合基质膜的应用、推进液流电池的实用化进程具有重要意义。

2.2.3　液流电池用高分子材料存在的问题

目前，商业化的液流电池用全氟磺酸离子交换膜的生产工艺复杂，对技术设备要求高，严重限制了液流电池的商业化与产业化进程。部分氟化和非氟离子交换膜的稳定性较低，也使其难以进行实际应用。因此，多孔离子传导膜是目前最具商业化和产业化前景的液流电池用膜之一。尽管已经采用了一系列的改性方法优化多孔离子传导膜在液流电池中的性能，但是多孔离子传导膜的产业化和商业化仍面临以下挑战：

（1）多孔离子传导膜在液流电池中的很多关键科学问题仍然需要深入细致的研究，特别是膜组装电池的容量衰减机理、离子传输机理和成膜机理等。容量衰减机理可以指导如何保证多孔离子传导膜组装的液流电池的长期稳定运行；离子传输机理可以指导如何在多孔离子传导膜内构建可控的离子传输网络；成膜机理可以指导如何简单有效地制备结构可控的多孔离子传导膜。这些尚未明确的关键科学问题制约了对多孔离子传导膜进行有效的结构设计和优化，使高性能多孔离子传导膜的制备受到理论基础匮乏的限制。

（2）多孔离子传导膜孔结构均一性较差的问题使其在规模放大过程中面临着严峻挑战。相比于锂离子电池和燃料电池，无论是在政府层面还是在企业层面，对液流电池用膜材料研究开发的经费投入较少，参与产业链研究开发的机构也比较少，制约了离子传导膜的产业化过程。

为了促进多孔离子传导膜的实际应用，其未来的研究开发应该围绕以下几方面：

（1）改进现有的改性方法或者开发新型简单有效的改性方法继续优化多孔离子传导膜的性能，突破其选择性和传导率之间的“trade-off”效应。大力提高多孔离子传导膜在高电流密度下的离子传导率，实现提高液流电池工作电流密度和功率密度的目标。

（2）深入研究多孔离子传导膜的构效关系及其关键科学问题，包括多孔离子传导膜的容量衰减机理、离子传输机理和成膜机理等，为制备高性能低成本多孔离子传导膜奠定理论基础。

（3）大力开发具有本征高稳定性和低成本的新型膜材料，简化高性能低成本多孔离子传导膜的生产流程，进一步降低成本。

（4）解决多孔离子传导膜孔结构的均一性问题，进一步突破液流电池离子传导膜材料的制备技术和批量化生产技术，实现离子传导膜材料的产业化，满足兆瓦级液流电池储能系统的需求。

（5）在前期研究工作基础上，官、产、学、研、用（户）共同努力，加大持续性的经费投入，完善技术，突破规模放大及批量化制备工艺，并建立可行的商业模式，推动多孔离子传导膜的产业化和商业化。

2.2.4 液流电池用高分子材料发展愿景

1. 战略目标

总体目标：针对国家对大规模液流电池储能技术的重大需求，开展新型杂环聚合物膜材料研究，突破液流电池关键材料离子传导膜材料的制备技术、批量化生产技术，实现离子传导膜材料的产业化，降低液流电池成本，推进液流电池产业化，具体阶段目标如下：

2025 年：研究膜材料构效关系，突破离子传导膜制备技术及规模放大技术，解决规模放大过程中离子传导膜均一性问题。离子传导膜产能达到 20 000 m^2/a（满足 20 MW），成本低于 500 元/m^2（Nafion 115，约 4500 元），完成兆瓦级全国产化系统应用示范。

2035 年：深入研究膜材料构效关系、离子传输机理等关键科学问题，解决离子传导膜离子选择性与传导性“trade-off”效应，优化膜材料结构，突破规模放大技术。将电池工作电流密度由 200 mA/cm^2 提高至 250 mA/cm^2，成本降低至 200 元/m^2，产能达到 300 000 m^2/a（300 MW/a），完成膜材料国产化。

2. 重点发展任务

2025 年：重点突破膜材料的制备技术及中试放大技术，实现膜材料小批量生产，完成示范验证。研究膜材料构效关系，优化膜材料结构，降低成本。

2035 年：解决膜材料构效关系及离子传输机理等关键科学问题，优化膜材料结构和制备工艺，突破膜材料批量化生产工艺，实现膜材料产业化。

2.3 锂离子电池用高分子材料

2.3.1 锂离子电池工作原理

锂离子电池主要由正极、负极、电解液和隔膜四部分组成，其中软包电池还会用到铝塑膜。正极和负极由电解液和隔膜分隔开，并均接有外部电路。在正极和负极上分别发生还原和氧化反应，电解液为正极和负极之间的氧化还原反应传递离子，而电子则通过外电路在正负极之间来回传递。隔膜通常由微孔聚合物制备而成，允许 Li^+在两个电极之间交换，同时阻止电子在电解质中来回穿梭。

充电时，Li^+在外电压作用下从正极材料的晶格中脱出，经过电解质和隔膜后插入负极材料的晶格中，电子同时经由外电路将电荷从正极传送到负极，以确保电荷平衡。此时负极处于富锂状态，正极处于贫锂状态，实现了电能向化学能的转化。放电时，Li^+从负极材料的晶格中脱出，经过电解液和隔膜重新插入正极材料的晶格中，此时正极处于富锂状态，负极处于贫锂状态，化学能重新转化为电能。由于 Li^+在正负极之间循环往复的“嵌入-脱嵌”过程，锂离子电池被形象地称为“摇椅电池”（rocking-chair battery）。

以片层结构的 $LiCoO_2$ 为正极材料、石墨为负极组成的锂离子电池体系为例，具体的反应方程式如下：

正极：$LiCoO_2 \rightleftharpoons Li_{1-x}CoO_2 + xLi^+ + xe^-$　（2-1）

负极：$6\,C + xLi^+ + xe^- \rightleftharpoons Li_xC_6$　（2-2）

总反应：$LiCoO_2 + 6\,C \rightleftharpoons Li_{1-x}CoO_2 + Li_xC_6$　（2-3）

2.3.2　锂离子电池用高分子材料的种类范围

随着生活水平的提高，人们对能源的需要越来越多。全球化石能源供应和环境状况日益严峻。我国的化石能源状况是多煤、有气、缺油，目前是第二大原油消费国和第一进口大国，对进口石油的依赖度较高。汽车保有量超过 3 亿辆并以每年近 2000 万辆速度增长。汽车的尾气排放是城市雾霾的重要因素。从全球范围来看，为了改善地球的环境和气候，为了贯彻《巴黎气候变化协定》，必须尽快发展电动汽车，实现汽车尾气零排放。电动汽车的关键核心技术是动力电池。当前，广泛采用的动力电池是锂离子电池。我国电动汽车产业发展取得了很好的成绩，电动汽车的销量和保有量都已是世界第一，但人们对电动汽车的续航里程和安全性仍存在忧虑。锂离子电池涉及的高分子材料主要包括隔膜、黏结剂、铝塑膜等。锂离子电池产业链如图 2-8 所示。

2.3.3　锂离子电池用高分子材料现状与需求分析

1. 锂离子电池用高分子材料发展现状

1）锂离子电池隔膜

隔膜是锂离子电池的重要组成部分之一，其主要作用是使电池的正极、负极分隔开来，防止两极接触而短路，此外还具有使电解质离子通过的功能。隔膜的性能决定了电池的界面结构、内阻等，直接影响电池的容量、循环及安全性能等特性。要求隔膜需具有合适的厚度（需要在容量和安全性之间寻找平衡）、透气性（影响锂离子电池的内阻）、孔径（在通透性和阻隔性之间寻找平衡）和孔隙率（隔膜内部的微孔数量，影响电池内阻）及足够的化学稳定性、热稳定性和力学稳定性及安全性等性能。

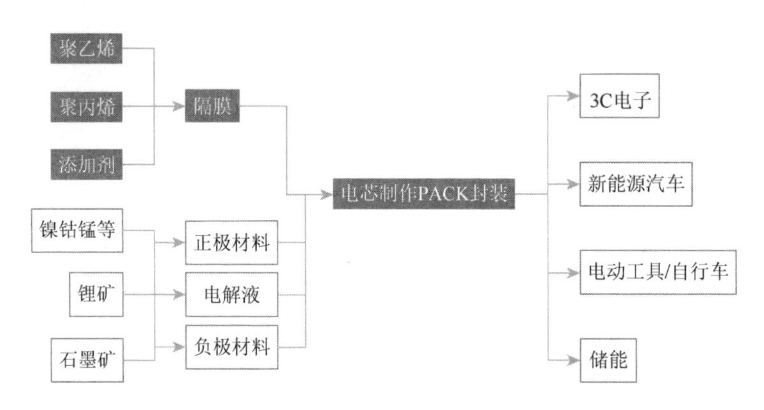

图 2-8　锂离子电池产业链示意图

应用在锂离子电池中的隔膜可以分为离子交换膜和多孔膜。前者依靠附着在膜上的离子交换基团来实现载流子的传输，而后者则依靠基于孔径的离子筛分原理。IEM 稳定性较低，原因在于离子交换基团会引起膜的降解，同时 IEM 高昂的成本限制了其在锂离子电池中的应用。多孔膜因其良好的稳定性和较低的成本而获得了广泛应用。应用于锂离子电池的多孔膜可以分为微孔膜、纳滤膜和超滤膜。这些多孔膜主要由有机聚合物制成。目前锂离子电池（LIBs）隔膜以烯烃类隔膜为主，主要包括聚丙烯微孔膜、聚乙烯微孔膜和多层复合隔膜[聚丙烯(PP)/聚乙烯(PE)两层复合或聚丙烯/聚乙烯/聚丙烯三层复合]。虽然烯烃类隔膜具有成本低、强度高等优点，但其稳定性较差，在高温或大电流密度条件下容易收缩而导致电池短路，存在很大的安全隐患。此外，烯烃类隔膜还存在润湿性能差和离子电导率较低的缺点。因此，研发新型高性能电池隔膜成为改善锂离子电池性能的重要研究方向之一。目前，锂离子电池隔膜研究主要集中于烯烃类隔膜改性和新型电池隔膜开发两个方面。

烯烃表面改性主要有两种方式，一是在烯烃表面接枝功能性官能团；二是通过在烯烃表面涂覆无机材料或者聚合物以提高隔膜性能。在烯烃表面接枝功能性亲液基团被证明是一种行之有效的方法，这种方法可以增加隔膜的极性和表面能，从而改善隔膜的润湿性。这些亲液基团通常包含极性官能团（如酯基和醚基），这与常用的酯基和醚基电解质遥相呼应，促进了电解质的吸收传递，加速了锂离子的运输，从而提高倍率性能。聚乙二醇（PEG）、聚（乙二醇）硼酸酯丙烯酸酯（PEGBA）、聚甲基丙烯酸甲酯（PMMA）、甲基丙烯酸缩水甘油酯（GMA）等聚合物都已被接枝到聚烯烃载体上以提高隔膜性能。Kim 等[146]使用 PVDF/SiO_2 的混合物改性聚烯烃隔膜，得到具备 PVDF 的亲电解液性能和 SiO_2 的耐高温性能的复合隔膜，电池在 2 C 倍率下充放电效率达到 94%。Ko 等[147]制备了表面改性 PE-*g*-GMA 隔膜。对该隔膜的测试结果表明，相对于未处理的 PE 隔膜，PE-*g*-GMA 隔膜具有更好的电解液保液能力和更长的循环寿命。Xu 等[148]研究了聚丙烯隔膜表面接枝聚丙烯酸（PAA）后隔膜的性能。结果显示，合适的接枝率可以明显提高隔膜亲水性，并不致降低过多的透气度。Zhu 等将含有醚基的亲电解质 PEG 链接枝到多巴胺（DOPA）涂覆的聚丙烯（PP）隔膜上，DOPA 可以在隔膜和 PEG 链之间建立共价键，确保 PEG 链牢固地锚定在隔膜表面。同时，PEG 链的引入有效降低了界面电阻，增强了隔膜和液态电解质之间的亲和力，从而改善了 PP 隔膜的电化学性能。通过直接将 PP 浸入 DOPA 溶液中形成 DOPA 包覆的 PP 隔膜，再用 PP-DOPA 隔膜与甲氧基聚乙二醇（MPEG）反应，最终形成 PP-*g*-MPEG 隔膜。这种方法同时也适用于修饰其他材料[149]。

将亲电解质的陶瓷材料或带有极性官能团的聚合物涂覆于隔膜表面是另一种极其重要的烯烃隔膜表面改性技术。此方法可以有效抑制原始聚烯烃隔膜在较高温度下的热收缩，能显著改善隔膜的润湿性和热稳定性，同时不会严重损害隔膜的电化学性能。常见的陶瓷材料包括 Si、TiO_2、Al_2O_3 等 0 D 纳米粒子和 SiO_2 纳米管等 1 D 材料。常见的亲电解质聚合物包括聚环氧乙烷（PEO）、聚酰亚胺（PI）、纤维素基聚合物、PMMA、聚多巴胺（PDA）、芳香族聚酰胺纳米纤维、PES、聚偏二氟乙烯（PVDF）和聚偏二氟乙烯-六氟丙烯（PVDF-HFP）等。由于这些涂覆材料的固有极性，可以直接使用，因此通过改善微孔聚烯烃隔膜的润湿性并能够抑制锂枝晶的生长[150-154]。

Jung 等[155]采用原子层沉积技术（ALD）制备了 Al_2O_3/PP 复合隔膜。陶瓷涂层提高了 PP 隔膜的热稳定性和安全性，同时改善了 PP 隔膜的电解液浸润性。Al_2O_3/PP 复合隔膜体系的电池在高倍率 4 C 条件下循环 1000 次，容量保持率可达 80%。Yang[156]将 Al_2O_3 颗粒均匀涂覆于 PE 湿法膜两侧，得到一种复合涂层 PE 隔膜，明显提高了 LIBs 的热安全性能、离子电导率及循环性能。Wang 等[157]制备了具有较高的孔隙率和良好的电解液浸润性的 ZrO_2/SiO_2/PP 复合隔膜，由此组装的锂离子电池表现出优良的容量保持性和良好的耐热性。Yang 等[158]使用了极薄的 AlOOH 颗粒涂层改性 PE 膜，形成具有 PE 熔化的互锁界面结构。这种互锁结构使隔膜在 140℃下几乎无热收缩，在 180℃下处理 0.5 h 的热收缩率＜3%，明显提高了隔膜的热稳定性。此外，采用它作为隔膜的 LIBs 的电化学性能获得显著改善。

Luo 等[159]利用浸渍涂覆法在 PE 微孔膜表面复合 PVDF 功能涂层，再用碱液处理获得复合隔膜。对其测试的结果表明，复合膜具有发达的表面网络孔结构，这种结构显著提高了其电解液吸液率（165%），较 PE 膜提高近 50%；且表现出较好的耐热性，在 130℃处理 1 h 热收缩率只有 1.5%，组装而成的电池显示出良好的循环容量保持性和倍率放电性能。

虽然通过对聚烯烃类隔膜改性，可以一定程度上提高隔膜的性能，但仍无法完全克服聚烯烃隔膜的固有缺陷，因此需要开发润湿性更好、耐热性能更高的新材料隔膜，以及新材料的表面改性。

Hao 等[160]采用静电纺丝工艺制备了聚对苯二甲酸乙二醇酯（PET）纳米纤维隔膜，具有良好的热稳定性、很高的孔隙率和吸液率。PET 纳米纤维隔膜熔点为 255℃，孔隙率达 89%，吸液率达 500%，与 Celgard 聚烯烃隔膜相比，表现出更好的电化学稳定性、离子导电性和循环性能。Wu 等[161]采用静电纺丝和溶液浇铸法制备了三明治结构的 PVDF-HFP/PET/PVDF-HFP 复合隔膜，复合膜包括两个微孔 PVDF-HFP 层和季铵、SiO_2 纳米粒子改性的 PET 纳米纤维非织造层，并将其用于 LIBs。性能测试的结果表明，复合膜表现出优异的热稳定性，在 150℃下热收缩率仅为 8%；同时，复合膜也表现出优异的电解质亲和性（接触角约为 2.9°）、吸液率（282%）和离子电导率（6.39×10^{-3} S/cm）。充放电性能和循环性能方面，相较于 PE 隔膜电池，在 55℃、1 C 倍率下经过 200 次循环后，复合膜电池的容量保持率和库仑效率可分别提高约 20%和 2%。

间位芳纶（PMIA）是一种芳香族聚酰胺，骨架上含有苯酰胺型支链及极性羰基基团，表现出高达 400℃的热稳定性及与电解液较高的浸润性。制备得到的隔膜由于高的阻燃性，应用于锂离子电池中表现出极佳的安全性和电化学性能[162]。Zhu 等[163]开发了具有海绵状结构的 PMIA 隔膜，其具有优异的耐热性，优良的润湿性和高孔隙率，隔膜孔径分布集中，90%的孔径在微米以下。PMIA 隔膜在 160℃下处理 1 h 尺寸变化可忽略不计；在温度上升至 400℃时仍没有明显质量损失。PMIA 隔膜接触角仅有 11.3°，且海绵状结构使得其吸液迅速，提高了隔膜的润湿性能，使得电池的稳定性显著提高。另外，由于海绵状结构的 PMIA 隔膜具有互联多孔结构，将更有利于 Li^+的迁移，这使得 PMIA 隔膜的离子电导率高达 1.51 mS/cm。

大连理工大学蹇锡高院士团队从单体设计角度出发，开发出一系列含二氮杂萘酮结构的高性能聚芳醚树脂材料，包括聚芳醚砜酮（PPESK）、聚芳醚酮（PPEK）、聚芳醚砜（PPES）等，玻璃化转变温度在 250～370℃之间，全芳环非共平面扭曲的分子链结构赋予高聚物既耐高温又可溶解的优异性能[164]。Yang 等[165]以 PPEK 为基体、NMP 为溶剂，掺以 PVDF，通过静电纺丝制备 PPEK/PVDF 复合膜。PPEK/PVDF 复合膜对电解液具有良好的浸润性，孔隙率和吸液率分别为 86%和

815%，离子电导率可达 8.8 mS/cm，界面阻抗值为 700Ω，100 次电池循环后容量衰减率仅为 17%。此外，PPEK/PVDF 复合膜具有良好的力学性能，其杨氏模量可达 237 MPa。

Liu 等[166]以 PPEK 和 SiO_2 为原料，采用静电纺丝制备了 PPEK/SiO_2 复合纤维膜。随着 SiO_2 质量分数的增加，复合膜的孔隙率、吸液率和离子电导率逐渐增加。复合膜在 200℃下热处理 1 h 后的热收缩率为 0，具有良好的热尺寸稳定性。当 SiO_2 质量分数为 6%时，孔隙率和吸液率分别达到 179%和 1031%，离子电导率为 2.63×10^{-3} S/cm；将复合膜作为隔膜，组装成 Li/石墨锂离子全电池，1 C 倍率下放电比容量为 350 mA·h/g，当倍率提高至 2 C 时，比容量仍能达 306 mA·h/g，显著高于 PP 隔膜（225 mA·h/g）。

锂离子电池隔膜生产工艺包括原材料配方和快速配方调整、微孔制备技术、成套设备自主设计等工艺。微孔制备技术是锂离子电池隔膜制备工艺的核心，技术路线主要包括：干法双拉、干法单拉和湿法，其中湿法已成为主流。锂离子电池隔膜生产工艺如表 2-8 所示。

表 2-8　锂离子电池隔膜生产工艺

生产工艺	湿法异步、同步拉伸	干法单向拉伸	干法双向拉伸
工艺原理	热致相分离	晶片分离	晶型转换
工艺特点	设备复杂、投资大、工艺复杂、成本高、能耗大	设备复杂，精度要求高，控制难度高，污染小	设备复杂，投资大，需要成孔剂辅助成孔
主要产品	单层 PE 隔膜	单层 PP、PE 隔膜及复合隔膜	单层 PP 隔膜
优点	微孔尺寸和分布均匀，孔隙率和透气性可控范围大，适合生产较薄产品，短路率低	微孔尺寸和分布均匀，成本较低，微孔导通率好，能生产单层和双层隔膜，横向几乎没有热收缩	工艺简单，穿刺强度高，厚度范围宽，短路率低
缺点	工艺复杂、成本高，不环保，只能生产单层 PE 隔膜，熔断温度低，热稳定性差	横向拉伸强度低，无法生产较薄的膜，短路率高	孔径不均匀，稳定性差，只能生产单层 PP 隔膜

目前市场上聚烯烃锂离子电池隔膜有单层和多层结构，而聚烯烃多层锂离子电池隔膜由于其可靠性和一致性更优，主要用于动力锂离子电池等高端领域。

聚烯烃多层锂离子电池隔膜领域排名靠前的国家依次为日本、中国、韩国和美国，日本在聚烯烃锂离子电池隔膜领域具有高度的技术优势。虽然我国聚烯烃锂离子电池隔膜的起步较晚，且目前大多数核心技术仍然被日本、韩国和美国申请人控制，但随着国内市场的旺盛需求以及一系列国家和地方层面的政策激励，国内聚烯烃锂离子电池隔膜的技术研发也呈现积极态势，带动了国内专利申请量的提升，专利申请量紧跟日本位居第二。

排名前十的申请人主要集中在日本、韩国和中国。目前国际上主要的聚烯烃锂离子电池隔膜供应商来自日本、韩国，如日本东丽（东燃）株式会社（以下简称东丽）、旭化成（包括其收购的 Celgard 公司）及韩国的 SK 创新公司，三家企业占据了全球 56%以上的市场份额。其中，日本的东丽和旭化成的申请量遥遥领先于其他申请人。日本是全球最大的锂离子电池生产国，其产业化技术水平也处于世界领先水平，特别是动力型锂离子电池已大规模商业化。国内申请人中深圳市星源材质科技股份有限公司（以下简称星源材质）和中国科学院的专利申请量也较多，星源材质是国内锂离子电池隔膜行业的龙头企业。其他国内知名企业，如佛山市金辉高科光电材料有限公司（以下简称金辉高科）、新乡市中科科技有限公司（格瑞恩新能源材料有限公司）（以下简称中科科技）、沧州明珠塑料股份有限公司（以下简称沧州明珠）等企业虽然也具有一定的申请量，但专利申请主要涉及可靠性较低的单层聚烯烃隔膜，在聚烯烃多层锂离子电池隔膜方面专利申请较少。

在聚烯烃多层锂离子电池隔膜领域，重点关注的技术问题主要集中在隔膜的耐高温性、热收缩、热稳定性，隔膜的透气性、孔隙率、孔隙大小及孔隙均匀性的调控，隔膜机械强度特别是穿刺性能，以及隔膜热关闭性能的改善四个方向。

世界隔膜材料市场中，中国、日本、韩国三足鼎立，占据主要份额。美国在 2015 年随着 Celgard 公司被日本旭化成收购后退出了隔膜材料市场。日本企业以旭化成、东丽、宇部兴产株式会社（以下简称宇部兴产）、住友化学株式会社（以下简称住友化学）为代表，韩国企业以 SK 创新公司、W-SCOPE 韩国公司为代表，占据高端隔膜产品的市场；中国企业以星源材质、上海恩捷新材料科技股份有限公司、中科科技、沧州明珠等为代表，多为中低端产品，逐步向高端产品转变。

日本方面，最主要的两家巨头企业纷纷提高产能。例如，旭化成的隔膜供应能力不断提升，早在 2016 年 9 月在隔膜业务部召开的材料领域说明会就拟定了对干法、湿法隔膜的生产进行设备投资。各国产品及技术路线简介及研发情况如表 2-9 所示。

表 2-9　各国产品及技术路线简介及研发情况总结

<table>
<tr><th>企业</th><th>国家</th><th>产品</th><th>技术路线</th><th>简介</th><th>研发</th></tr>
<tr><td>旭化成</td><td>日本</td><td>Hipore™</td><td>湿法</td><td>聚烯烃制薄膜；不同膜厚；均匀微孔；穿透力高；高孔隙度</td><td rowspan="2">研发干法涂覆膜，并量产样品；将 Hipore™ 涂覆技术导入 Celgard 涂覆生产线；在韩国 Celgard 工厂开发顺序拉伸工艺（湿法）的新产品；利用 Hipore™ 生产技术提高质量与产能产额</td></tr>
<tr><td>Celgard 公司</td><td>日本</td><td>Celgard</td><td>干法，单层和多层膜材料的层压结构</td><td>可选择与电池组件兼容的隔膜材料；提供 2～5 μm 厚度的多种涂层，包括陶瓷</td></tr>
</table>

续表

企业	国家	产品	技术路线	简介	研发
东丽	日本	SETELA™	湿法	抑制电流异常；堆芯熔融；绝缘性；厚度5～25 μm；微孔均匀分布，直径尺寸为20～100 nm	东丽的隔膜技术正在研制运用纳米技术使电力通过微孔而均匀形成的聚烯烃膜。调节微孔和树脂材料设计保证高输出率和延长使用寿命；增加单电池的电极容量
宇部兴产	日本	UPORE®	干法，单向拉伸	单层或多层组合制品，多种膜厚和通气度	综合分子设计、有机合成、电化学、分析评价、成型加工技术、涂覆技术等研发新产品
住友化学	日本	PERVIO™	涂覆技术	芳纶纤维涂覆隔膜	提高组装产品的基础技术水平
SK创新	韩国	ENPASS®	湿法、涂覆	均匀成孔、双面陶瓷涂层	更高性能和安全性的材料与制备工艺
W-SCOPE韩国公司	韩国	—	湿法	严格控制细微气孔率和通气度	料、添加剂、辅助材料的合成以及挤压机上的混炼技术

表2-10列出了日本近年来新增产能情况。2017年3月30日旭化成宣布对滋贺县守山市制作所投资约150亿日元，用于湿法隔膜Hipore™的生产，已于2019年投产。这是旭化成对隔膜市场发展潜力的认可。东丽也紧追其后，于2017年10月19日宣布提高东丽电池隔膜韩国有限公司（TBSK）的电池隔膜SETELA™产能50%，共投资约12亿元。同时，东丽BSF涂层韩国有限公司（TBCK）提高电池隔膜涂装能力40%，投资约8亿元。韩国方面也瞄准隔膜市场积极进行扩张，如W-SCOPE公司的5号生产线于2016年12月开始稳定生产。2017年9月4日，决定在韩国工厂投资12～15号生产线。该公司（日本总部及韩国分公司）2019年共计拥有隔膜生产线13条，并于2021年继续增加了2条产能1亿m^2的大型涂装线。这些巨头企业纷纷增加隔膜的生产能力，恰恰说明了隔膜市场持续高景气度、供需紧张。

表2-10 日本（旭化成）近年来新增产能总结表

选址	工艺	产能（万m^2/a）	投资金额/亿日元	投产时间
宫崎县日向市	湿法	约6000	约50	2016年
滋贺县守山市	湿法	约6000	约60	2018年
滋贺县守山市	湿法	约90000	约200	2021年
宫崎县日向市	湿法	约130000	预计500	预计2023年

我国锂离子电池隔膜技术起步较晚，但发展迅速。从国内地区格局来看，竞

争力最强的是珠三角经济区，拥有隔膜龙头企业星源材质以及金辉高科等企业，纷纷在世界市场占据一席之位，技术水平较高。长三角地区与中部地区（湖北、河南）企业数量与竞争力旗鼓相当，优势企业与普通企业分布均衡，如上海恩捷、长园中锂新材料有限公司、中科科技。京津冀地区，只有沧州明珠与天津东皋膜技术有限公司，竞争力相对较低。

从国内市场整体来看，低端隔膜产品竞争日趋激烈，隔膜价格不断走低，须谨防产能过剩等问题；中高端隔膜产品所占市场份额较低，设备多为进口，须攻坚克难。国内市场竞争加剧，各大企业纷纷扩产，收并购事件频发。星源材质于2017年5月17日宣布在常州建设年产3.6亿m^2锂电湿法隔膜项目正式签约，其中一期投资16亿元，该消息表明星源材质决心在国内外市场角逐中进一步抢占高地，加快发展。

中材科技也对抢占市场吹响了号角，2017年7月25日宣布年产6000万m^2的湿法隔膜生产线已建成并进入调试阶段。沧州明珠于2017年3月30日宣布年产6000 m^2湿法隔膜项目的第一条生产线已投产，目前已建设包括2条干法隔膜生产线在内的年产5000万m^2干法锂离子电池隔膜项目。此外，天津东皋于2017年5月19日投产年产2亿m^2动力隔膜自动化产线，投产后将大大提高竞争力，并于10月17日宣布了来自深圳比克电池有限公司的采购合作。河北金力新能源科技股份有限公司、北大先行科技产业有限公司、辽源鸿图锂电隔膜科技股份有限公司等企业也各有投产或在建隔膜项目。

表2-11和表2-12分别列出了我国国内主要隔膜生产企业和2016～2021年我国国内主要湿法隔膜企业产能情况。说明我国锂离子电池隔膜产业前景看好，市场潜力巨大，积极向中高端水平聚拢，产业格局的逐渐洗牌也促进了市场发展。2017年5月，创新新材料股份有限公司公告称投资55.5亿元收购上海恩捷，并投资建设珠海恩捷隔膜，珠海恩捷项目设计共有16条湿法隔膜生产线（其中一期项目12条生产线，二期项目4条生产线），总投资40亿元。一期项目于2017年2月动工建设，至2018年12月23日，珠海恩捷12条制膜生产线已全部贯通，年产13亿m^2锂离子电池隔膜，年产值达50亿元。

表2-11　国内主要隔膜生产企业

企业名称	技术路线	业务信息	其他信息
星源材质	干法 湿法 涂覆	现有干法产能1.8亿m^2/a，湿法产能1.06亿m^2/a，常州工厂3.6亿m^2/a湿法隔膜项目已经开工	全球主要合作伙伴有LG化学（中国）投资有限公司、比亚迪股份有限公司、天津力神电池股份有限公司、国轩高科股份有限公司等大型优质客户
金辉高科	湿法 涂覆	生产7～20 μm产品	2006年成为国内首家采用湿法工艺生产隔膜的企业

续表

企业名称	技术路线	业务信息	其他信息
长园中锂（原湖南中锂）	湿法	综合年产能达 4 亿 m^2	全套引进日本东芝湿法隔膜制造设备
中科科技	干法 涂覆	首创隔膜干法双向拉伸备工艺隔膜；16～60 μm 产品	已建 4 条锂离子电池隔膜生产线，配套建设 4 条陶瓷涂覆生产线
沧州明珠	干法 湿法 涂覆	干法单向拉伸；生产 5～16 μm 产品；陶瓷涂覆隔膜、芳纶涂覆隔膜、聚酰亚胺涂覆隔膜；现有干法产能 0.5 亿 m^2/a，湿法产能 1.2 亿 m^2/a	湿法设备全进口；客户有比亚迪、中航锂电科技有限公司、苏州星恒电源有限公司等

表 2-12　2016～2021 年国内主要湿法隔膜企业产能　（单位：万 m^2）

企业	2016 年	2017 年	2018 年	2021
星源型材	2600	28600	28600	49000
上海恩捷	14000	50000	130000	307000
苏州捷力	22000	22000	22000	33300
金辉高科	10200	10200	10200	10200
纽米科技	5000	5000	11000	12000
中材科技	2720	14720	26720	32000
鸿图隔膜	2000	6500	6500	8000
沧州明珠	2500	8500	19000	19800
天津东皋	2000	20000	20000	被收购
中锂新材	2500	15000	15000	54210
金力股份	1500	4000	14000	55000

资料来源：公司公告、OFweek、国金证券

2）锂离子电池黏结剂

黏结剂是锂离子电池电极的重要组成部分，是一类将电极中的活性物质和导电剂紧密连接起来的高分子聚合物，用量占活性物质的 1%～10%。黏结剂在一定程度上决定着锂离子电池的比容量和循环寿命[167]。最早开始广泛使用的黏结剂是 PVDF。PVDF 是一种非极性链状高分子聚合物，具有优异的机械附着力、电化学稳定性和热稳定性[168]。

正极方面，我国对 PVDF 黏结剂的生产厂家较少且品种很少，目前世界范围内前三大 PVDF 厂家有美国 Solvay 集团、法国阿科玛和日本吴羽化学工业株式会社（以下简称吴羽化学）。目前我国生产液态锂离子电池的厂家，较多采用的也是

Kynar 牌号和 Solef 牌号的 PVDF 树脂，分别来自法国阿科玛和美国 Solvay 集团。国内 PVDF 黏结剂以上海三爱富新材料股份有限公司（以下简称三爱富）FR905 锂离子电池专用黏结剂比较理想，是偏氟乙烯的均聚物，可用作锂离子电池黏结剂。表 2-13 说明了国内外主要正极黏结剂生产企业情况。

表 2-13　国内外主要正极黏结剂生产企业情况

企业	介绍
法国阿科玛	全球领先的化学品生产企业，作为全球领先的特种化学品和先端材料制造商，阿科玛拥有高性能材料、工业特种产品、涂料解决方案三大业务集群，以及诸多全球知名品牌。集团年销售额 75 亿欧元。针对锂离子电池组件专门研发了高分子量 Kynar®PVDF 材料，目前，每三块个人计算机和手机的锂离子电池中，就有一块用了 Kynar®PVDF，其具有溶解快、易加工、高黏结/用量更少的特点，且其电解液溶胀性更低，电极电阻率更低，电压稳定性高
日本吴羽化学	自 1944 年创立后，就已定位为创造专业产品的技术开发型企业，长久致力于特殊产品的创新与技术开发。现在产品已经涵盖氯气、烧碱等基础化学品、无机化学品、有机化学品、工程塑料、医学、农用化学品以及包括食品包装材料在内的家用产品。吴羽（中国）将致力于贯彻整合吴羽集团在中国的核心产品战略，如克瑞哈龙™[（聚偏二氯乙烯（PVDC）]和其他高阻隔性包装材料、高性能材料 FortronKPS®[聚苯硫醚（PPS）]，KFPolymer（PVDF），电池用高性能材料及各类高新碳素制品等，其中 KFPolymer 加工时无须可塑剂等添加物，纯度高
美国 Solvay 集团	成立于 1863 年，产品从消费品到能源，已遍布全球各个市场，是唯一一家拥有乳液和悬浮聚合技术生产 PVDF 的供应商，为锂离子电池正负极和隔膜提供了丰富的 PVDF 系列产品（部分氟化半结晶聚合物）
上海三爱富	是上海华谊（集团）公司的全资子公司，专业从事氟聚合物[PTFE、PVDF、氟橡胶（FKM）等]、氟精细化学品、氟制冷剂等各类含氟化学品的研究、开发、生产和经营的高科技企业，国内领先的综合性氟化工业基地。产品包括：FR903-PVDF 均聚物、FR908X-PVDF 均聚物、FR903X-PVDF 均聚物、FR905-PVDF 均聚物等
山东华夏神舟新材料有限公司	创建于 2004 年，主导产品为氟聚物、含氟精细化学品两大系列近百个品种，含氟聚合物包括 FEP、PVDF、PFSA、PFCA 等可熔融加工的氟树脂和氟塑料，以及含氟弹性体 FKM 系列产品，其中黏结剂为油溶性 PVDFDS202/DS202B
浙江孚诺林化工新材料有限公司	国内新兴含氟新材料研发、生产基地，2013 年公司研发成功国内首条悬浮法聚偏氟乙烯生产线，于 2014 年 3 月成功投产，2018 年扩产至 3000 t/a，包括“孚诺林”牌 FKM 和“浙氟龙”牌 PVDF 为主的两大产品
北京蓝海黑石科技有限公司	一家专业从事新材料开发的高科技企业。公司致力于环保新型水基黏结剂的研发与生产，产品广泛应用于新能源锂离子电池、美纹纸胶带、高速铁路等领域，产品有水性 BA-306C，以隔膜专用黏结剂 BA-M401

负极方面，目前在水性黏结剂方面主要分为聚丙烯系列和丁苯橡胶乳液系列。其中，SBR 系列黏结剂主要被 Zoen、JSR、BASF 和 A&L 等几家国外企业垄断，而国内聚丙烯酸系列黏结剂生产厂家主要为成都茵地乐电源科技有限公司。该公司在锂离子电池用水性黏结剂领域拥有 20 年的经验和积累，产品已在锂离子电池领域中行销 17 年，拥有多个水性黏结剂产品，如表 2-14 所示。

表 2-14 国内外负极黏结剂产业概况

企业	介绍
A&L	日本 A&L 株式会社作为“住友化学株式会社”和“三井化学株式会社”（以下简称三井化学）共同出资成立的公司，统合了“住友化学”ABS 胶乳事业部和“三井化学”ABS 树脂事业部以及 SBR 事业部门等优势部门，基于领先的技术进行开发，产品包括动力锂离子电池/动力镍氢电池负极用黏结剂“AL”系列
Zoen	1950 年 4 月 12 日成立，业务遍布欧洲、美国和亚洲。相关产品包括：负极用水性黏结剂（BM-451B），正极用水性黏结剂（Zeonbinder，与 PVDF 相比，瑞翁黏结剂使电芯的 200 次循环容量维持率提高了 5 个百分点）
BASF	全球最大的化工公司，公司业务包括化学品及塑料、医药等，保健及营养，染料及整理剂，化学品，塑料及纤维，石油及天然气等，产品包括负极专用黏结剂 SD 系列
JSR	JSR 株式会社于 1957 年 12 月成立（公司原名称：日本合成橡胶株式会社）。该公司在合成橡胶及乳胶、合成树脂等石化类事业处于龙头企业地位，在日本国内合成橡胶等各领域，主打产品的市场份额均占据第一位。产品包括水性负极 TRD 系列，效果比 PVDF 更好
成都茵地乐电源科技有限公司	成立于 2000 年，致力于锂离子电池专用水性黏结剂的研发与生产，建立了独特的锂离子电池专用黏结剂结构理论和制备技术，拥有多项国际国内发明专利。包括锂离子水性黏结剂、LA32/LA33（正负极）、LA136D（正负极）、ME1209（负极）
晶瑞股份	生产和销售电子业用超纯化学材料和其他精细化工产品的上市企业，原料从日本瑞翁株式会社进口，然后改性，国内市场占有率高达 40%以上，公司产能 1500 t，2018 年公司锂离子电池黏结剂产品收入占主营业务比例 36%，产品主要为水溶性负极黏结剂

由于 PVDF 存在诸多缺陷：①离子和电子电导性差；②机械性能较差；③容易在电解液中溶胀，形成碳化锂而影响电池的使用寿命和安全性能[169]；④易被电解液溶胀，导致活性物质附着性变差等；⑤PVDF 的溶剂 NMP 易挥发、易燃、易爆，且毒性大，对环境和人身安全带来了潜在的威胁[170]。因此，寻求替代 PVDF 的新型黏结剂成为研究的热点。

在正极黏结剂方面，近年来，磷酸铁锂（LFP）等新型正极水性黏结剂体系因具有循环稳定性好、成本低、环境友好等优点，引起了人们的广泛关注[168]。水性黏结剂不但能提高 LFP 的循环稳定性，而且能在一定程度上提高其倍率性能，这些都远远优于传统的有机黏结剂 PVDF。水性黏结剂包括 PAA 及其盐、羧甲基纤维素钠（CMC）及其盐等。

CMC 是一种离子型线形高分子，是由羧甲基基团（—CH_2COONa）取代纤维素结构上羟基的氢原子生成，易溶于水和极性溶剂，且吸水易膨胀。CMC 的水溶性无疑是其相对于 PVDF 的主要优势，它可以摆脱有机溶剂 NMP 带来的环境问题和安全隐患。且 CMC 价格是 PVDF 的十分之一左右，极具吸引力[171]。此外，由于是水溶性物质，CMC 的回收也相当方便。因此，用 CMC 代替 PVDF 是极为合适的。

自 Guyomard 等[172]首次将 CMC 作为 $LiFePO_4$ 的黏结剂以来，研究人员对 CMC 及其盐在锂离子正极上的应用进行了细致而广泛的研究。Kim 等[171]报道了一种全

锂电池 $Li_4Ti_5O_{12}$//$LiFePO_4$，其中正负极黏结剂均为 CMC，$PYR_{14}FSI$ 作为电解质。该体系在高温环境（40℃和 60℃）下也能表现出良好的电化学性能。De Giorgio 等[173]报道了正负极均采用 CMC 黏结剂的石墨//$LiNi_{0.5}Mn_{1.5}O_4$（LNMO）电池。实验结果表明 LNMO-CMC 电极的性能优于 PVDF 黏结剂，1 C 倍率下循环 400 次的容量保持率为 83%，高于 PVDF 基电极（62%）。相比于 PVDF，CMC 使电极表面更加稳定紧凑，减轻了在高工作电压下的界面反应，削减了 LNMO 表面的钝化层的厚度，从而提高了电池的循环稳定性。Chen 等[174]报道了以 CMC/NCM 为黏结剂制备 $LiNi_{0.4}Co_{0.2}Mn_{0.4}O_2$ 电极的性能。该电极利于加快 Li^+的扩散速率，同时显著地降低了极化作用。与传统的 PVDF 电极相比，CMC/NCM 电极中 NCM 与碳颗粒分布非常均匀，颗粒间具有较强的附着力，在反复的嵌入/脱嵌过程中，显著减少了电极的裂纹和分层。

Kim 等[175]采用 CMC 作为锂离子电池 $LiCoPO_4$（LCP）正极的黏结剂。扫描电子显微镜（SEM）结果显示 CMC 提供了均匀的电极表面；傅里叶变换红外光谱（FT-IR）测试结果表明，由于黏结剂的刚度和羧基的存在，有效地防止了 HF 对 LCP 粒子的侵蚀。此外，该体系也表现出较好的循环性能，0.1 C 倍率下循环 20 圈，容量保有率为 94%。

PAA 是一种由丙烯酸单体直接在水介质中进行自由基反应而形成的水溶性链状聚合物，能与活泼金属离子反应，形成聚丙烯酸盐（PAAX）。羧基的数量对黏结剂性能的影响非常明显，羧基会和电极表面的羟基等活性物质反应生成氢键和共价键，从而使其在电极表面更加均匀地涂覆。与 CMC 相比，PAA 中的羧基数量更多，因此 PPA 黏结剂具有更优异的性能。

Zhang 等[176]通过使用 PAA 作为黏结剂，提高了 $LiFePO_4$ 在高温（55℃）下的电化学性能，测试结果表明，在 55℃、0.5 C 倍率条件下，循环 100 次后仍具有 97.7%的容量保持率和稳定的放电平台电位。SEM 结果显示，胶状 PAA 涂层在 $LiFePO_4$ 电极上表面形成保护膜，从而有效地保护了 $LiFePO_4$ 基体免受腐蚀性溶液的影响并抑制了铁离子的溶解。Cai 等[177]报道了用 PAA 作为黏结剂在含水溶剂中制备锂离子电池用 $LiFePO_4$ 正极。与传统的 PVDF（溶剂 NMP）制备方法相比，这种新方法成本更低、更环保，提高了 $LiFePO_4$ 电极的稳定性，降低了极化率，提高了电池的电化学性能。这归因于 PAA 降低了 SEI 的电阻和 Li^+嵌入/脱嵌的电荷转移，有助于形成更为紧凑的电极。

Chong 等[178]以 PAAX（X = Li、Na 和 K）作为黏结剂制备锂离子电池。结果表明 PAALi 和 PAANa 的 $LiFePO_4$ 和石墨电极拥有更高的可逆容量、首次库仑效率和更好的循环稳定性。He 等[168]制备了最佳成分比例为 1∶1 的 TS-PAALi 黏结剂，与 LFP 共同组合成锂离子电池。性能测试结果表明，TS1-PAALi1 的 LFP 电极表现出较好的循环稳定性和速率能力，倍率从 0.2 C 增加到 5 C，TS1-PAALi1

容量保持率为 65.57%，高于 PAALi（60.73%）、CMC（57.83%）和 PVDF（34.79%）。此外，TS1-PAALi1 的 LFP 在 60℃、1 C 倍率下循环 45 次，几乎没有容量衰减，循环性能优异，明显优于 PAALi、CMC 和 PVDF。循环伏安曲线（CV）和交流阻抗图谱（EIS）也表明，与 PAALi、CMC、PVDF 相比，TS1-PAALi1 的 LFP 电极具有更小的氧化还原电位差、更低的电极极化率和更良好的电化学动力学（快速的 Li^+扩散速率），从而具有更优越的电化学性能。

Nguyen 等[179]研究了不同黏结剂（PVDF、PAA、PMMA）对锂离子电池中 $LiFePO_4$ 正极电化学性能的影响。其中，具有 PMMA 黏结剂的 $LiFePO_4$ 显示出最佳的电化学性质。场发射扫描电子显微镜（FESEM）测试表明，电极上的 PMMA 涂层形成了保护膜，从而减少电极表面上的缺陷。PMMA 基 $LiFePO_4$ 的表观扩散系数为 $9.13\times10^{-11}\ cm^2/s$，并具有最小的电荷转移电阻（18 Ω）和最大交换电流密度（$1.43\times10^{-3}\ mA/cm^2$）。在 60℃、$0.1\ mA/cm^2$ 条件下，PMMA 基 $LiFePO_4$ 在第 2 次循环和 30 次循环后的放电容量分别为 170 mA·h/g 和 160 mA·h/g，这表明该体系在高温环境下依然能够保持良好的电化学性能。

Sun 等[180]报道了将羧甲基壳聚糖（C-CTS）作为锂离子电池中 $LiFePO_4$ 正极的黏结剂。对该体系电池进行的电化学性能测试表明，相比于 CMC 和 PVDF，具有 C-CTS 的 $LiFePO_4$ 正极表现出更好的倍率性能，倍率从 0.2 C 增加到 5 C，C-CTS 容量保持率为 65%，而 CMC 和 PVDF 分别为 55.9%和 39.4%。此外，具有 C-CTS 的 $LiFePO_4$ 正极在 60℃下表现出优异的循环性能，在 1 C/10 C 倍率下经过 80 次循环后分别保持 91.8%/62.1%的容量。

负极黏结剂方面，Komaba 等[181]将黏结剂 PAA 和 SiO 负极组合成复合电极。X 射线光电子能谱（XPS）和 SEM 结果表明，与 PVDF 黏结剂相比，PAA 聚合物能均匀地覆盖 SiO 颗粒，并且 PAA 黏结剂的薄涂层有效地抑制了 SiO 粉末基复合电极的坍塌。PAA 主要为非晶性聚合物，其非晶区增加了 SiO/PAA 复合电极的物理/化学交联结构。此外，采用 PAA 黏结剂可显著提高 SiO 复合电极的电化学性能。将该电池体系于室温下静置 10 天后进行 5 个循环的充放电测试的结果显示，SiO/PAA 复合电极容量保持率在 95%，而 PVDF 仅为 65%。在 100 mA/g 电流密度下，SiO/PAA 复合电极可提供的充放电容量超过 700 mA·h/g。

Han 等[182]以不同类型的聚丙烯酸酯作为硅/石墨复合电极的黏结剂，研究了碱中和聚丙烯酸酯黏结剂对硅/石墨复合电极性能的影响。在一系列碱中和聚丙烯酸酯中，$PAH_{0.2}Na_{0.8}$ 的硅/石墨电极表现出最高的首次库仑效率（69%）、最高首次可逆容量（1400 mA·h/g）及最稳定的循环性能。这可能是由于 NaOH 可以有效地解离羧基，从而增加了活性物质的分散程度，并且 Na^+的加入可以有效地改善 SEI 的性能，从而提高电池的性能。

海藻酸钠（ALG）是从褐色海藻中提取的一种天然多糖，和 CMC 结构相似，因存在着大量的羧基而被用于锂离子电池黏结剂。Kovalenko 等[167]将 ALG 用作硅负极的黏结剂。ALG 黏结的硅负极电化学性能良好，在电流密度为 4.2 A/g 的条件下循环 100 次，剩余放电容量为 1700 mA·h/g。

Ryou 等[183]将邻苯二酚与 ALG 上的羧基偶联得到 ALG-C 黏结剂，显著增强了黏结剂与硅负极表面相互作用。Si-ALG-C 电极表现出优异的放电性能和稳定的循环性能。在 0.1 C 倍率下，初始放电容量高达 3440 mA·h/g，并且在 0.5 C 倍率下，经过 400 次循环后，Si-ALG-C 完全保留了初始容量，预循环后的库仑效率平均为 99.1%。Ryou 等的工作显著说明将邻苯二酚偶联到聚合物黏结剂骨架上是一种非常有效的方法，其在提高容量和延长循环寿命方面发挥着巨大作用。

CMC 中的羧基基团与电极表面的基团生成氢键或共价键，能增强基体间的黏结。CMC 作为聚合物还可以在电极表面形成包覆层，抑制电解液在负极表面的分解，从而延长负极循环寿命。Bridel 等[184]研究了以 CMC 为黏结剂的 Si/Csp/CMC 复合负极。研究结果表明，在羧基和硅表面之间的共价键不是酯类共价键，而是能够实现自愈合的氢键。这是一种特别的适应性相互作用，可在循环电极内适应强烈的体积变化，从而很好地保持其电子线路和结构完整性。这也使得硅在超过 100 个循环的过程中库仑效率保持在 99.9%。但需要指出的是，这套电极系统并未显示出高放电容量，此方面仍需进一步改善。

Eliseeva 等[185]使用 CMC 为黏结剂，PEDOT∶PSS 为导电剂，制备了七种不同组分含量的 $Li_4Ti_5O_{12}$ 电极。实验结果表明，成分比为 90 wt%（质量分数，后同）LTO，6 wt% CB，2 wt% PEDOT∶PSS，2 wt% CMC 的 $Li_4Ti_5O_{12}$ 电极具有最佳的倍率性能和循环稳定性。0.2 C 和 30 C 倍率下初始放电容量分别为 157 mA·h/g 和 63 mA·h/g；在 1 C 倍率下循环 100 圈，容量衰减率小于 1%，这些性能明显高于 PVDF 结合的 $Li_4Ti_5O_{12}$。此外，成分为 2% PEDOR∶PSS 和 2% CMC 的复合黏结剂具有最小的 Li^+电荷转移阻抗和最高的表观扩散系数，最大限度地提高 Li^+的扩散速率。

3）锂离子电池铝塑膜

对于软包锂离子电池来说，铝塑复合膜显著影响电池的安全性能，由于锂离子电池的高容量和较大体积，对铝塑膜的强度提出了很高的要求。锂离子电池铝塑复合膜基本可以分为三层：内层、中间层和外层。中间层主要由铝箔构成，在铝塑膜中起到关键阻隔作用。内层作为多功能层，通常具有良好的化学稳定性和热封性，旨在满足液态电解质的一些特殊性能。铝塑膜的内层材料有聚丙烯、聚乙烯（PE）、乙烯-丙烯酸共聚物（EAA）及一些离子交联聚合物树脂等。铝塑膜的外层的主要作用是充分保护中间铝箔层，同时还需兼具良好的冷压成型性。因此，聚对苯二甲酸乙二醇酯和聚酰胺[尼龙（NY）]常被用作外层材料。

目前铝塑膜主流生产工艺包括昭和电工的干法以及大日本印刷的热法工艺，

干法生产工艺是日本昭和株式会社和日本索尼公司共同研发出来的，由于索尼的电解质是固态的，不需要铝塑膜耐电解液性能，因此日本昭和的干法工艺中使用到了黏结剂，而黏结剂的耐电解性能比较差，这在一定程度上影响了锂离子电池铝塑膜的使用寿命。热法生产工艺是由大日本印刷株式会社和日产自动车株式会社为了生产汽车用电芯而共同开发的铝塑膜产品，在耐电解性能方面优于日本昭和，两者生产工艺对比如表 2-15 所示。

表 2-15　铝塑膜主流生产工艺对比表

类目	昭和电工干法	DNP 热法
工艺	AL 和 CPP 之间用黏结剂黏结后，直接压合合成	AL 和 CPP 之间用 MPP 黏结，然后在缓慢升温升压的条件下热合成，制作过程较长
性能	冲深成型，防短路，外观杂质、针孔及鱼眼少，外耐电解液，隔水性良好	热法的优势只在于耐电解液和抗水性方面，而其冲深成型性能差，防短路性能差，外观差，裁切性能差
应用	各种高能量密度、高倍率电池	对容量要求不高的电池
外层尼龙层	25μm	25μm
黏结剂	2～3μm	2～3μm
中间铝箔层	40μm	40μm
黏结剂	2～3μm	MPP（10～15μm）
内层热封层	40μm	30μm

表 2-16 列举了我国铝塑膜企业技术现存问题，对比发现国内铝塑膜企业技术和国外仍有差距，我国几家在铝塑膜试水的企业也大多采用干法工艺，但是操作上还未能掌握干法工艺精髓。例如，干法复合时，CPP 与铝箔表面黏着不佳，易出现褶皱和分层剥离问题，导致产品良率较低；铝箔表面处理工艺不到位，直接影响后续工艺的效果，使得国产铝塑膜在耐电解液等指标落后于国际标准。此外还存在许多其他问题，使其在中高端市场上的应用受阻。

表 2-16　国内铝塑膜企业技术现存问题

主要指标	国产产品问题
冲壳深度	目前日韩企业产品的深度可达到 8～12 mm，而国产的深度一般不超过 6 mm，冲深性能对于铝塑膜抗冲压性能及寿命有较大影响
密封性能	铝箔表面处理工艺落后，水洗除油不尽，“铬酐”钝化处理，污染大，铝箔易氢脆，导致铝塑膜容易变形，折断
内层材料	耐电解液（氢氟酸）、耐高温和绝缘性能较差
厚度情况	国内产品不够薄，最薄在 70 μm 左右，离日本 40 μm 有一定差距
材料依赖进口	尼龙、铝箔和 CPP 等专用原材料技术难度大，市场体量小，依赖进口

全球铝塑膜市场目前主要由日本和韩国少数企业垄断，其中日本 DNP 和昭和电工合计市场占有率超过 70%（分别为 50%和 20%），此外日本凸版印刷株式会社、韩国栗村化学株式会社及其他占比分别为 15%、10%和 5%，如表 2-17 所示。

表 2-17　全球铝塑膜市场简介

企业	介绍
日本昭和株式会社	昭和铝塑膜（ShowadenkoALF）于 1999 年与日本索尼公司共同开发推出，2001 年由昭和电工主导，推出二代铝塑膜；昭和铝塑膜作为全球最大的、品种最齐全的聚合物锂离子电池材料生产商，在原材料品质稳定性及供应持续性、研发技术等方面有着绝对的优势。现有产能 740 万 m^2/月 昭和电工铝塑膜广泛应用于 MP3、移动电话、平板电脑、掌上电脑、航模、UPS、电动自行车等聚合物锂离子电池
日本 DNP 印刷株式会社	日本 DNP 铝塑膜生产技术从 2001 年开始研发，采用热压工艺，厚度 88～152 μm，其 CPP 和铝箔原料均从昭和进货，产品以消费类为主，估计现有产能 1320 万 m^2/月
日本凸版印刷株式会社	锂离子电池包装材料的综合性供应商，采用干法工艺，产品厚度为 113 μm、115 μm，在消费类和电动工具中都有应用，旗下铝塑膜业务于 2016 年 7 月被新纶科技收购
日本东岗工业株式会社	2002 年开发研究软包电池铝塑膜，2005 年定型批量生产上市
日本大仓工业株式会社	日本最大的外包装塑料膜生产商
韩国栗村化学株式会社	干法工艺，厚度 90～152 μm，产品以消费类电池为主

目前大部分国内进口铝塑膜占总消耗量的 90%左右，近期由于技术突破和海外并购，特别是新纶科技收购凸版印刷，使其一跃进入全球的一流梯队。自 2017 年起，国内厂商出货量增长显著，新纶科技、紫江、道明分别出货 1000 万 m^2、700 万 m^2 和 103 万 m^2，并且未来几年均有爆发式增长，但目前大多以数码领域软包作为首要切入点，国内铝塑膜企业如表 2-18 所示。

表 2-18　国内铝塑膜企业简介

企业	介绍
新纶科技股份有限公司	公司成立于 2002 年，是以新材料研发、生产为本的行业综合服务商，公司下属 30 多家控股子公司，资产总规模超过 65 亿元，其中锂离子电池软包铝塑膜业务快速发展。公司于 2016 年通过跨境并购 95 亿日元收购了日本 T&T 旗下从事铝塑膜生产的日本三重工厂资产及全部专利，有效解决了铝塑膜行业的技术壁垒和准入门槛方面的问题。三重工厂目前生产产能约 200 万 m^2/月，使得公司跃居国内铝塑膜行业领跑者。公司常州二期铝塑膜项目第一条 300 万 m^2/月生产线顺利投产，填补了国内动力锂离子电池铝塑膜量产空白。同时常州第二条 300 万 m^2/月铝塑膜生产线，2019 年下半年实现量产，加上扩产的日本生产线，月产能合计达 900 万 m^2，全年产能近 1 亿方。目前公司已成为孚能科技股份有限公司、上海卡耐新能源有限公司、浙江微宏物联科技有限公司、天津捷威动力工业有限公司、中信盟固利新材料科技有限公司及多氟多新材料股份有限公司的软包电池用铝塑膜主要供应商
道明光学股份有限公司	公司成立于 2007 年，是专业从事研发、生产和销售各种反光材料及反光制品的高新技术企业，亚洲最大的反光材料生产基地。公司铝塑膜采用自主研发的干法工艺，是国内极少数能够量产铝塑膜的企业之一，于 2016 年二季度投产，2017 年二季度进入稳定的量产阶段（1500 万 m^2/a），出货量集中在消费电子领域，已获得超过 30 家 3C 锂离子电池企业订单。动力电池领域，公司已与部分国内的动力电池企业进行初步合作，个别企业已完成测试

续表

企业	介绍
上海璞泰来新能源科技股份有限公司	公司成立于2012年，主营业务为锂离子电池负极材料、自动化涂布机、涂覆隔膜、铝塑包装膜、纳米氧化铝等关键材料及工艺设备研发、生产和销售。2015年设立全资子公司东莞卓越新材料科技有限公司，采用自主研发的热复合工艺和二次复合工艺，成功解决了铝塑包装膜的CPP层与铝金属箔层黏结力的问题，突破制约国内多数厂家的技术瓶颈，其产品性能与DNP、昭和电工的产品接近。公司现主要产品有113μm和88μm的消费电子铝塑包装膜。此外，东莞卓越自主开发了耐电解液腐蚀的特种CPP材料和以不锈钢箔为主体的钢塑膜产品，改善电动汽车软包装电池的强度，目前已与宁德新能源科技有限公司、宁德时代新能源科技股份有限公司（以下简称宁德时代）、三星显像管生产部门、韩国LG化学、珠海光宇电池有限公司、中航锂电有限公司、天津力神电池股份有限公司、比亚迪股份有限公司等行业知名企业建立了密切的业务合作关系
上海紫江企业集团股份有限公司	公司成立于1988年，是国内规模最大、产品种类最齐全的包装材料上市公司。公司于2004年开始锂离子电池铝塑膜的研发，核心设备及核心技术均为自主研发取得，经过十余年积累形成了紫江铝塑膜的专有技术，耐电解液腐蚀、冲深、绝缘性、热封稳定性等关键指标已达到日本同行水平，并于2013年实现规模化销售，成为国内最早研发铝塑膜工艺并具备量产能力的企业，生产线总产能为120万m^2/月，但并未得到完全释放，实际产能为50万m^2/月。产品目前已全面切入中高端数码类锂电客户供应链，现有产能中90%以上都用于供给数码电池企业，并持续放量替代日系进口品牌；在动力电池市场，目前已有十余家客户进入批试阶段，其中已有部分客户进行了小批量采购
佛山佛塑科技集团股份有限公司	佛塑科技铝塑膜项目早在2008年就开始立项，2009年至2011年初完成产品结构设计、关键性能的突破，2012年开始试产送样评测，2013年开始小批量进入市场销售。目前佛塑科技的铝塑膜已经外送客户逾100家
明冠新材料股份有限公司	从2016年起明冠新材开始给各大电池厂商进行铝塑膜的送样评测，经过两年的实际评测和理论推算，均得到合格通过，目前明冠新材已经拥有3000万m^2/a的锂离子电池铝塑膜生产能力
杭州福斯特应用材料股份有限公司	福斯特铝塑膜产品经过五年的研发进入量产，铝塑膜正在积极对下游“3C”客户和动力电池客户进行送样检验，于2018年对“3C”客户正式实现销售
江阴苏达汇诚复合材料股份有限公司	从日本引进了成套锂离子电池用铝塑膜生产设备，以及具备专业知识生产及设备的骨干和生产人才，还与韩国、日本等铝塑膜生产企业展开技术合作，使得公司产品在冲压成型、耐电解液腐蚀性能和热封性能等方面达到日韩水平，目前铝塑膜产品处于批量生产阶段
广东安德力新材料股份有限公司	安德力自2013年开始布局铝塑膜业务，在公司多年传统包装膜生产经验的基础上转型升级进军铝塑膜领域。公司3C类铝塑膜已全面铺开，并已得到多数数码电池客户认可，同时还有多家大型上市公司也在测试公司的产品。安德力在2014年先后引进两条日本高精度复合膜生产线，专用于锂离子电池包装用铝塑复合膜生产，饱和年产能可达3000万m^2。2018年实现3C数码电池类铝塑膜的稳定接单目标，同时加速推进动力型市场的开发进程
福建赛特新材股份有限公司	2018年2月，赛特新材投资12亿元建设铝塑膜项目。该项目分为三期实施，达产后将形成年产5000万m^2铝塑膜生产能力，年产值可达14亿元。赛特铝塑膜生产项目，重点研发生产以小体积、高容量的平板电脑、电动工具等软包锂离子电池用铝塑膜，高容量、高能量密度的电动汽车、电动自行车用铝塑膜，并延伸到高能量密度、长循环寿命储能系统的动力源的软包装配套上
湖南芯能新材料有限公司	成立于2011年，2011～2017年在广东东莞研发试产铝塑复合膜，2018年全厂迁到宁乡高新技术产业园区。项目于2019年底全部建成投产，年产值达10亿元。该项目主要以铝箔、尼龙膜（PA）、流延聚丙烯薄膜（CPP）、聚氨酯胶黏剂、改性聚丙烯（MPP）等为原材料，经铝箔表面防HF处理、干式复合、挤出复合、老化、分切、检验、包装等工序进行铝塑膜制作

2. 锂离子电池用高分子材料需求分析

1）隔膜

价格方面：湿法隔膜价格整体上处于一个下跌的状态，从2015年第1季度的

4.5 元/m^{2}降到 2018 年第 4 季度的 2 元/m^2，降幅 55.6%；同样干法隔膜的价格也处于一个下跌的状态，干法单拉隔膜从 2015 年第 1 季度的 3.9 元/m^{2}降到 2018 年第 4 季度的 1.0 元/m^2，降幅 74.4%，干法双拉隔膜从 2015 年第 1 季度的 2.8 元/m^{2}降到 2018 年第 4 季度的 0.9 元/m^2，降幅 67.9%，由于隔膜技术的不断成熟，成本一直在下降。

2021 年我国锂离子电池隔膜出货量 80.6 亿 m^2，同比增长 108.3%，隔膜国产化率进一步提升，从 2017 年 90%上升到 2021 年 95%。在中国的市场中国内隔膜继续替代进口隔膜。但是，这并不能掩盖我国锂离子电池隔膜产业竞争力较弱的事实，因为高端隔膜技术具有相当高的门槛，不仅要投入巨额的资金，还需要有强大的研发和生产团队、纯熟的工艺技术和高水平的生产线，并且非短时间能够突破。但随着多家企业在湿法制膜的投入以及收购外企的举措，高端隔膜市场也将逐渐有更多国产的身影。

2）黏结剂

锂离子电池黏结剂的需求量以 30%左右的速度增长，但我国目前的锂离子电池黏结剂技术水平要落后于国际先进水平，国内仅有少数部分技术领先的企业具有技术突破的经验和能力，随着国内电子产业的快速增长，本土化配套已成为重要趋势。

从技术方面，黏结剂本身的黏结力是影响电池能量密度的重要因素，提高黏结力可以降低黏结剂的使用量，从而增加活性物质使用量，提高电池能量密度，从胶的黏结力以及材料自身的内聚力等方面进行改善，促进电池能量密度的提升。随着锂离子电池技术的不断进步，特别是硅碳材料的不断普及应用，对耐高温、具有良好的抗拉强度、兼具有导电性和黏结性的复合导电剂有着更高的要求。而未来需要对黏结剂进行定制设计，根据材料表面的形貌、状态、官能团等综合因素入手，对现有的黏结剂进行形貌、表面状态的定制化开发，才能不断满足高能量密度电池的需求。

总之，从黏结剂结构入手，进一步深入了解黏结剂的作用机理，提高黏结剂的黏结性、热稳定性等，优化锂离子电池性能，逐步打开水性黏结剂市场。

3）铝塑膜

由于在能量密度、功率密度、易于梯次利用和热量管理等优势，国际国内软包电池的发展趋势已经形成，主流电池厂商和车企开始青睐软包电池，并在高端电池领域不断扩大份额。在国内除了政策引导，能量密度提升成为趋势的利好之外，新能源汽车产销量的持续高增长有望带来软包电池需求高增长。根据国务院办公厅发布的《新能源汽车产业发展规划（2021—2035 年）》，自 2021 年起，国家生态文明试验区、大气污染防治重点区域的公共领域新增或更新公交、出租、物流配送等车辆中新能源汽车比例不低于 80%，规划还提出到 2025 年新能源汽车占汽车产销 20%以上，届时新能源汽车年销量有望超过 600 万辆。

2.3.4　锂离子电池用高分子材料存在的问题

1）锂离子电池隔膜

目前，商用隔膜主要包括烯烃类的一些隔膜（聚丙烯微孔膜、聚乙烯微孔膜和由聚丙烯膜和聚乙烯膜层层复合而成的膜）。尽管烯烃类的隔膜具有成本低、强度高、电化学性能稳定的优点，但烯烃类隔膜的热稳定性较差，在高温或高电流密度下容易收缩而导致电池短路，存在较大的安全隐患；并且该类隔膜存在亲液性差、离子电导率低等缺点。因此，研究和开发一些高性能和新型的电池隔膜成为改善隔膜性能重要的研究方向。

2）锂离子电池黏结剂

油性黏结剂 PVDF 存在着明显的不足。例如，PVDF 的柔韧性不足，在活性颗粒体积变化较大的高比容量电极（如硅电极，其充放电过程中的体积变化约可达 300%）中不能起到很好的缓冲作用，容易剥落而造成容量损失，降低循环寿命。在制备电极浆料时，PVDF 需要使用毒性较大且价格较高的有机溶剂 NMP，增加了生产成本和环境负担。同时，NMP 的干燥过程较慢，容易造成 PVDF 在电极表面富集，增大了界面电阻，甚至可能会引起电池内部的温度失控，造成安全隐患。因此从发展方向来说，未来黏结剂的发展趋势应该以水性胶黏剂为主，但是由于锂离子电池对水分特别敏感，导致水性黏结剂的推广过程中会遇到电池企业对其在锂离子电池中应用的顾虑，导致水性黏结剂在市产中推广受阻。另外，一款新产品从研发到小试、中试再到大规模生产和批量化应用，存在漫长的时间周期。同时，黏结剂生产属于化工项目，涉及烦琐的安全、环保审批等过程，中间市场需求可能出现巨大变化导致项目失败，这些不确定因素对黏结剂生产企业而言都是挑战，但也是机遇。

3）铝塑膜

尽管国内本土企业的在建产能喜人，但无法回避的现实是产能不等于质量，产能不等于实际投产，本土企业的技术基础薄弱。原材料中特种铝箔和 CPP 技术含量极高，已被昭和电工高度垄断，我国铝塑膜生产企业在原材料采购方面高度依赖进口，已成为限制国内外铝塑膜产业发展的重要因素，因此加快材料的研发尤为重要。

2.3.5　锂离子电池用高分子材料发展愿景

1）战略目标

2025 年：针对金属氧化物电池，重点发展 PVDF、SBR、聚丙烯酸酯、PP、

PE 等关键原料及材料的基本国产化并实现完全替代进口；针对锂硫电池系统，开展高强度、抗氧化、抑制多硫化物溶解、高电导率等高性能、新功能的黏结剂新体系的基础研究。国内黏结剂材料要打破被几家国外企业垄断局面，满足市场对黏结剂需求的 60%。开发高端水性黏结剂产品，并逐步替代油性黏结剂。

2035 年：针对金属氧化物固态电池，实现黏结剂的规模化、国产化制备，并实现在动力电池中大规模应用。针对锂硫电池，建立起正极黏结剂材料制备与应用的关键技术，实现锂硫电池制备与应用的示范。到 2035 年，国内黏结剂材料满足市场对黏结剂需求的 75%。对黏结剂进行定制设计，满足高能量密度电池的需求。

2）重点发展任务

锂离子电池相关高分子材料的重点发展任务如表 2-19 所示。2025 年：重点发展隔膜关键原料国产化、开发高端水性黏结剂产品等。2035 年：完成用于锂硫电池黏结剂技术验证、实现黏结剂规模化、国产化制备等。

表 2-19　锂离子电池相关高分子材料重点发展任务

2025 年	2035 年
重点发展隔膜关键原料国产化	完成用于锂硫电池黏结剂技术验证
开发高端水性黏结剂产品	建立黏结剂制备与应用关键技术
确定锂硫电池用黏结剂体系	实现黏结剂规模化、国产化制备

2.4　固态电池用高分子材料

2.4.1　固态电池用高分子材料的种类范围

固态电池是一种使用固体电极和固体电解质的电池，与现今普遍使用的锂离子电池和锂离子聚合物电池不同。传统液态二次离子电池由于采用液态电解液，存在易泄漏、易挥发、易燃烧等安全隐患，安全性有待进一步提高。与此同时，液态二次电池的能量密度已经接近其上限。因此，尽快实现从液态二次离子电池到全固态电池的转变，是解决动力电池安全性能和能量密度的重要途径，研发高性能全固态电解质成为科研界和产业界共同关注的焦点。

固态电解质分为无机固态电解质和聚合物电解质两大类。无机固态电解质在较宽温度范围内能保持化学稳定性，并且机械强度更好，室温离子电导率更高，但其脆性较大，加工性能不好。相比较而言，聚合物电解质离子电导率偏低，但其成型容易，更适宜大规模生产，因此发展前景更好。按照基体的不同，聚合物电解质主要包括聚环氧乙烷、聚硅氧烷和脂肪族聚碳酸酯等几种类型，常见的全固态聚合物电解质包括 PEO、PAN、PVDF、PMMA、聚环氧丙烷（PPO）、聚偏二氯乙烯（PVDC）及单离子聚合物电解质等其他体系，其中 PEO-LiTFSI（LiFSI）由于高温离子电导率高，易于加工，电极界面阻抗可控，成为最想实现产业化的技术方向，其室温离子电导率较低，严重制约了该类电解质的发展。表 2-20 列出了不同聚合物电解质隔膜类型及各自特点的对比。

表 2-20　聚合物电解质隔膜类型及特点对比

类型	特点
聚环氧乙烷基聚合物	研究最早、最多也是最全的一类体系，但 PEO 结晶度高，限制了聚合物链段的局部松弛运动，进而阻碍了锂离子在聚合物中离子配位点之间的快速迁移
聚硅氧烷基聚合物	尺寸热稳定性好，不容易燃烧，并且玻璃化转变温度较低，但是存在成本、制造加工成型及与正负极的界面相容性等问题
脂肪族聚碳酸酯基聚合物	介电常数高，是一类高性能全固态聚合物电解质，耐热性好，离子电导率相对较高，但离子电导率还得继续提高

2.4.2　固态电池用高分子材料现状与需求分析

1. 固态电池用高分子材料发展现状

1973 年，Wright 等发现 PEO 与碱金属盐掺杂时具有离子传导特性。之后，Armand 等发现 PEO/锂盐体系可以被应用于电池等电化学器件中，这一重大发现为发展高性能锂离子电池开辟了新的方向。从此，PEO 基固态聚合物电解质得到了迅猛发展。法国 Bollore 公司率先实现 PEO 全固态聚合物锂离子电池的产业化。宾夕法尼亚已经和法国 Autolib 汽车公司合作由 Autolib 为其生产 Bluecar。Bluecar 采用全固态聚合物锂金属电池。Bluecar 于 2011 年 10 月正式进入法国巴黎汽车租赁市场，现在已有近 5000 辆汽车徜徉于巴黎的大街小巷，但其较高的运行温度仍然需要引起关注。

美国 SEEO 公司的聚合物锂离子电池的技术路线也是 PEO 基全固态聚合物电解质，该公司 2015 年被德国 BOSCH 集团收购。国内固态聚合物锂离子电池示范应用方面：中国科学院青岛生物能源与过程研究所的崔光磊课题组开发的固态锂离子电池得到第三方权威机构的检测和认证：能量密度达 291.6 W·h/kg，循环寿命超过 850 次，通过多次穿钉实验，安全性极佳；另外固态锂离子电池还完成万米全海深示范应用，标志着中国科学院突破全海深电源技术瓶颈，掌握全海深电源系统的核心技术。全球主要固态聚合物锂离子电池研究机构如表 2-21 所示。

表 2-21　全球主要固态聚合物锂离子电池研究机构

机构	负极材料	固态电解质	正极材料	备注
法国 Bollore 公司	锂金属	PEO + Li 盐	LFP	已商业化，总体应用超 3000 辆汽车，电池能量达 100 W·h/kg
美国 SEEO 电池公司	锂金属	PEO + Li 盐	LFP、NCA	开发 PEO 薄膜量产技术，电池能量达 300 W·h/kg
宁德时代新能源科技股份有限公司	锂金属	PEO + Li 盐	LFP	制备 325 mA·h 实验产品，安全性能好
中国科学院青岛生物能源与过程研究所	—	聚合物	—	在马来西亚海沟完成深海测试，电池能量达 390 W·h/kg，800～890 W·h/L

近年来，人们研究较多的固态聚合物电解质材料包括 PEO、聚碳酸酯、聚硅氧烷等。在各种固态电解质中，PEO 基固态电解质被认为是最有前途的聚合物基质。PEO 是一种典型的半结晶聚合物，Li^+和 PEO 基质的醚氧原子之间存在耦合作用，因此，人们普遍认为阳离子的运动与 PEO 链的络合段运动有关，如图 2-9 所示[186]。而高离子电导率通常认为与聚合物电解质的非晶态相有关。然而，在实际应用中，很少有使用纯 PEO 固态电解质的可充电电池。这是因为离子输运依赖于 PEO 链段的运动，而 PEO 链段的运动随着温度的降低和结晶度的增加而迅速减小。因此，纯 PEO 系统提供了相对较低的离子电导率（10^{-7} S/cm）。因此，降低 PEO 的结晶度以促进其链段运动是至关重要的。人们普遍认为，非晶态链段在玻璃化转变温度（T_g）以上的连续运动对离子传输至关重要。因此，理想的 PEO 基固态电解质系统应具有较低的 T_g，以在室温下保持橡胶状，并保持与液体电解质系统相似的离子导电性。为了达到这一目的，人们致力于开发新型的非晶态聚合物基体，包括采用物理共混、化学共聚等方法。

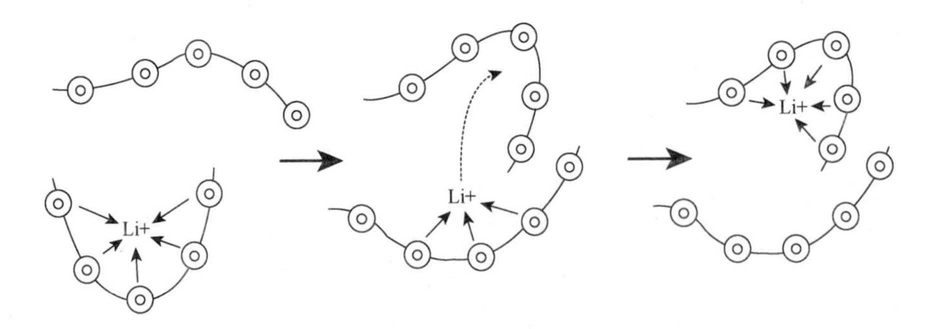

图 2-9　Li^+在 PEO 基质中运动示意图

Niitani 等报道了一种新型 PSt-*b*-PPME-*b*-PSt-$LiClO_4$ 三嵌段共聚物，如图 2-10 所示[187, 188]。不添加增塑剂的固态聚合物电解质（SPE）的室温离子电导率为 2.0×

10^{-4} S/cm。PSt 块和 PEO 部分分别用于改善机械性能和离子导电性。全固态 $LiCoO_2$/SPEs/Li 电池在室温下具有良好的充放电特性。此外，该 SPE 具有电化学稳定性，可以在高达 4.5 V 的电压下稳定存在。

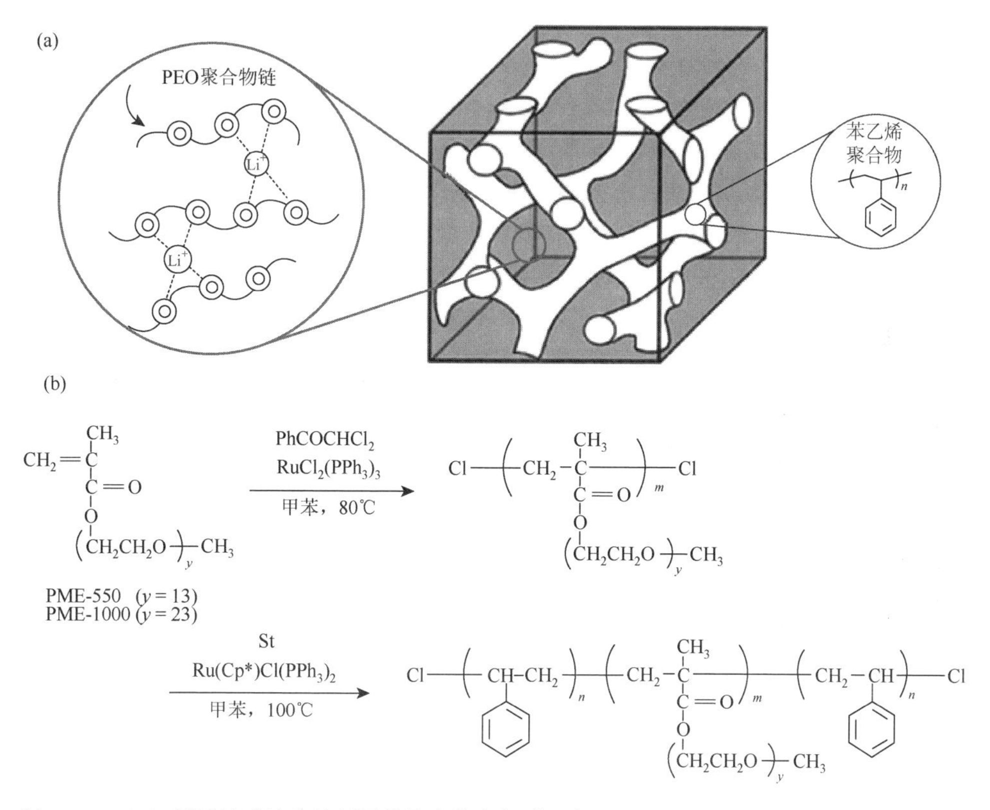

图 2-10　(a) 新型纳米结构控制固体聚合物电解质示意图；(b) 相分离法制备 PEO 和 PSt 嵌段共聚物纳米结构控制聚合物的合成方案

国内许多研究机构也致力于 PEO 基固态聚合物电解质的研究，如大连理工大学蹇锡高课题组，将 PEO 链段接枝于具有刚性结构的聚合物侧链，制备了兼具机械性能和离子电导率的固态聚合物电解质，其研究进一步推进了 PEO 基固态聚合物电解质的实际应用步伐。

PEO 基固态聚合物电解质由于介电常数相对较小而不能有效地解离锂盐，导致电解质系统中存在大量离子对或离子集合体[189]。针对这一问题，Silva 及其同事报道了脂肪族聚碳酸酯作为另一种固态电解质聚合物基质[190]。聚碳酸酯基固态聚合物电解质由于其特殊的分子结构（含有强极性碳酸酯基团）及高介电常数，可以有效减弱阴阳离子间的相互作用，提高载流子数量，从而提高离子电导率，因此被认为是一类非常有前途的固态聚合物电解质体系。常用的聚碳酸酯基固态聚合物电解质包括：聚三亚甲基碳酸酯（PTMC）体系、聚碳酸丙烯酯（PPC）体系、聚碳酸乙烯酯（PEC）体系、聚碳酸亚乙烯酯（PVC 聚氯乙烯）体系等，相关的结构式和玻璃化转变温度等参数列于表 2-22。

表 2-22　几种聚碳酸酯的化学结构和玻璃化转变温度

	名称	结构	玻璃化转变温度/℃
1	PTMC		–15
2	PPC		33
3	PEC		5
4	PVC		16

在聚碳酸酯基固态聚合物电解质研究方面，崔光磊课题组受中国传统艺术“太极”的启发，提出了“刚柔并济”的设计理念，并将其应用于固态聚合物电解质的设计和制备中。将柔性的离子传输材料（PPC）负载在刚性的纤维素无纺布多孔膜上得到了“刚柔并济”的复合全固态聚合物电解质，见图 2-11[191]。研究表明：其在室温下具有优异的综合性能，机械强度为 25 MPa，室温离子电导率为 4.2×10^{-4} S/cm。

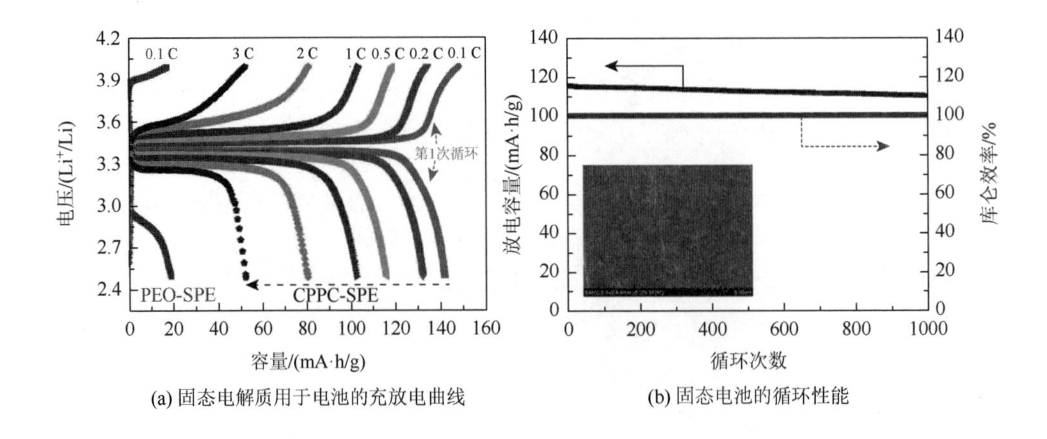

(a) 固态电解质用于电池的充放电曲线　　(b) 固态电池的循环性能

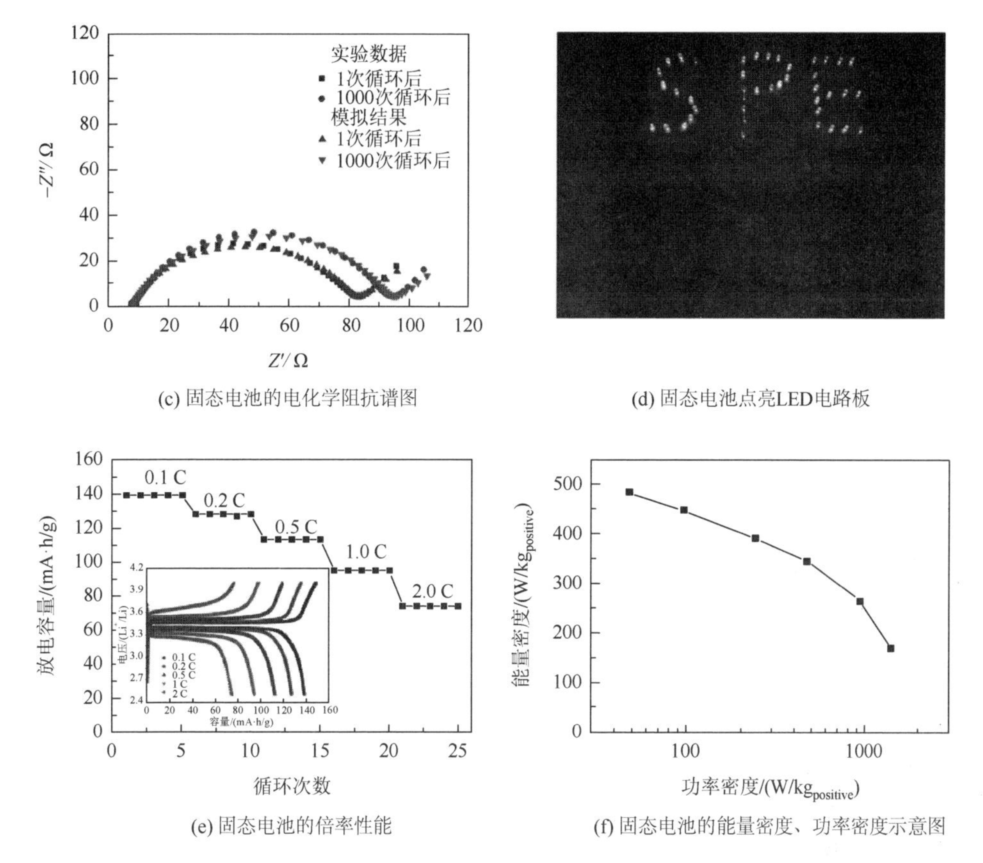

(c) 固态电池的电化学阻抗谱图　(d) 固态电池点亮LED电路板

(e) 固态电池的倍率性能　(f) 固态电池的能量密度、功率密度示意图

图 2-11　PPC 负载在纤维素无纺布多孔膜上得到了“刚柔并济”的复合全固态聚合物电解质的电化学性能

另一种固态聚合物电解质常用的高分子材料是聚硅氧烷。聚硅氧烷分子以“Si—O”重复单元为主链，具有较高的柔韧性，同时与硅原子相连的侧链可以包含各种有机基团。并且聚硅氧烷具有较低的玻璃化转变温度及较高的热稳定性和化学稳定性，因此聚硅氧烷类固态聚合物电解质受到了广泛的关注。

Zhang 等报道了一种新型交联聚硅氧烷网络聚合物电解质的合成和导电性，如图 2-12（a）所示[192]。当掺入 LiTFSI 时，电解质显示出较高的室温电导率（1.33×10^{-4} S/cm），这是 PEO 短链的剧烈节段运动及硅氧烷主链的高柔韧性所导致的。此外，他们还将研究扩展到研究一系列含有低聚（环氧乙烷）单元的交联网络聚硅氧烷电解质。

Kang 等合成了一种基于低聚（环氧乙烷）接枝聚硅氧烷的新型交联剂，如图 2-12（b）所示[193]。将合成的聚[硅氧烷-*g*-低聚（环氧乙烷）]四丙烯酸酯和 $LiCF_3SO_3$ 作为锂盐固化制备了网状 PEO 基固态聚合物电解质。结果表明，SPE

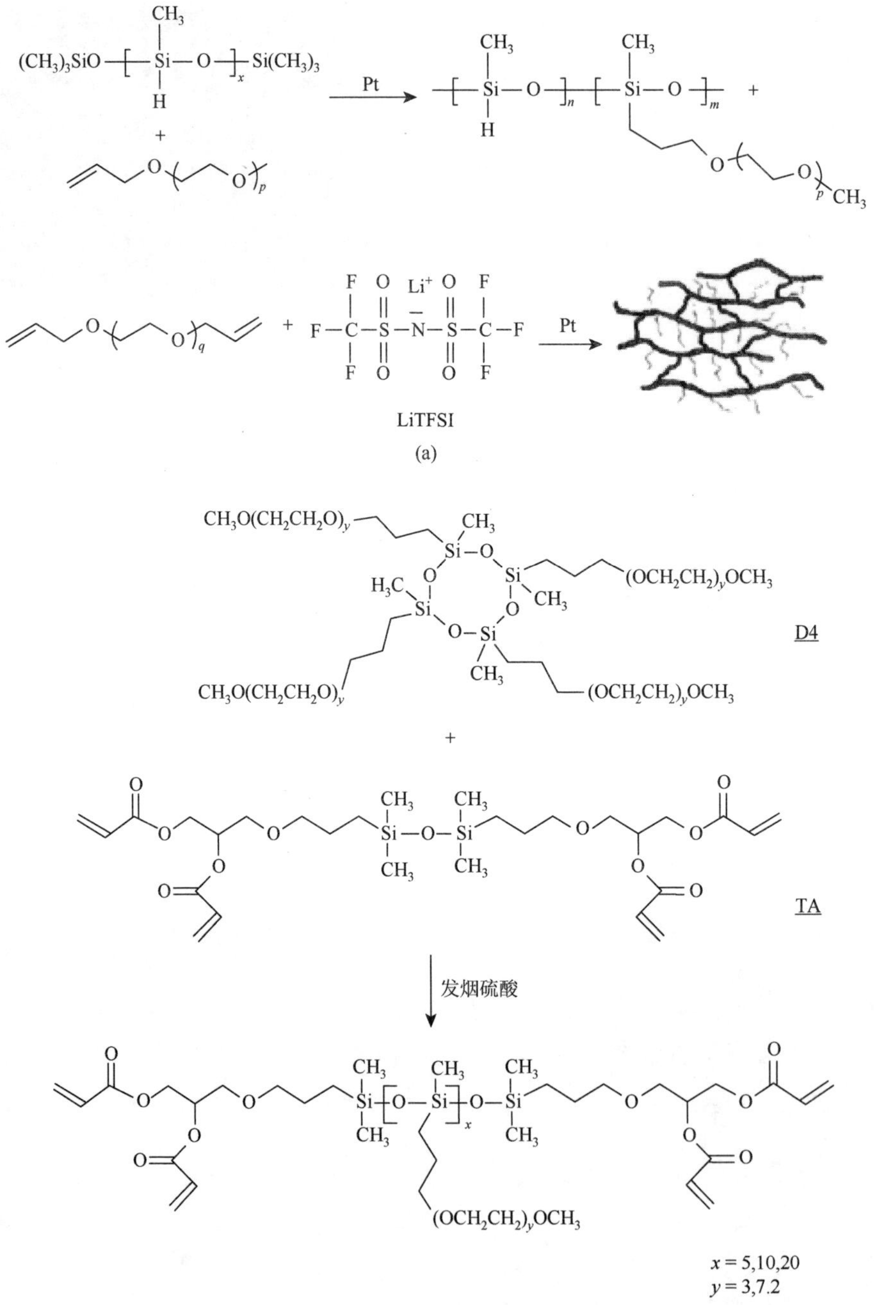

$(CH_3)_3SiO-[-Si(CH_3)(H)-O-]_x-Si(CH_3)_3$ + 烯丙基-$O(CH_2CH_2O)_p$-CH_3 $\xrightarrow{Pt}$ $-[-Si(CH_3)(H)-O-]_n-[-Si(CH_3)(R)-O-]_m-$ +

烯丙基-$O(CH_2CH_2O)_q$-烯丙基 + $F_3C-SO_2-N^{-}(Li^{+})-SO_2-CF_3$ $\xrightarrow{Pt}$

LiTFSI

(a)

$CH_3O(CH_2CH_2O)_y$

CH_3

Si—O

O　Si

H_3C　$(OCH_2CH_2)_yOCH_3$

Si　CH_3

O　O—Si

CH_3

$CH_3O(CH_2CH_2O)_y$　$(OCH_2CH_2)_yOCH_3$

D4

+

O　CH_3　CH_3　O

O　O　Si—O—Si　O　O

O　CH_3　CH_3　O

O=　=O

TA

发烟硫酸

O　CH_3　CH_3　CH_3　O

O　O　Si—[O—Si]$_x$—O—Si　O　O

O　CH_3　CH_3　O

O=　=O

$(OCH_2CH_2)_yOCH_3$

x = 5,10,20
y = 3,7.2

(b)

图 2-12　（a）交联前驱体和交联聚硅氧烷网络聚合物电解质的合成；（b）聚[硅氧烷-g-低聚（环氧乙烷）]四丙烯酸酯交联剂的合成方案

的离子电导率随主链长度的增加而增大。交联剂分子量越大，导电性越好，这可能是由于主链的柔性增加。在没有增塑剂的情况下，30℃的最大电导率为 5.8×10^{-5} S/cm，化学稳定窗口高达 4.95 V。

从实际应用来看，研制全固态电解质的主要目的是解决安全问题，在不牺牲现在商用电化学器件的功率密度和成本的前提下，提高能量密度、循环性和长寿命。因此，今后的研究方向可以集中在下面几个方面：①设计单离子聚合物电解质，其中阴离子被捕集剂或聚合物官能团固定。②在室温甚至低温下提高全固态聚合物电解质的离子电导率，以提高锂离子电池在宽温度范围内的速率能力。③优化电解质与阳极及阴极的界面电化学相容性，以保证循环稳定性。④降低电解质/电极界面电阻和阴极界面阻抗，改善其动态性能。⑤应用自组装方法制备具有特殊结构的聚合物电解质，优化离子和电子扩散路径。

2. 固态电池用高分子材料需求分析

丰田汽车公司（以下简称丰田）已投入 200 多人进行固态电池开发，目标在 2025 年前推出产品，宝马汽车公司正与 SolidEnergy System 公司合作共同开发固态电池，大众汽车集团表示看好固态电池前景，并入股研发固态电池的创业公司 QuantumScape。此外，日本政府出资 16 亿日元，联合国内丰田、本田汽车公司、日产汽车公司、日本松下电器产业株式会社、日本 GS 汤浅电池公司、东丽、旭化成、三井化学、日本三菱化学公司等大型汽车厂商、电池和材料厂商，共同研发固态电池。巨头们的加码布局与资本的加速注入，行业发展进入快车道。

国内方面除了宁德时代之外，2017 年，江西赣锋锂业股份有限公司通过引进中国科学院宁波材料技术与工程研究所的许晓雄团队，正式切入到固态电池板块。2016 年 11 月，珈伟新能源股份有限公司在沪举办全球首例固态锂电池与快充锂离子电池产品发布会，演示了新产品性能。2018 年 4 月，珈伟股份控股子公司珈伟龙能固态储能科技有限公司正式投产试运行，其产品被三枚铁钉深深击穿后，仍可正常工作。天齐锂业股份有限公司的香港全资子公司使用自有资金 1250 万美元参与了对 SolidEnergy System 公司的“C 轮优先股”融资，投资后持股比例为 11.72%。

参考 SNE Research 的动力电池出货量预测，如表 2-23 所示，若固态电池能在 2022 年实现市场化并逐步提升渗透，到 2025 年固态电池在动力电池中的市场空间大约能达到 60 亿元，如表 2-23 所示。

表 2-23　固态电池市场规模预测

项目	2022 年	2023 年	2024 年	2025 年
动力电池出货量/GW	700	822	906	994
固态电池市场渗透率/%	0.5	1.5	3.0	5.0

续表

项目	2022 年	2023 年	2024 年	2025 年
固态电池出货量/GW	4	12	27	50
传统锂电池成本/[元/(W·h)]	0.95	0.9	0.85	0.8
固态电池成本/[元/(W·h)]	1.9	1.71	1.445	1.2
固态电池市场空间/亿元	6.7	21.1	39.3	59.6

2.4.3 固态电池用高分子材料存在的问题

电池关键材料的不断优化为大容量全固态电池的产业化奠定了基础，然而仍存在以下亟待解决的问题：

（1）聚合物电解质的电导率仍然较低，导致电池倍率和低温性能不佳，另外与高电压正极相容性差，具有高电导率且耐高压的新型聚合物电解质有待开发。氧化物晶态电解质需要进一步降低晶界电阻、提高电导率。硫化物固态电解质对湿度非常敏感，导致制备条件苛刻，成本增加，因此提高硫化物电解质空气稳定性是一个重要的方向。

（2）为了实现全固态电池的高储能长寿命，对新型高能量、高稳定性正、负极材料的开发势在必行，高能量电极材料与固态电解质的最佳组合及安全性需要被确认。

（3）全固态电池中电极/电解质固固界面一直存在比较严重的问题，包括界面阻抗大、界面稳定性不良、界面应力变化等，直接影响电池的性能，针对这些问题的研究思路包括对电极材料进行表面修饰处理、对电解质进行掺杂改性制备复合电解质、在界面增加柔性缓冲层、将电极材料纳米化、开发新型电极材料或优化现有电极材料减小体积效应等。

2.4.4 固态电池用高分子材料发展愿景

基于传统液态电解液的离子电池存在电解液泄漏、挥发、燃烧、爆炸等潜在安全隐患。相对于无机电解质全固态电池而言，全固态聚合物电解质电池更容易大规模制造，是实现二次电池高能量密度和高安全性的相对理想的解决方案。从目前趋势来看，要全面推进和实现全固态聚合物电解质电池的商业化仍面临诸多挑战，需要科研工作者在基础科学研究和工艺开发等多方面做诸多努力。全固态聚合物电解质电池的开发是一个系统的工程，涉及高性能全固态聚合物电解质的设计制备、新型锂盐开发、正极材料黏结剂合成、负极优化、界面构筑调控、制备成型工艺等多方面内容，存在诸多挑战和机遇。

1）战略目标

2025 年：聚合物固态电解质室温离子电导率达到 5×10^{-4} S/cm；聚合物固态电解质电化学窗口不低于 4.55 V；实现固态聚合物电解质组装的 Li/Li 对称电池在高面容量（≥6 mA·h/cm^2）下长期稳定运行，无锂枝晶；聚合物固态锂离子电池单体能量密度≥450 W·h/kg，循环寿命不低于 800 次；实现聚合物固态锂离子电池在较高温度（≥100℃）和较低温度（≤−20℃）的宽温区运行，满足其在航空、航天、深海等特种领域的使用。

2035 年：聚合物固态电解质室温离子电导率达到 10^{-3} S/cm；聚合物固态电解质电化学窗口不低于 4.7 V；实现聚合物固态电解质组装的 Li/Li 对称电池在高面容量（≥8 mA·h/cm^2）下长期稳定运行，无锂枝晶；聚合物固态锂离子电池单体能量密度≥550 W·h/kg，循环寿命不低于 1500 次。

2）重点发展任务

固态电池用高分子材料重点发展任务如表 2-24 所示。

表 2-24　固态电池用高分子材料重点发展任务

2025 年	2035 年
加强固态聚合物电解质电池失效机制的研究，以指导和反馈固态聚合物电解质的设计和开发；考虑到固态聚合物电解质电池充放电时间的需要，固态聚合物电解质的室温离子电导率争取做到 10^{-4} S/cm	智能（阻燃、防热冲击、自修复等）固态聚合物电解质的设计和开发；随着可穿戴设备的发展，可拉伸或柔性固态聚合物电解质的开发已经成为研究重点
正极材料黏结剂的黏结性要强，全固态电解质电池中，高面密度条件下不掉料	开发更有利于离子传导的黏结剂，在极特殊条件下，既传导离子又传导电子的双导黏结剂也是未来发展的重要方向
创新优化并开发高性能的新型全固态聚合物电解质体系，开发兼顾高电压正极（高电压钴酸锂、三元正极等）和保护金属负极的多功能固态聚合物电解质	开发金属复合电极
界面构筑调控：采用多种原位、非原位测试手段阐明固态聚合物电解质离子传输机理和界面稳定机制	为有效减少固固界面接触阻抗，开发界面软材料（如正极界面可用塑晶材料等，负极界面采用低聚物等）

2.5　其他新能源

目前，世界各国正积极发展低碳经济，把发展可再生清洁能源产业作为改善国家能源结构、保障国家能源安全的重要举措。因此，除了需要提高常规能源的利用效率，减缓化石能源的消耗速度外，发展新能源已成为世界各国的重要能源战略。新能源最大的特点是可再生，但是新能源在实际应用中还存在许多问题，如技术成熟度低、成本高、能量密度低、稳定性和安全性欠佳等。围绕这些问题，本节所述的新能源用高分子材料主要涉及被广泛应用于超级电容器、锂硫电池、钠离子电池电极材料。

2.5.1 超级电容器

超级电容器是介于传统电容器和二次电池之间的一种新型储能装置，因其具有高功率密度、可快速充放电等突出优点，受到学术界和工业界的广泛关注。超级电容器一般是由电极材料、电解液、集流体和隔膜组成，如图 2-13 所示[194]。由于实现能量存储过程中的电荷分离与转移是发生在电极材料与电解液接触面上，所以电极材料是决定超级电容器综合性能的关键。高性能高分子材料因其具有良好的导电性和柔韧性、易于合成等优势，因此是一种具有应用潜力的超级电容器电极材料。目前针对超级电容器用的有机聚合物研究主要集中在提高循环稳定性、能量密度、功率密度及降低器件成本等方面。超级电容器用高分子材料主要有导电聚合物及其二元或三元复合电极、二维共价有机网络材料、三维共价三嗪基网络材料。

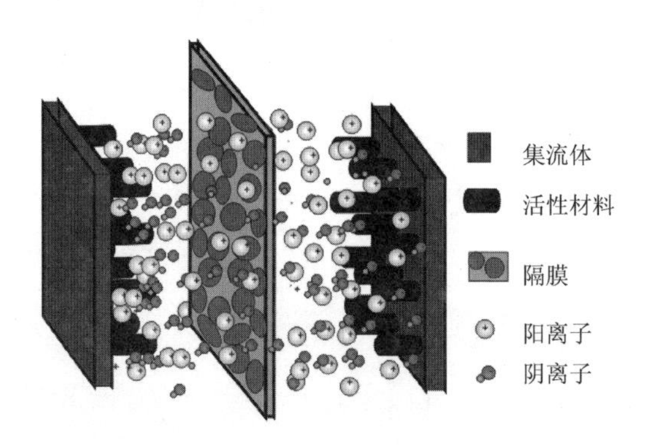

图 2-13　超级电容器的组成[194]

1. 工作原理

超级电容器依据其储能原理的不同，通常可以分为两类：一类是依靠在电极电解液界面处形成双电层电容而储能的双电层机理；另一类是电化学活性物质在其界面处进行欠电位堆积，发生高度可逆的氧化还原反应产生的赝电容来储存能量的赝电容机理。

1）双电层电容器工作机理

双电层电容器（EDLC）的工作原理如图 2-14 所示。在充电状态下，即在两个电极上施加电场，双电层电容器的两个电极板上分别存储一定量的正、负电荷，之后正、负电荷之间会形成电势差，在电荷产生的电场的作用下，电解液中的正负离子分别移动到两极板表面，即在电极与电解液的界面处形成相反的电荷，这种在不同的相界面上形成的正、负电荷层称为双电层[195]，此时即完成了双电层电容器的充电过程。当双电层电容器与外电路相连时，正负极板上的电荷由于向外电路泄放而减少，这样电极与电解液界面处的电荷就被重新释放到电解液中，完成了双电层电容器的放电过程。

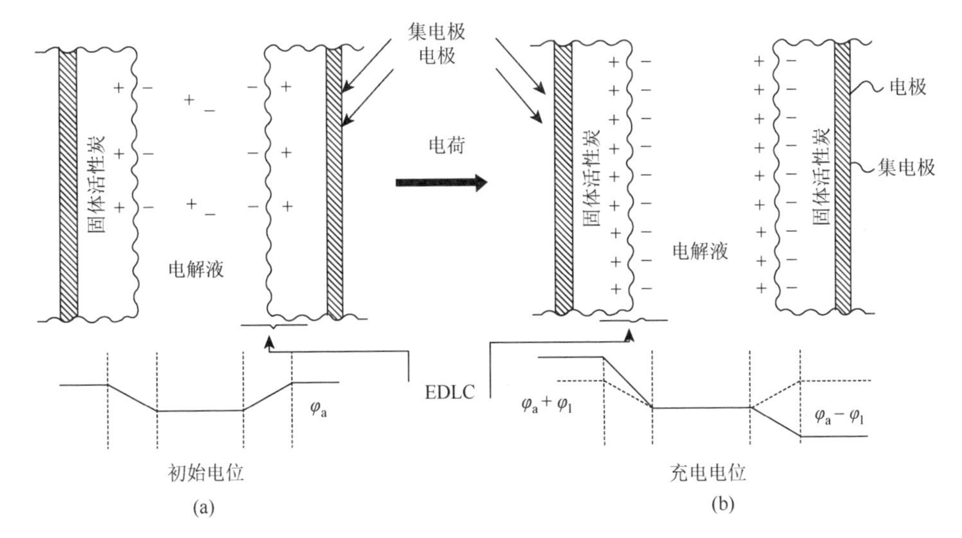

图 2-14　双电层电容器的工作原理

φ_a：初始电极电势；φ_1：过电位

2）赝电容工作机理

赝电容型电容器是电化学活性物质在电极表面或体相中进行欠电位堆积，发生高度可逆的氧化还原反应产生的赝电容来储存能量[196]。这种类型的电容储存电荷的过程不仅包括双电层上的存储，还包括电解液离子与电极活性物质发生的氧化还原反应。当电解液中的离子（如 H^+、OH^-、K^+或 Li^+）在外加电场的作用下由溶液中扩散到电极/溶液界面时，会通过界面上的氧化还原反应而进入电极表面活性氧化物的体相中，从而使得大量的电荷被存储在电极中。放电时，这些进入氧化物中的离子又会通过以上氧化还原反应的逆反应重新返回到电解液中，同时所存储的电荷通过外电路而释放出来，这就是赝电容的充放电机理，如图 2-15 所示。除此之外也有 π 共轭结构的导电聚合物作电极材料的电容器。通过在聚合物中发生快速可逆 n 型和 p 型元素掺杂和去掺杂的氧化还原反应，使聚合物达到高的电荷存储密度。即在外部电压的作用下，导电聚合物失去电子或者得到电子，形成电场，吸引电解液中的阴阳离子掺杂到聚合物的链间以达到储能的目的。此外，材料中有氮、氧等可以发生氧化还原反应的原子存在时，也存在赝电容的充放电过程。

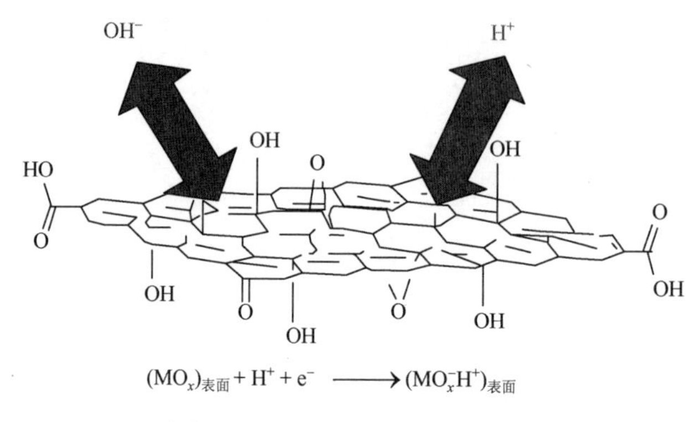

图 2-15　赝电容材料的储能原理

2. 研究现状

1）导电聚合物及其复合电极

由于基质结构不同，导电聚合物与用于超级电容器的无机材料有很大差异。大多数无机材料的晶格结构为电活性物质在其近表面孔隙中的吸附/嵌入过程中提供了合适的位点，而聚合物基质中大量的孔隙为电活性物质提供了充足的空间。但是，活性离子并不是简单地进入聚合物孔隙，有时还会引起严重的体积变化导致电性能的下降。在实际应用中，由于材料自身性质的限制，超级电容器的电化学性能并不能得到改善，或者改善程度相对较低。近年来，用碳和金属氧化物等其他活性材料合成导电聚合物基复合材料已成为通过协同效应提高超级电容器电化学性能的重要方法，并取得了很大进展。由于不同种类的活性材料具有不同的结构和性质，因此为了进一步提高超级电容器的性能，研究人员尝试用三种材料合成三元复合材料，如导电聚合物、金属氧化物和碳材料或其他种类的赝材料制备的复合材料，具有优异的电化学性能。虽然三元超级电容器的研究与应用之间的差距仍然很大，但它或将成为未来超级电容器发展的重要途径之一。

聚苯胺（PANI）是一种基于赝电容机制的导电聚合物，在超级电容器的电极材料中极具竞争力。同时研究人员对其进行了大量研究。Li 等[197]研究了 PANI 在 1 mol/L H_2SO_4 中的理论和实际比电容，虽然 PANI 的理论比电容为 2000 F/g，但通过不同方法评估的实验值远低于理论值。这是因为实际充放电过程中仅有少量 PANI 对电容能力有贡献，而实际贡献容量的 PANI 在全部 PANI 中的百分比取决于 PANI 的电导率和反阴离子的扩散程度。因此，目前学者们普遍认为 PANI 与金属氧化物和碳材料进行纳米复合，发挥协同作用，可有效改善超级电容器的电化学性能。例如，由三元 rGO/Fe_3O_4/PANI 的纳米复合电极材料（rGFP）构造的固态超级电容器在 550 W/kg 的功率密度下，能量密度可达 47.7 W·h/kg[198]。rGFP 证明了 PANI 基三元纳米复合材料作为电极材料的潜力。尽管如此，仍需要探索更简单的复合材料制备方案。

聚吡咯（PPy）是赝电容电极材料中另一种被广泛关注的导电聚合物，具有导电性高、热稳定性良好、成本低等特点。和聚苯胺和聚噻吩相比，PPy 具有更优异的柔韧性和更高的导电性。因此，PPy 已在柔性电极的设计与开发领域被广泛关注。武汉光电国家研究中心周军教授课题组[199]展示了一种简单的“橡木和聚合”方法来制造 PPy 涂层纸。PPy/纸复合柔性电极在 0.27 W/cm^2 的功率密度下显示出 0.42 F/cm^2 的面积电容，并展示出 1 mW·h/cm^2 的能量密度。该方法是柔性电子器件规模化生产的潜在低成本方案之一，并对该领域的后续研究提供了很好的指导作用。然而，PPy 的性能仍有待提高，需要对其进行更深入的研究以达到实际应用的期望性能值。

与 PANI 和 PPy 相比，聚噻吩（PTh）的比电容较低，但可以在相对较高的电位（～1.2 V）下工作，有助于构建基于导电聚合物电极的非对称型超级电容器装置。在所有 PTh 基衍生聚合物中，聚亚乙基二氧噻吩（PEDOT）、聚 3-（4-氟苯基）（PFPT）、聚 3-甲基噻吩（PMeT）和聚（二乙炔基二噻吩[3, 2-b: 2′, 3′-d]噻吩）（pDTT）应用最为广泛，在超级电容器电极材料领域有大量的研究工作。目前报道的此类导电聚合物的比电容值大约在 70～200 F/g 之间。在过去几年中，PEDOT 由于具有极高的环境稳定性而被认为是最有前途的超级电容器赝电容材料。美国加利福尼亚大学 Kaner 教授课题组[200]通过气相聚合合成具有大比表面积的聚（3, 4-亚乙二氧基噻吩）纳米材料，用于高导电的纳米纤丝电极，其表现出 175 F/g 的比电容。这种利用气相聚合的新方法使沉积的导电聚合物和集流体之间具有强黏附性，表现出良好的循环稳定性和低内阻，对柔性储能装置的未来发展具有很强的指导意义。但是，尽管 PTh 具有许多独特的性质，单纯的 PTh 及衍生物在用作超级电容器电极时还不能满足实际的应用要求。为了解决这个问题，研究人员试图将 PTh 与其他种类的活性材料（如碳纳米材料或金属氧化物）混合，构筑 PTh 基纳米复合材料。日本 Ates 教授课题组[201]构筑了基于 rGO、Ag 纳米粒子和 PTh 的三元纳米复合材料（rGO/Ag/PTh），并用于对称超级电容器装置，其比电容高达 953 F/g。经过 1000 次充电/放电循环后，比电容保持率仍为 92%，这表明 rGO/Ag/PTh 纳米三元复合材料在便携式超级电容器电极领域具有极大潜力。大连理工大学孟长功教授课题组[202]通过在整体珊瑚状多孔碳（MC）表面上电化学沉积聚噻吩，制备一系列复合电极材料。结果表明，PTh/MC 的比电容可达 720 F/g。虽然 PTh 的比容量有了很大提升，但不幸的是，目前还没有很好的方法来改善 PTh

基复合材料的稳定性，此外 PTh 类导电聚合物成本较高，因此，对基于 PTh 的三元超级电容器电极的研究很少。

另外，基于导电聚合物的柔性储能装置逐渐向着更加智能、更低成本、更加轻质且高度灵活的方向发展。这些基于导电聚合物的超级电容器预计将在未来 10 年内占据现有锂离子电池中巨大的市场份额，以满足柔性电子设备的巨大需求。基于导电聚合物的超级电容器的显著特点是具有高法拉第赝电容、高柔韧性、高导电性以及易于使用的薄型及可穿戴电子设备。尽管基于导电聚合物的柔性超级电容器的最新发展看起来非常有前途，但仍存在一些限制及实际应用上的挑战。一些潜在的解决方案可实现对超级电容器的进一步应用：①利用高度灵活的集流体以提高机械稳定性；②使用具有碳纳米材料或自修复离子聚合物的复合材料，改善基于导电聚合物的柔性超级电容器的循环稳定性；③探索具有高功率特性的纳米级活性材料以及在固态/准固态电解质、水系电解质和有机电解质系统中的适应性，确保安全性和提高功率密度；④通过在集流体上直接合成活性材料而不添加任何黏结剂，改善电荷/离子传输，降低界面和/或内部电阻；⑤开发导电聚合物的混合型或非对称柔性超级电容器。

2）二维共价有机网络材料

二维共价有机网络（covalent organic frameworks，COFs）材料由于其具有高比表面积、扩展的 π 共轭结构、可调的孔径和丰富的功能性官能团而成为储能应用的理想材料。康奈尔大学 Dichtel 教授课题组首次将高比表面积、具有氧化还原活性基团的二维 COFs 材料应用于超级电容器负电荷受体电极材料[203]。其中，COFs 的醌基团中两个电子和两个质子进行可逆的氧化还原行为。然而，该 COFs 材料最终展示出较低的比电容值[(48±10)F/g]，这可能是由于 COFs 材料与集流体间的电接触不良，导致仅有少量的氧化还原活性基团进行反应。进一步地，该课题组使用相同的材料制备了有序薄膜材料[204]。改进后的材料比容量显著增加了 400%，且经过 5000 次充放电循环后，容量保持率为 93%。Dichtel 教授将其归因于取向结晶形态促进氧化还原层之间的传导。印度 CSIR 国家化学实验室 Rahul 教授课题组精确调控分子结构，合成两种具有高氧化还原活性的 COFs 类材料，[TpPa-$(OH)_2$ 和 TpBD-$(OH)_2$][205]，其中 TpPa-$(OH)_2$ 比电容可达 416 F/g，这归因于氢醌/苯醌(H_2Q/Q)基团的可逆质子偶合和电子转移($2H^+/2e^-$)。COFs 类材料因其结构的有序性以及合成的灵活性，现已逐渐成为备受关注的超级电容电极材料。

3）三维共价三嗪基网络材料

三维共价三嗪基网络（covalent triazine-based frameworks，CTFs）材料是目前在能量储存与转换装置具极具吸引力的电极材料，具有孔径可调、结构可设计、比表面积高等特点。CTFs 是一种含高活性杂原子的多孔有机骨架，可在等温条件下通过氰基三聚反应合成。为了探究合成温度对三嗪基骨架结构及其内部杂原子对于超级电容器的电容性能的影响，大连理工大学蹇锡高院士团队[206, 207]自主设计并合成两种具有 CTFs 结构的衍生有机材料(MPCFs 和 PHCFs)。其中 MPCFs@700 构筑的对称超级电容器的能量密度高达 65 W·h/kg。更突出的是，两种 CTFs 材料均展示出超高的循环稳定性能：MPCFs@700 经过 30000 次循环，容量保持率高达 112%；PHCFs@550 经过 20000 次循环，容量保持率高达 120%。该系列工作阐明了在合成三嗪骨架过程中聚合温度、杂原子含量和表面积之间的关系，为超级电容器电极材料的设计与开发提供了一种全新思路[208]。为了进一步增加超级电容器能量密度，蹇锡高院士团队从分子设计出发，成功合成多种杂原子本征掺杂的、具有高比表面积的层次孔有机聚合物[209]。将其作为阴极，并制备了松子壳生物质衍生碳作为阳极，将阴极与阳极通过合理的质量匹配，组装后的钠离子混合电容器能量密度最高可达 111 W·h/kg，经过 10000 次循环后容量保持率为 91%，库仑效率接近 100%。采用该方法制备混合型离子电容器极具发展前景。

3. 需求分析

目前，超级电容器已经被应用于一些消费级的电动装置领域（如电动汽车、电动叉车、应急电源等）。以电动叉车为例，混合电容器作为驱动传动机构在其启动、加速及能量回收方面（回收率达 30%）已有重要应用。2007 年 1 月，世界著名科技期刊美国《探索》将超级电容器评价为“能量储存领域的一项革命性发展，将在某些领域取代传统蓄电池”，并将其列为 2006 年世界七大科技发现之一。美国的 USMSC 计划、日本的 New Sunshine 计划和欧洲的 PNGU 计划都已将研发超级电容器作为国家的重大项目。同时期，我国政府也已经把超级电容器关键材料的制备技术列入《国家中长期科学和技术发展规划纲要（2006—2020 年）》中。并且在“十四五”规划和 2035 年远景目标纲要中也提出研发高效储能设备，由此可见超级电容器在工业界和人们日常生活中必将起到重要作用。全球超级电容器的市场已经从 2013 年的 8 亿美元增长到了 2021 年的 28.5 亿美元，并且预计 2028 年将达到 58 亿美元。与此同时，国内的市场也呈现出了井喷式的发展，如表 2-25 所示。

表 2-25　中国超级电容器市场规模预测　（单位：亿元）

年份	超级电容器应用领域			
	交通运输用	工业用	新能源用	其他领域用
2022	69.5	55.57	38.92	17.01
2023	75.76	60.79	42.12	18.34
2024	82.02	66.01	45.32	19.67
2025	85.05	71.23	48.52	21

资料来源：中国产业信息网

4. 现存问题

导电聚合物作为电极材料时，本征存在各自的优缺点，表 2-26 对比列出了常用三种导电聚合物电极材料的优缺点。此外，纳米结构在聚合物基超级电容器电极材料的性能中起关键作用。由于纳米结构受聚合方法的影响，因此选择合适的聚合方法来控制其纳米结构是非常重要的。聚合物基超级电容器电极材料主要有以下聚合方法，如原位聚合、电化学聚合、界面聚合、乳液聚合。在这些方法中，原位聚合、电化学聚合和界面聚合是最常用的方法，表 2-27 为三种聚合方法的优点和缺点。

表 2-26　导电聚合物电极材料特点对比

名称	优点	缺点
聚苯胺	易于制备、成本低、易于掺杂/去掺杂和高掺杂、高理论比电容	比电容受合成条件影响较大，循环稳定性差，仅适用于质子型电解质
聚吡咯	单位体积比电容较高，循环稳定性较好，适用于中性电解质	掺杂/去掺杂难度大，比电容相对较低，仅适用于阴极材料
聚噻吩	循环稳定性及环境稳定性较好	导电性差，价格较高

表 2-27　常规应用聚合方法的优点和缺点

聚合方法	优点	缺点
原位聚合	简单、低成本、适合大规模生产	很难进行后续处理
电化学聚合	适合制备多孔材料	设备复杂、成本高、不适合大规模生产
界面聚合	易于聚合、易于分离产品	处理时间长

若要将高分子电极材料商业化，目前存在以下待解决的问题：

（1）电极材料比电容及循环稳定性欠佳。解决方案：通过调节聚合方法、掺杂剂含量、氧化程度、表面活性剂的种类和含量等来提高其结晶度，控制其微观结构和表面形态是非常重要的。除了电化学性质外，还应考虑其他重要性能，包括热稳定性、加工能力和机械性能，以满足实际应用。

（2）成本较高。解决方案：使用生物衍生和工业上丰富的材料有助于设计用于制造可持续且廉价的能量存储装置的电极材料。

（3）集中研究材料而忽略器件整体的性能。解决方案：应更多地关注界面及内部电阻、器件电压、电解质溶解度、隔膜匹配度、组装工艺条件等问题，这些对于实际性或商业化能量存储装置将是非常有益的。

（4）赝电容共轭聚合物已做出大量工作，然而缺乏用于赝电容行为的预测方法（与类似电池的行为相比），这些新材料的设计是困难的。

5. 发展愿景

1）战略目标

2025 年：能量密度（基于活性物质）达到 300 W·h/kg，功率密度（基于活性物质）达到 15000～20000 W/kg，循环寿命超过 10^5 次。

2035 年：能量密度（基于活性物质）达到 350 W·h/kg，功率密度（基于活性物质）达到 20000～200000 W/kg，循环寿命超过 10^6 次。

2）重点发展任务

2025 年和 2035 年超级电容器用高分子材料重点发展任务如表 2-28 所示。

表 2-28　超级电容器用高分子材料重点发展任务

2025 年	2035 年
注重材料结构与性能之间关系的建立，在完善理论基础的前提下，实现有目标性的定向材料设计，加快新材料的研发速度	加大对新型超级电容器的研究力度，从不同类型超级电容器的储能机理的深入研究出发
建立超级电容器制备流程评价体系，主要针对生产成本、制备过程废物排放量这两个方面进行定量的评价，制定相应的行业标准，并以此为目标优化电极材料的制备工艺	开发成本低、有利于大规模工业化生产的高性能电极材料，以逐步实现新型超级电容器体系的市场化应用

2.5.2　锂硫电池

与传统的锂离子电池相比，锂硫电池具有 1675 mA·h/g 的理论比容量且理论能量密度更是高达 2500 W·h/kg，是传统锂离子电池的 5 倍。此外，硫在地球的表层储量丰富且十分廉价，因此锂硫电池成为一种富有吸引力的新能源电池。当不同电池体系应用于电动汽车时，其比能量和预计的电池系统的续航里程及价格如图 2-16 所示。此外，在锂硫电池各组件中，电极材料是器件获得高容量的核心关键[210]。近年来，研究人员针对锂硫电池进行了广泛的研究，锂硫电池的性能得到了显著提升。但是，锂硫电池的循环稳定性和倍率性能差、活性物质利用率低等问题仍然存在，影响了其实用化的进程。

1. 锂硫电池的工作原理

锂硫电池是两电子反应体系，且其电化学反应实际上是十分复杂的多步反应，其中活性硫在放电过程中会形成易溶于电解液的高价态多硫化物和不溶于电解液的最终还原产物 Li_2S_2 和 Li_2S[212]。具体地，锂硫电池的放电过程大致可以分成三个阶段，包括两个明显的放电平台，如图 2-17 所示[213]。

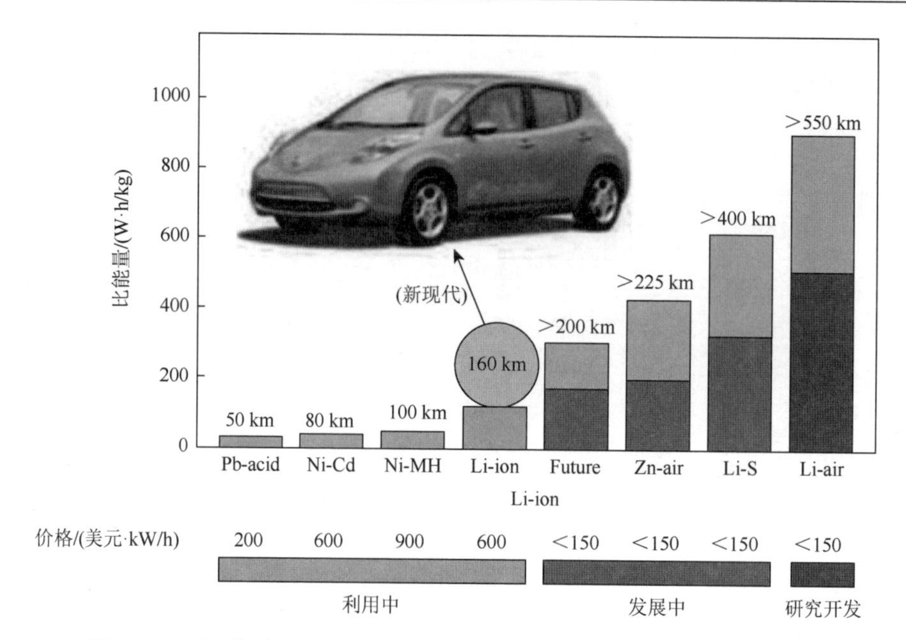

图 2-16　不同体系电池的比能量和预计的电池系统的续驶里程及价格[211]

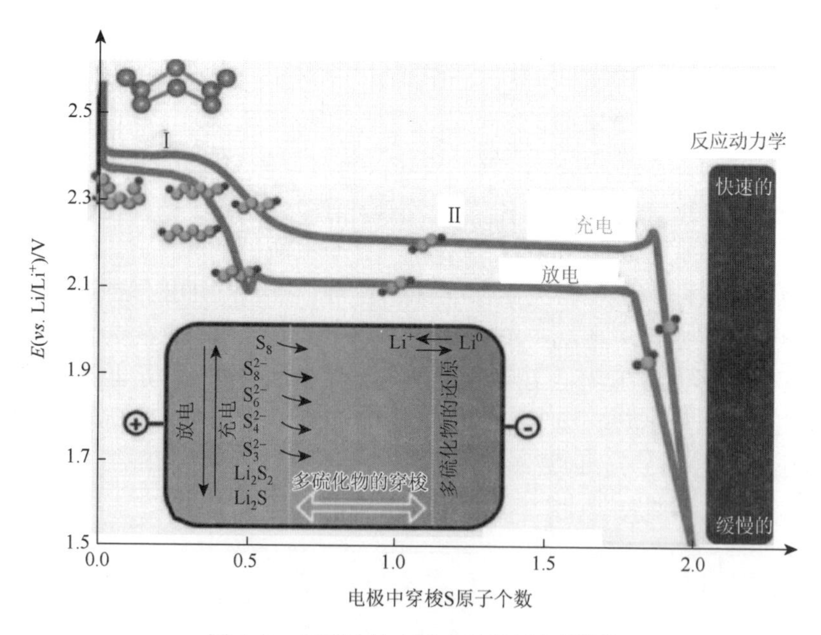

图 2-17　锂硫电池充放电过程示意图[213]

放电过程中，锂离子由负极通过电解质转移到正极，电子通过外电路由负极转移到正极，形成闭合回路。充电过程则相反，电池的总反应如式（2-4）所示：

$$16e^- + 16Li^+ + S_8 \rightleftharpoons 8Li_2S \tag{2-4}$$

第一个放电阶段（～2.4 V）主要对应于环状 S_8 分子得到电子被逐步还原成可溶性的 Li_2S_8 和 Li_2S_6，形成长链多硫化物，对应的反应方程式如式(2-5)和式(2-6)所示：

$$S_8 + 2e^- = S_8^{2-} \tag{2-5}$$

$$3S_8^{2-} + 2e^- = 4S_6^{2-} \tag{2-6}$$

第二个放电阶段（2.4～2.1 V 电压快速降低）对应于 S_4^{2-} 的形成。对应的反应方程式如式（2-7）所示：

$$2S_6^{2-} + 2e^- = 3S_4^{2-} \tag{2-7}$$

第三个放电阶段，在 2.1 V 附近有一个很长的放电平台，对应于长链的多硫化物得到两个电子生成不溶产物 Li_2S_2 和 Li_2S。对应的反应方程式如式（2-8）和式（2-9）所示：

$$S_4^{2-} + 2e^- + 4Li^+ = 2Li_2S_2 \tag{2-8}$$

$$2Li_2S_2 + 2e^- + 4Li^+ = 4Li_2S \tag{2-9}$$

该反应过程生成的多硫化锂不溶于电解液且导电性较差，容易沉积到导电骨架上，造成活性物质的损失，并且反应是固相反应，属于慢速电极动力学过程。在充电过程中，硫化物的氧化过程是可逆的，有两个充电平台在 2.2 V 和 2.5 V 附近，分别对应于 Li_2S 被氧化生成 Li_2S_2 及其高价态的多硫化物。

2. *锂硫电池缺陷及改进方法*

尽管锂硫电池具有高比容量、高能量密度等突出优点，但在实际应用中也会存在一些问题，如使用寿命短、倍率性能差、库仑效率低等。影响锂硫电池电化学性能的主要因素有[214-217]：

（1）单质硫和其放电产物在室温下几乎均为绝缘体，如果不经过处理，则无法在锂硫电池体系中正常工作，即使在加入导电添加剂的情况下，活性物质硫的利用率仍十分有限，使得锂硫电池在大电流密度下的充放电容量低，同时倍率性能较差。

（2）锂硫电池放电的中间产物——多硫化锂易溶于电解液，导致活性物质流失，容量降低。同时这些多硫化物会在电池的正负极之间发生往复穿梭作用（称为穿梭效应），使活性物质硫不可逆地损失，易导致电池发生严重的过充现象，使电池的库仑效率明显降低。

（3）单质硫和最终放电产物硫化锂之间存在较大的密度差异，密度差异的存在会导致电极材料在充放电过程中产生约 80%的体积膨胀，产生的内应力将导致电极材料机械强度的降低，同时电极易粉化失效。

（4）锂硫电池中锂负极在电池充放电过程中会形成锂枝晶，刺穿隔膜，使电池短路。

为解决上述问题，科研工作者针对电极材料结构精细调控、负极保护、新型电解液体系开发及电池结构设计优化等领域提出了许多行之有效的方法。其中针对正极材料的构筑和性能优化的研究一直是锂硫电池研究的热点方向。构筑适合实际使用的正极应该考虑以下因素[218-221]：高的正极电导率、高效的固硫机制和高强度的电极结构。最有效的方式是将硫包覆在导电性良好且具有丰富活性位点的多孔材料中。高分子材料因其质轻、结构可调控、骨架单元可设计、导电性优良等特点对锂硫电池的发展起到至关重要的作用。目前锂硫电池正极用高分子材料主要有以下几类：天然高分子材料、导电高分子聚合物、共价有机网络聚合物、多孔有机网络聚合物、三维共价三嗪基网络材料。

3. 研究现状

根据“十四五”规划纲要中所提出的，2025 年时国家要实现动力电池的能量密度达到 350～400 W·h/kg。因此，电动汽车必须在续航里程、使用寿命和快速充放电等方面取得技术突破，才能使其性能提升至与化石燃料汽车相比肩的程度。

（1）天然高分子材料：是指以由重复单元连接成的线形长链为基本结构的高分子量化合物，是存在于动物、植物及生物体内的高分子物质。自然界中生物质材料来源广泛，成本低廉，善加利用可变废为宝[222, 223]。天然高分子材料经碳化后，形成多级孔结构，微孔利于提升正极首次放电比容量，介孔利于离子扩散，有助于倍率性能提升。哈尔滨工业大学张乃庆教授团队使用海苔进行碳化，制得氮、氧双掺杂的三维多孔碳，硫在正极中的负载量高达 81.2%，氮、氧双掺杂的碳材料在 5 C 高倍率下充放电表现出优良的循环稳定性。在 2 C 倍率下循环 1000 圈，容量依然保持在 618 mA·h/g[224]。但是将天然高分子材料经活化后，其结构及杂原子分布均不可控，这在一定程度上限制了天然高分子在锂硫电池正极中的应用。

（2）导电高分子聚合物：由具有共轭 π 键的高分子经化学或电化学“掺杂”使其由绝缘体转变为导体的一类高分子材料，将其作为锂硫电池正极材料主是采用其对硫进行包覆，抑制多硫化物穿梭效应，提高电池循环寿命[225, 226]。锂硫电池中应用的常见的导电高分子聚合物为聚苯胺、聚吡咯和聚乙撑二氧噻吩。武汉大学曹余良教授团队采用聚苯胺包覆硫来优化硫正极的电子传导性能，限制多硫化物穿梭，制备出在 1 C 电流密度下充放电循环 500 次后，容量保持 76%的材料[227]。该类材料的循环稳定性能仍有待改善。

（3）共价有机框架（COFs）：是一类由共价键连接的具有长程有序结构的晶态有机多孔聚合物，具有比表面积大、密度小、孔隙率高、热稳定性好、孔径均一和结构可调等特点。COFs 作为锂硫电池正极材料有利于进一步探究锂硫电池机理。中国科学院福建物质结构研究所王瑞虎研究员课题组与大连理工大学田东旭教授合作，选用含有硼酸和氰基的有机配体，通过自聚法构筑了含有三嗪环和硼氧六环两种功能基元的二元共价有机框架。利用其结构规整、孔道均一和活性位点丰富等特点，为研究主体材料和多硫化物的化学吸附机制提供了理想模型。通过电化学实验和理论计算，发现三嗪环表现出强的亲锂性能，而硼氧六环表现出高的亲硫性能，这种双亲性作用使该材料表现出优良的多硫化物吸附能力，有效解决多硫化物穿梭效应，提高锂硫电池的循环稳定性能[228]。

（4）多孔有机框架（POFs）：是一类以有机分子为基本构筑基元，通过不同键连方式构成的晶态多孔材料，具有比表面积大、稳定性高和可修饰性强等特点。福建省中国科学院福建物质结构研究所姚建年院士团队利用多孔芳族骨架材料制备了一种比表面积为 3420 m^2/g 的锂硫电池正极材料 PPN-S，载硫量为 40 wt%，具有 1042 mA·h/g 的初始可逆容量，经过 100 次循环后容量保持率为 58%[229]。但是该类材料的低电子传导性和弱约束效应导致循环稳定性欠佳，目前该类材料的竞争力还有待加强。

（5）三维共价三嗪基网络材料：是由单体通过聚合得到高分子聚合物，再经一定程度的碳化而得，具有导电性好、孔隙率高、杂原子分布均匀、结构可控等特点。大连理工大学蹇锡高院士团队从分子设计出发，采用离子热法制备含氮、氧的共价三嗪框架（NO-CTFs）应用于锂硫电池，如图 2-18 所示。富含氮、氧杂原子的 NO-CTFs 表现出优异的倍率性能和循环稳定性能，0.1 C 电流密度下初始比容量可达 1250 mA·h/g，当电流密度增加到 2 C 时比容量仍为 678 mA·h/g，且

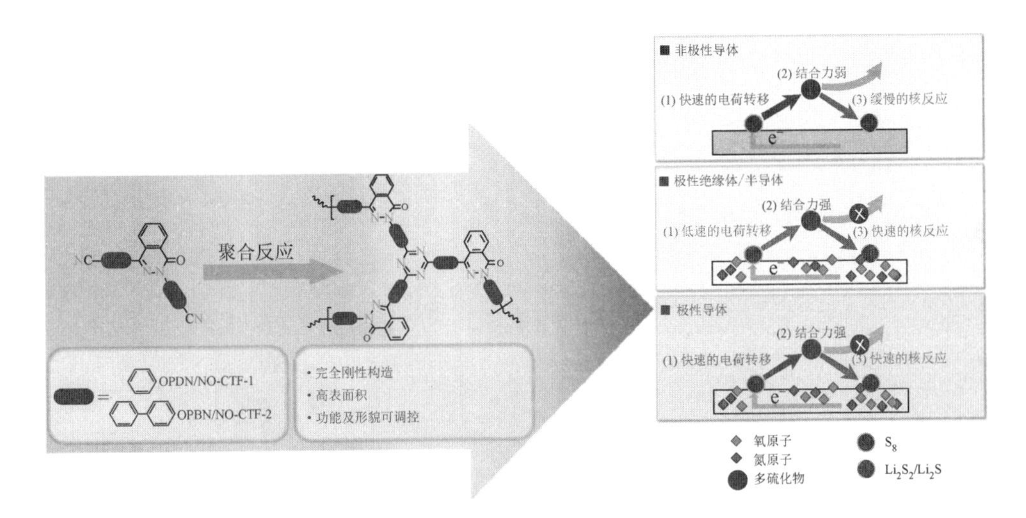

图 2-18　NO-CTFs 的制备流程图

经 300 次循环后比容量保持率为 85%（737.6 mA·h/g）。NO-CTFs 出色的倍率性能主要是由于其微介孔结构保证了通畅的锂离子传输通道，同时丰富的杂原子和孔结构对多硫化物具有较强的吸附能力，可以有效促进多硫化物和硫化锂之间的转化，并抑制可溶性多硫化物的扩散和流失。此外，NO-CTFs 还具有良好的导电性，有利于电子传输。

以上各类高分子材料在锂硫电池中的应用实例及电性能分析如表 2-29 所示。

表 2-29　高分子材料在锂硫电池正极中应用实例

聚合物种类	优势	现存问题	具体实例	载硫量/%	充放电倍率/C	循环次数	初始比容量/(mA·h/g)	循环保持率/%
共价有机网络材料	比表面积大、密度小、周期性骨架、孔径均一	自身导电性较差、孔隙率较低、工艺复杂	TB-COF/S[228] Por-COF/S[230] COF/S@S-P[231]	40 40 60	1 0.5 0.2	800 200 250	808 1073 953	82.1 71.8 71.9
多孔有机网络材料	结构稳定、超大比表面积（>2000 m^2/g）	异质原子少、导电性较差	PPN-13-S[229]	40	0.1	100	1342	45.2
导电高分子聚合物	合成温度低、机械柔韧性好、富含官能团	充放电结构不稳定、导电性有一定局限性	PAn-S[227]	62	1	500	568	76.1
天然高分子聚合物	简单易得、成本低、变废为宝	结构不可控、杂原子分布不均	ANC/S[224]	70	1	500	787	67.1
三维共价三嗪基网络材料	导电性好、孔隙率高、杂原子分布不均匀、结构可控	种类少、孔径不均一	NO-CTF-1/S	71	0.5	300	738	85

4. 需求分析

动力电池就是电动汽车的心脏，是新能源汽车产业发展的关键。虽然我国动力电池产业经过多年发展取得很大进步，但是目前动力电池产品能量密度和成本仍然难以满足新能源汽车推广普及需求。锂硫电池具有高理论能量密度、高理论比容量，原料丰富易得、成本低等优点，符合当前市场对新型储能材料的需求和可持续发展的理念，在电动汽车和大规模储能中具有广阔的应用前景。目前，锂硫电池可广泛用于航空及新能源汽车等领域，是高能新型电池的主要研究方向之一。Allied Market Research 发布的报告称，全球锂硫电池的市场规模在 2022～2026 年间，预测将增长到 10 亿美元，在预测期间内预计将以 30.78％的年复合增长率增长。事实上，行业内普遍认为，锂电技术的近期（2025 年）目标是实现单体比能量 400 W·h/kg；远期（2035 年）则是开发锂硫电池、锂空气电池，实现单体比能量 500 W·h/kg。随着科技的发展，人们对储能器件的需求会进一步提高，为使锂硫电池大规模商业化生产，锂硫电池的质量能量密度必须明显高于最先进的锂离子电池（Panasonic NCR18650B）以补偿更低的循环稳定性，未来的锂硫电池需具有与最先进的锂离子电池（≈700 W·h/L）相当的体积能量密度，但超过锂离子电池质量能量密度的两倍，值为 400～600 W·h/kg。

近年来，国内外各大高校、研究院所、电池类实验室/公司等都在开展锂硫电池的研发。其中国外的锂硫电池研发以 OxIS 公司和 Sion Power 公司最为著名。Sion Power 公司研发的锂硫电池主要涉及 3 个应用领域，分别是民用无人机、车辆及军用便携式电源。该公司在 2010 年将锂硫电池应用于大型无人机，打破了三项无人机飞行世界纪录：飞行高度 2 万米以上、连续飞行时间 14 天、工作温度最低–75℃。2014 年，空中客车公司（Airbus）的“西风 7”无人机依靠锂硫电池实现了不间断飞行 11 天的记录。而目前锂离子电池无法实现让无人机在高空低温环境下长时间滞空。因此，锂硫电池未来会首先应用于无人机领域，尤其是对未来超长航时无人机的发展会起到极大的促进作用。此外，英国 OxIS 公司正与牛津大学、剑桥大学和俄罗斯科学院合作开发聚合物锂硫电池，主要应用于航空和电动车市场。

5. 现存问题

锂硫电池急需研发低成本、环保、高载硫量、高导电性、多极性位点的正极材料。目前，锂硫电池正极用的几类高分子材料分别存在以下问题：①针对 COFs 材料，多孔骨架是通过分子有机构建单元与共价键连接而成，这种共价键的形成往往依靠热力学平衡反应实现，这是可逆过程，导致 COFs 材料的稳定性欠佳。②POFs 聚合物虽然具有可调的孔隙度，但通常孔隙率和载硫率较低，且材料本征导电性差，极性位点少，不利于锂硫电池循环稳定性和倍率性能的提升。③导电聚合物在充放电过程中易发生体积膨胀，导致电极结构不稳定，影响锂硫电池的循环稳定性和倍率性能。④天然高分子材料需经过碳化和活化处理过程，虽然可提升材料导电性，但其孔结构、杂原子含量及分布均无法精确调控，导致制备的不同批次材料性能不稳定。⑤三维共价三嗪基网络材料从性能角度考虑，具有广阔的发展前景，若进一步优化其制备工艺，降低生产成本，会成为理想的锂硫电池正极材料。

6. 发展愿景

1）战略目标

2025 年：锂硫电池的能量密度可以超越三元锂离子电池，质量能量密度达到

400 W·h/kg，体积能量密度达到 600 W·h/L，功率密度达到 1000 W/kg，且循环次数达 1000 次以上，成本控制在 0.9 元/(W·h)，因此需要发展固态锂硫电池，也可增加电池的安全性。

2035 年：发展低成本的固态锂硫电池，质量能量密度达到 600 W·h/kg，体积能量密度达到 700 W·h/L，功率密度达到 1000 W/kg 以上，且循环次数达 2000 次以上，成本控制在 0.7 元/(W·h)。

2）重点发展任务

理想的锂硫电池正极用高分子材料应具备有效比表面积大，活性位点丰富且分布均一，导电性佳的纳米结构。锂硫电池用高分子材料重点发展任务如表 2-30 所示。

表 2-30　锂硫电池用高分子材料重点发展任务

2025 年	2035 年
构筑复合结构：利用高分子材料与高导电性的碳纳米管、石墨烯等复合，再引入适量、轻质、锚定作用强的金属基化合物。结合各种材料优点制备质轻、高载硫量、高硫利用率、高循环稳定的锂硫电池正极材料	设计具有合理杂原子含量和孔结构的高分子材料，利用高分子材料特有的单元骨架及孔结构可调控的特点，优化电极材料结构，从根本上改善高分子材料导电性差、载硫率低等缺点

2.5.3　钠离子电池

随着人类社会的不断发展，能源和环境问题已经成为当今世界最受关注的议题。一方面，人类社会对化石能源需求的与日俱增和其有限的储量之间的矛盾日益凸显；另一方面，长期和大量使用化石能源引发的环境污染、温室效应、雾霾等环境问题日益严峻，因此探索新的能源体系至关重要。可再生能源包括太阳能、风能、潮汐能、水能、地热能、海洋能、生物质能等，具有天然的自我再生功能，是人类取之不尽用之不竭的能源[232]。但由于这些新能源体系具有很强的地域性和间歇性，但由于这些新能源体系具有很强的地域性和间歇性，因此需要借助各种储能器件来存储使用。在各种储能方式中，电化学储能具有功率密度和能量密度高、能量转换效率高、维护费用低、使用寿命长等特点，同时电化学储能也是最为简便、高效的一种储能方式，因此逐渐成为储能技术发展的主流。

近 30 年的实践已经证明了锂离子电池是一种性能优异的二次电池，其具有充放电电压高、循环效果好、无记忆效应、能量密度高、自放电较小等优点。因此，锂离子电池自问世以来便取得了市场的认可，并在手机、笔记本电脑、电动工具等领域得到了广泛的应用。但是对锂离子电池的大规模应用，锂资源的需求量日益增大，加上锂本身资源有限且分布不均，提取锂的工艺也比较复杂、成本较高，必然导致锂价格的升高。统计结果表明，2008 年，全球锂资源的消耗量大约为 21280 t，根据计算，假如全球锂消耗量以每年 5%的速率增长，当前全球的锂资源只能维持使用大约 65 年。而且，从钴酸锂电池技术、锰酸锂技术到 1997 年提出的磷酸铁锂技术，此后的 20 多年再没有新的锂电技术出现，锂离子电池本身也面临着发展的瓶颈。因此，研发出一种资源丰富、价格低廉的新型二次电池以替代锂离子电池，成为国内外研究学者关注的热点问题。

钠离子电池体系由于具有资源丰富、价格低廉、环境友好，以及与锂离子电池相近的电化学性质，为电化学储能提供了新的选择，近几年受到广泛关注。此外，因为钠和铝集流体之间没有合金化反应，所以钠离子电池的正、负极集流体都可以用铝箔来代替铜箔，进一步降低电池成本。然而钠离子电池的能量密度相对较低，因此在电子消费品领域，暂时难以和锂离子电池相媲美，但是在大型电网中，钠离子电池将表现出其天然的优势。表 2-31 列举了锂和钠作为材料的主要参数。

表 2-31　锂和钠主要参数的对比

类别	锂	钠
原子半径/Å	0.76	1.06
原子摩尔质量/(g/mol)	6.9	23
氢标电极电势/V	–3.04	–2.71
成本/(€/t)	3850	115
最大比容量/(mA·h/g)	3829	1165
稳定产物结晶结构	八面体和四面体	八面体和棱方

1. 钠离子电池的电池结构

钠离子电池（SIBs）的研究起始于 20 世纪 60 年代[233]，其电池结构、原理基本和锂离子电池相同，通常正负极材料选用具有不同电极电势的利于钠离子脱嵌的化合物，电解液为钠盐，如图 2-19 所示。充电时，正极发生氧化反应，Na^+从正极脱出进入电解液到负极，同时电子经外电路到达负极以保持电荷平衡。放电时，负极发生氧化反应，Na^+从负极脱出进入电解液到正极。

在钠离子电池充放电过程中，电极材料是电池与外界能量转换的核心部分，决定了电池的性能。而正因为Na^+和Li^+半径和分子量的差别，使钠离子电池相比于锂离子电池存在更迟缓的扩散动力学，所以将锂离子电池电极材料直接用于钠离子电池是不可取的。因此，寻找适合用于钠离子电池电极的材料，以提升钠离子电池的比能量、循环寿命和倍率性能，是钠离子电池实用化所需要解决的问题。其中，电池的比容量主要由正负极材料的比容量和电位差决定，高比能量要求电池具有比容量大、工作电位高的正极材料和比容量大、工作电位低的负极材料[234]。电池的循环寿命则取决于电极材料的结构稳定性和电解液的电化学稳定性。通常可以通过控制正极材料的充电截止电位、负极材料的放电截止电位，从而限制 Na^+嵌脱量；或者引入过渡金属离子，提高结构框架的稳定性。电池的倍率性能则和电池的动力学相关，受电极材料的电子传导性和离子传输性能影响[235]。

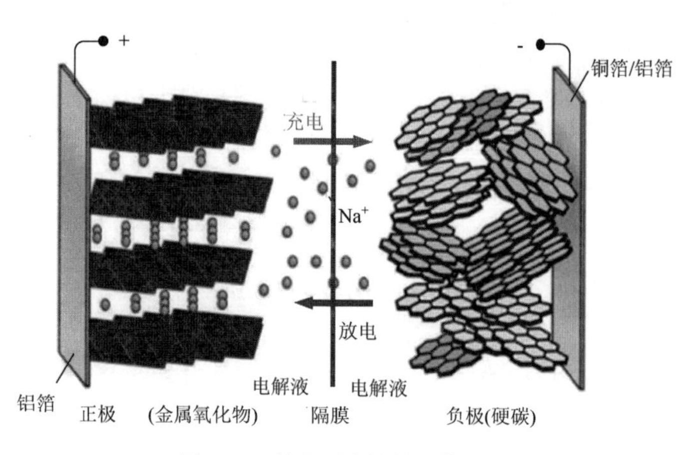

图 2-19　钠离子电池的工作原理

在诸多种类的钠离子电池电极材料中，涉及高分子聚合物作为电极材料的主要有导电聚合物、聚酰亚胺类高分子、聚醌类高分子、席夫碱类聚合物、聚合物衍生碳材料。与传统无机材料相比，有机高分子电极材料具有以下优势：①生产成本较低；②可实现多电子反应，具有较高的比能量；③可有效调控分子结构，从微观角度控制宏观电化学性能。

2. 研究现状

1）导电聚合物

导电聚合物的特点是在结构上具有较大的共轭 π 键，即高度离域的 π 电子，在本征态时是半导态或者绝缘态，掺杂后呈现导电性。导电聚合物可以分为共轭导电聚合物和非共轭导电自由基聚合物。共轭导电聚合物主要通过改变聚合物的掺杂方式储能，一般来说聚合物可以进行 p 型掺杂和 n 型掺杂反应，在 p 型掺杂反应中，聚合物变成带正电的状态，可以与电解液中的阴离子反应，而 n 型掺杂的聚合物带负电荷，可以与 Na^+反应[236]。导电聚合物具有可与半导体甚至金属相比的高电导率[237]，其比容量与自身单元分子量和掺杂度有关，但大部分导电聚合物的掺杂度均不高，即聚合物链的利用率较低，导致实际比容量远远低于理论比容量，均小于 150 mA·h/g。共轭导电聚合物的储钠机理如图 2-20 所示[238]。

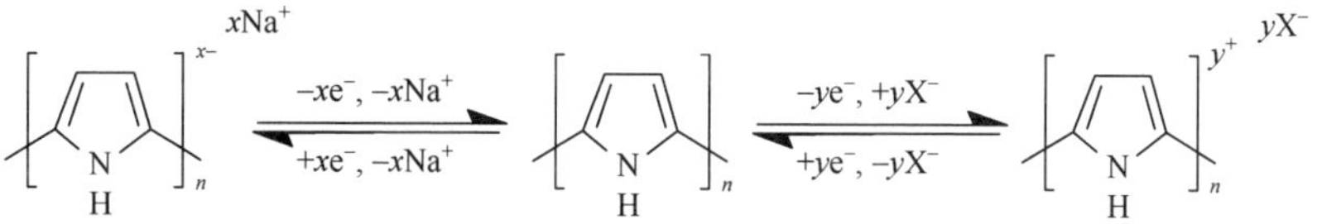

图 2-20 共轭导电聚合物的储钠机理示意图

在共轭导电聚合物中，聚苯胺具有单双键交替结合的分子结构，被称为固有导电性的导电聚合物，其可以通过化学或电化学方法容易地制备。聚苯胺独特的氧化还原特性及灵活的骨架结构，可以有效地容纳较大的 Na^+，并促进 Na^+在骨架中进行可逆的脱嵌。此外，通过酸掺杂可以显著地提升其电导率。Zhou 等[239]通过磺化聚苯胺制备了聚苯胺-共-氨基苯磺酸钠，并将其作为一种新型的钠离子电池正极材料，具有 133 mA·h/g 的高可逆容量和良好的循环稳定性，并且在 200 次充放电循环后的容量保持率为 96.8%。此外，在聚苯胺分子链上引入硝基，也可提升聚苯胺比容量，经 50 次充放电循环后，比容量保持在 173 mA·h/g，容量保持率为 95%[240]。

聚吡咯作为共轭聚合物，具有较高的理论能量密度（80～390 W·h/kg）和理论比容量（400 mA·h/g）。同时聚吡咯具有高的空气稳定性、高的掺杂电导率和良好的氧化还原可逆性。在聚吡咯的链上预掺杂氧化还原活性物种 $Fe(CN)_6^{4-}$，可有效提高聚吡咯的比容量，经 100 次充放电循环后，容量保持率为 82%[241]。有研究表明，通过控制导电聚合物的颗粒尺寸、形貌、结晶结构等可有效改善导电聚合物的电化学性能。通过调控导电聚合物的微观结构，能提升导电聚合物电极材料和电解液的亲和程度。Wang 等[242]发现，通过控制反应条件制备的具有蓬松结构和链状形态的亚微米级聚吡咯的比容量能达到 183 mA·h/g，远高于传统聚吡咯的比容量（34.8 mA·h/g）。主要是独特的结构增加了聚吡咯颗粒间的电接触并促进了电解质的渗透过程。另外，在聚合物体系中掺入有机分子也被证明可以有效地提升材料的比容量。Deng 等[243]使用苝-3, 4, 9, 10-四羧基二酰亚胺（PTCDI）和聚吡咯制备了一种新型有机分子/聚合物的复合材料，当 PTCDI∶聚吡咯 = 1∶4（质量比）时材料表现出最佳的电化学行为。在 0.1 A/g、0.2 A/g 和 0.4 A/g 的电流密度下，材料分别表现出 96 mA·h/g、93 mA·h/g 和 88 mA·h/g 的比容量，并且复合电极在 0.1 A/g 的电流密度下循环 190 次后，容量保持率为 95%。

自由基聚合物是另一类可以应用于钠离子存储的导电聚合物。其具有氧化过程中结构变化小、动力学快速、电池电压稳定、可加工性好等优点[244]。但是自由基聚合物易溶解于电解液中，造成严重的自放电效应。同时自由基聚合物的电荷存储机理涉及每个重复单元可逆的单电子氧化还原反应，因此为了获得高容量的自由基聚合物电极材料，必须严格控制聚合物链的分子结构。硝基氧自由基型聚合物是目前研究最广泛的一类自由基聚合物，其不仅可以在高电压下通过 n 型掺杂可逆地转变为氨氧基阴离子，而且可以在相对低的电压下通过 p 型掺杂可逆地转变为羟胺阳离子，其储钠机理如图 2-21 所示。

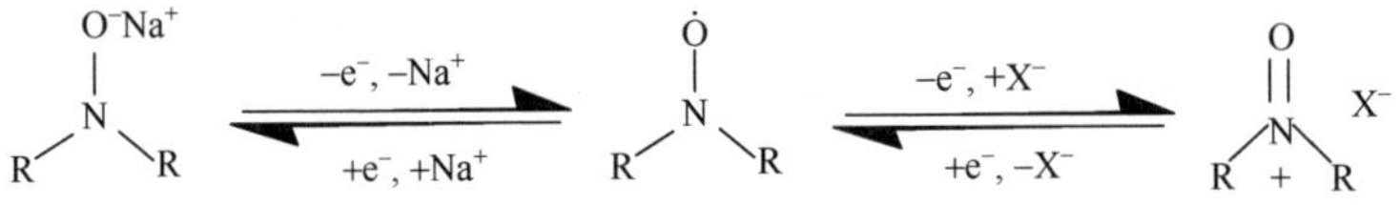

图 2-21　非共轭导电自由基聚合物的储钠机理示意图

Kim 等[245]通过将聚（2, 2, 6, 6-四甲基哌啶氧基-4-乙烯基甲基丙烯酸酯）（PTMA）封装到碳纳米管（CNT）中，制备了具有高聚合物含量的有机电极材料。研究发现，浸渍 PTMA 的 CNT 材料表现出更低的电阻和更高的比容量。将 PTMA 捕集在 CNT 中，可以有效地减少由活性材料溶解引起的自放电现象，进而有效提升材料的循环性能和倍率性能。

2）聚酰亚胺类化合物

聚酰亚胺是一种氧化还原活性聚合物，是一种非常理想的能量存储材料。聚酰亚胺的羰基能提供氧化还原反应位点，通过烯醇化作用与钠离子反应。反应体系包含两个单电子还原过程，依次生成阴离子自由基和二价阴离子。聚酰亚胺高分子材料的储钠机理如图 2-22 所示。将聚酰亚胺作为钠离子电池电极材料具有良好的循环稳定性。但是，聚酰亚胺中的羰基无法全部参与氧化还原反应，导致其容量较低，这是聚酰亚胺类电极发展面临的关键问题[246]。

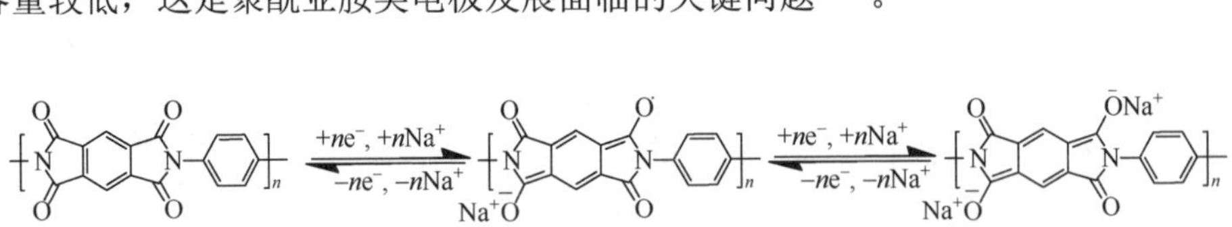

图 2-22　聚酰亚胺高分子材料储钠机理

经典的聚酰亚胺的合成反应分为两步，首先二酐和二胺在极性非质子溶剂中反应以生成聚酰胺酸，随后通过加热或用化学脱水剂处理使聚酰胺酸环脱水形成聚酰亚胺。因此，二酐和二胺前体的结构决定了聚酰亚胺芳族骨架的性质，通过合理地选择二酐和二胺的种类，可以有效地调节聚酰亚胺的分子结构。目前，在钠离子电池中应用较为广泛的是由 3, 4, 9, 10-四甲氧基二酐（PTCDA）、1, 4, 5, 8-

萘乙氧基二酐（NTCDA）和均苯四甲酸二酐（PMDA）衍生出的聚酰亚胺高分子材料。其中通常将 PTCDA 基聚酰亚胺高分子材料用作钠离子电池的正极材料，而 NTCDA 和 PMDA 基聚酰亚胺高分子材料用作钠离子电池负极材料[247, 248]。聚酰亚胺类高分子材料具有在电解液中不易溶解的特点，但是其发展也面临着一些问题。首先，这类高分子材料在电极理论上应表现为四电子的氧化还原行为，但实际上充放电过程中仅表现为两电子氧化还原行为，且该两电子氧化还原反应还无法被 100%利用，因此聚酰亚胺的容量通常小于 140 mA·h/g。此外，聚酰亚胺高分子材料的导电性不理想，导致在充放电过程中材料极化现象严重，使其循环稳定性和倍率性能下降。通过共混或者共聚的方法能一定程度改善上述问题。例如，通过将聚酰亚胺高分子材料与石墨烯、碳纳米管等复合，可改善材料的导电性，提升其电化学性能；通过将亚胺单体同醌类单体进行共聚，可提高电极材料的容量。Xu 等[249, 250]也通过酰亚胺与高容量的醌共聚制备了两种可逆容量分别达到 192 mA·h/g 和 165 mA·h/g 的酰亚胺-醌共聚物，另外一些类似的共聚物也都能达到改进的效果。

3）聚醌类高分子材料

用作电极反应的聚醌类高分子材料通常是由醌类单体和硫化物缩聚制备，其结构由醌单体的分子结构决定。聚醌通常包含由杂原子隔开的醌环链，而杂原子虽然不是反应活性位点，但其可以提高材料的放电电压。因此，聚醌类高分子材料具有分子结构可调控、比容量高等优点，被用作钠离子电池电极材料。与聚酰亚胺类高分子材料相似，聚醌类高分子材料的储钠过程也是两电子的氧化还原反应过程，如图 2-23 所示。

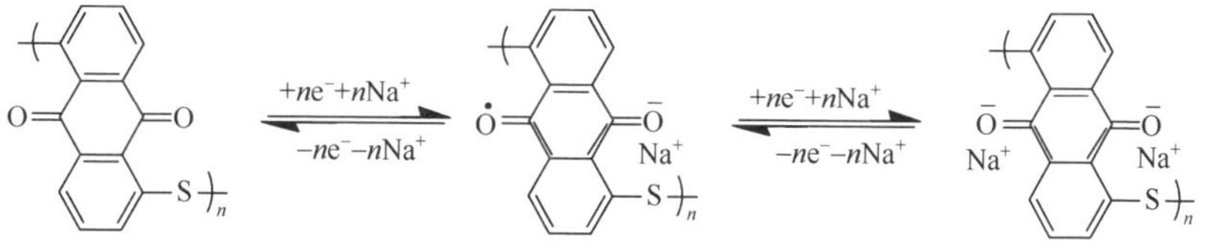

图 2-23　聚醌类聚合物储钠机理

第一个在钠离子电池中使用的聚醌类聚合物是聚蒽醌硫化物。该类聚蒽醌硫化物在充放电过程中出现了两对对称的氧化还原峰，意味着聚蒽醌的两步氧化还原反应，此外该材料表现出了 160 mA·h/g 的比容量，同时具有良好的倍率性能和循环稳定性[251]。首尔大学 Lee 教授课题组提出将聚合物和金属配合的策略，制得 Al 和聚四羟基苯醌的复合材料，由于 Al^{3+}是非活性的金属离子，在充放电过程中不会发生价态变化，有助于改善材料的循环稳定性，该材料经 100 次循环充放电过程后，容量衰减率低。但是聚醌类高分子材料作为钠离子电池电极材料发展较为缓慢，这是由于制备方法主要是通过醌类单体与硫化物进行缩聚，而在形成聚醌类高分子材料的过程中，醌类单体上的羰基容易和硫化物发生副反应，导致产物需要进行额外的提纯和氧化过程。此外，聚醌类高分子材料的耐溶剂性也有待加强，主要是聚合只能缓解醌的溶解，并不能完全阻止其溶解。研究表明，盐的形成可以进一步抑制该类聚合物的溶解。Wu 等[252]制备了一种聚（2, 5-二羟基-对-苯并醌基硫醚）的钠盐，该材料在作为钠离子电池负极材料时，具有良好的循环稳定性，在 500 次充放电循环后，容量仍保持为 138 mA·h/g。

4）希夫碱类聚合物

希夫碱类聚合物是通过二胺和二醛进行缩合聚合制备的一类含有亚胺或者甲亚胺基团的一类有机物。二胺和二醛结构的多样性，决定了希夫碱类聚合物材料的结构多种多样。希夫碱类聚合物储钠的活性中心是共轭结构中的 C═N，平面和共轭是希夫碱类聚合物材料展现出电化学性能的关键因素。其储能过程如图 2-24 所示。

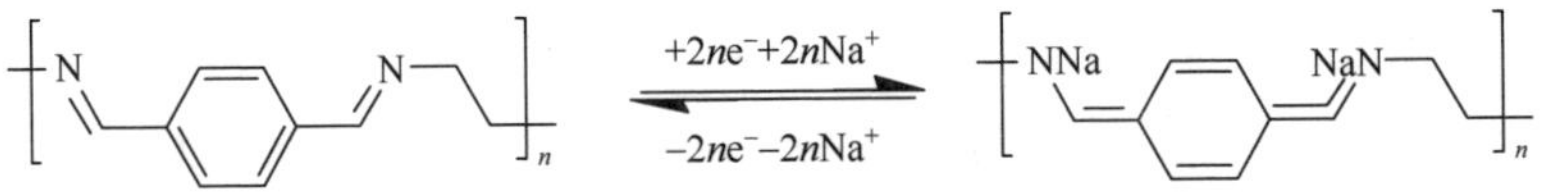

图 2-24　希夫碱类聚合物储钠机理

希夫碱类聚合物材料可在不影响聚合物链的平面性和共轭程度的基础上，设计适当的取代基来调节材料的氧化还原电位。该类聚合物材料作为钠离子电池电极材料的主要优势是其不易溶解、稳定性较好，但是缺点是不易加工。Armand 等[253]报道了一种聚席夫-聚醚二元共聚物，在低氧化还原电势下相对于 Na/Na^+ 具有电化学活性，并具有自黏合性能，从而可以制备不带黏合剂的层压电极。在相同的碳含量下，由于优越的内聚颗粒间接触，层压电极比粉末电极具有更高的容量。该类电极可以获得稳定的约 185 mA·h/g 的可逆容量。

5）聚合物衍生碳材料

石墨作为锂离子电池负极材料比容量能达到 360 mA·h/g，基本上能接近其理论容量，但是作为钠离子电池负极材料却表现为电化学惰性，其储钠容量很低、可逆性差。这是由于石墨层间距和钠离子的半径不匹配，钠离子比锂离子半径大很多，导致钠离子难以在石墨层间可逆地脱嵌。因此，石墨被普遍认为不适合作为钠离子电池负极材料，导致钠离子电池负极材料的研发面临着更大的压力和挑战。目前，各国研发人员普遍认为硬碳材料（包括树脂碳、有机聚合物热解碳、炭黑），由于具有较低的储能电压、较高的容量、良好的循环稳定性、来源丰富、制备工艺简单等优势，是目前最具有应用前景的钠离子电池负极材料之一。

硬碳的来源主要分为两类，即合成的有机小分子前驱体和生物质材料。最常见的是高分子聚合物通过热解的方法得到硬碳材料，如 PANI、聚乙烯吡咯烷酮（PVP）、PAN、聚氯乙烯（PVC）、PPy 等，其他合成有机物如树脂（包括酚醛树脂、环氧树脂、聚糠醛 PFA-C 等）以及近年来出现的金属有机框架（MOF）材料和离子液体也可以通过热解的方法得到硬碳材料。常见的生物质热解硬碳又可以分为两类，即从生物质中提取出来的有机物（纤维素、淀粉、蔗糖、葡萄糖、木质素等）和原始生物质。选用生物质废弃物作为硬碳的来源是将生物质废弃物的处理和碳材料的制备相结合，可以说是一种最廉价和绿色的硬碳制备方法。碳化温度不同，所得硬碳产物的微观结构和杂原子含量不同，进而会表现出不同的储钠性能。Wang 等[254]以噻吩和吡咯为原料，三氯化铁为催化剂，聚合制备了一类自具微控聚合物，并通过一步碳化制备了不同比例聚噻吩和聚吡咯复合物的衍生碳材料，该类材料在 0.1 A/g 的电流密度下，能达到 521 mA·h/g 的可逆比容量，甚至在 2 A/g 的电流密度下，比容量仍能达到 365 mA·h/g。特别地，六氯环三磷腈和二羟基苯砜的缩合聚合反应也被应用于碳材料前驱体的制备。有研究表明，以 MOF 为模板，以该聚合物前驱体为碳源，通过控制碳源的含量可以制备厚度可控的囊状多孔碳材料。该类材料在 0.1 A/g 的电流密度下，比容量为 327.2 mA·h/g，甚至在 5.0 A/g 的电流密度下，比容量仍能达到 142.6 mA·h/g，表明该独特的结构可以有效地促进离子和电子的传输[255]。传统生物质衍生硬碳球在低电流密度下容量较高，但是随着电流密度的增加，容量下降明显，主要是 Na^+ 半径较大且扩散缓慢，在较高的电流密度下，活性材料无法得到充分利用。

硬碳材料虽然具有来源丰富、制备工艺简单等优势，但是目前硬碳材料在钠离子电池中的应用仍面临许多挑战。相比于合金类、金属氧化物等材料，硬碳材料的比容量较低，首次库仑效率较低，且在大电流密度条件下容量不理想，倍率性能欠佳。研究表明，硬碳材料的储钠性能与碳材料的前驱体、颗粒尺寸和制作工艺过程等因素紧密相关。此外，通过调控电极材料的孔径分布、比表面积，可有效提升其库仑效率；通过引入杂原子的方式可改善电极材料的储钠容量。为了改善材料的倍率性能，大连理工大学蹇锡高课题组通过在水热过程中添加表面活性剂的方法，制备了一系列不同粒径的碳球，利用碳球间堆叠形成的多级孔结构，有效地促进了电解液的传输，提高了材料在高倍率下的利用率，所得材料在 1.0 A/g 的电流密度下，容量为 163 mA·h/g，即使在 10.0 A/g 的电流密度下循环 10000 圈，材料的比容量仍能达到 140 mA·h/g，表现出良好的循环稳定性[256]。

杂原子掺杂的聚合物衍生碳材料是一种重要的钠离子电池负极材料之一，该类碳材料通常可原位引入 B、N、S、P 等杂原子，利于储钠容量的提升。有研究通过聚丙烯腈和三聚氰胺共混反应后，进行静电纺丝，制备了柔性的碳纸。反应过程中，PAN 链上氰基和氨基进行反应，这限制了 PAN 链的转化，同时三聚氰胺聚合形成 C_3N_4。单纯 PAN 碳纸的层间距为 0.35 nm，而掺杂后碳纸层间距为 0.48 nm，层间距的扩大更有利于 Na^+的嵌入和脱出[257]。但是，传统模板法、水热法、静电纺丝等合成方式和后处理过程复杂，大连理工大学蹇锡高课题组从分子设计出发，采用离子热聚合法，通过调控单体结构和聚合温度，制备了一系列多种杂原子均匀分布的有机层次孔聚合物，从单体的微观结构可对电极材料的宏观电性能进行调控。2019 年，团队设计合成的 N、S 共掺杂的层次孔材料 pTTPN@600 表现出优异的倍率性能，在 10 A/g 的电流密度下，经 2000 次循环充放电后，最终容量为 74 mA·h/g。该方法虽处于实验室阶段，但实验证明这是一种具有商业应用前景的制备方法，从小分子的设计与合成着手，可控制备有机层次孔网络材料，将其应用于钠离子电池负极材料是切实可行的[258]。

3. 需求分析

钠离子电池稳定性强、安全性高、使用寿命长、应用范围广泛、原材料易获得、废品回收工艺简单且无污染。低成本钠离子电池的开发成功有望应用于低速电动车，实现低速电动车的无铅化。在国外，钠离子电池主要应用于对安全性要求较高的领域，如公交系统、通信基站、家庭储能和电网储能等。随着电池产业的蓬勃发展，国内外相关机构、企业不断研发新技术，欲在产业爆发前占领制高点。

据海外媒体报道，丰田新开发的钠离子技术可有效提升电动车的续航里程——最大可达到惊人的 1000 km[620 mi（1 mi = 1.609344 km）]，而且价位更低。丰田新电池是使用了钠基化合物作为正极材料的钠离子电池，电池产生的电压高出锂离子电池 30%。据相关报道称，该电池商业化后价格会比传统锂离子电池更低。比克动力电池有限公司也曾透露，其对钠离子电池的研发已经进入中试阶段，针对钠离子电池能量密度偏低的问题不断进行技术改进，以降低人们的用车成本。2017 年 1 月，超威电源集团有限公司与美国通用电气公司在浙江长兴举行 Durathon 钠盐电池合资合作项目签约仪式。双方结合各自的产业、技术优势，共同创建合资公司，拓展钠盐电池的应用领域，迈出抢滩国内储能市场的关键性一步。经过多年研发，Durathon 钠盐电池技术实现了商业化，它具有产品性质稳定、安全性高（不会燃烧或爆炸）、能量密度大、使用寿命长的特性。

在动力电池市场，不同的技术路线在同时发展，不同技术路线的电池都有属于自己特定的细分市场，钠离子电池未来在公交系统和低速电动车领域或会得到一定的应用。当前，能源领域正处于一场巨大的变革中，尤其随着我国电力体制改革不断深化，能源互联网兴起以及电力供需矛盾增加、弃风弃光问题凸显等，储能在未来电力系统中将扮演不可或缺的角色。钠离子电池在储能领域的可再生能源消纳、分布式储能电站、削峰填谷等领域的应用价值受到越来越多的重视，随着钠离子电池研发技术的进步及工序成本的降低，其未来市场值得期待。

4. 现存问题

作为一个有示范意义的项目，2018年6月，在中国科学院物理研究所内，人们对中国第一辆钠离子电池电动车进行了示范演示，该辆低速电动汽车是由依托中国科学院物理研究所钠离子电池专利技术成立的北京中科海钠科技有限责任公司推出的。但是据了解，目前钠离子电池的能量密度只能达到120 W·h/kg，所以钠离子电池还无法与能量密度为300 W·h/kg的锂离子电池相提并论。目前，钠离子电池的产业化步伐正在加速发展。2019年1月2日，辽宁星空钠电电池有限公司自主研发的钠离子电池投入量产阶段，世界首条钠离子电池生产线投入运营。但是，从产业情况来看，虽然钠离子电池的产业化步伐正在加速，其毕竟还处于初级阶段，许多科研成果还只在高校和研究所内流传，离真正实用化还需要一定的时间。导致钠离子电池能量密度和稳定性较低的主要原因有以下几点：①钠离子半径较锂离子大，在充放电过程中易导致结构崩塌，材料比容量迅速降低；②钠离子缓慢地扩散过程，导致整体容量较低；③负极碳基材料中，非石墨碳拥有一定的嵌钠功能，但是总体来说，碳材料的比容量相对较低，而过渡金属氧化物虽拥有较高的理论容量，但其在充放电过程中由于转化和合金反应的发生，结构不稳定、循环性能较差。

5. 发展愿景

1）战略目标

有机聚合物多样的结构、丰富的活性官能团使其在钠离子电池中的应用获得了不错的效果。此外，聚合物本身的环保特性，使聚合物电极有望应用在未来的储能装置中。然而对聚合物电极的研究还处在初步阶段，需要探索不同结构的高分子材料应用于钠离子电池。高分子材料在钠离子电池中的应用发展主要有以下几个方向：

（1）由于羰基、杂原子共轭体系、活性自由基等都是能与钠离子相互作用的活性位点，因此如何提高活性位点的利用率或者设计具有高密度活性部位的新型聚合物，将是高分子材料作为钠离子电池负极材料发展必须要攻克的难题。

（2）大部分高分子材料易溶于有机电解质，导致循环稳定性较差。一方面，从电解液方面出发，通过在有机电解液中加入一定的盐类添加剂，或者开发水系钠离子电池，减少电解液对电极材料的溶解；另一方面，从电极材料出发，制备聚合物复合材料，或者通过共聚引入刚性基团，将有效地减小材料的可溶解性。

（3）除了导电聚合物外的有机材料导电性均较差，一方面可以通过元素掺杂，提高材料的导电性，如碘掺杂的希夫碱类聚合物的导电性，就能达到半导体材料的电导率水平；另一方面将聚合物与导电性较好的碳材料复合，也能很好地提高材料的导电性。

（4）对聚合物衍生碳材料的研究必然是钠离子电池负极材料发展的重点。通过对材料结构的调控和元素组成的调控，能很好地提高材料的性能。以硬碳材料为负极，制备全固态钠离子电池和柔性的钠离子电池，将是未来钠离子电池发展的主要方向。

基于上述分析，未来的战略目标分析如下：

2025 年：实现钠离子电池能量密度突破 150 W·h/kg，实现钠离子电池能稳定循环 8000 次以上，将钠离子电池应用在大规模储能工程中。

2035 年：实现钠离子电池能量密度突破 250 W·h/kg，逐步替代锂离子电池在人们日常生活中的应用。

2）重点发展任务

钠离子电池用高分子材料重点发展任务如表 2-32 所示。

表 2-32　钠离子电池用高分子材料重点发展任务

2025 年	2035 年
实现钠离子电池各组件的最佳匹配，制备出循环寿命达 5000 次以上的钠离子电池：电极材料结构调控，通过调控材料的结晶情况、表面修饰、与其他材料复合能有效地改善充放电过程中材料体积的改变，缩短粒子传输距离，减少不可逆容量的产生，提升能量密度和功率密度	在利用高性能钠离子正负极材料的基础上，通过分子设计和界面调控，设计出准固态钠离子电池。随后，以提高钠离子电池能量密度为目标，优化材料的界面，控制界面反应，实现固态钠离子电池的设计组装。实现钠离子电池在手机、智能穿戴领域的应用

参 考 文 献

[1] Sharaf O Z，Orhan M F. An overview of fuel cell technology：Fundamentals and applications. Renewable and Sustainable Energy Reviews，2014，32：810-853.

[2] Wang Y，Chen K S，Mishler J，et al. A review of polymer electrolyte membrane fuel cells：Technology，applications，and needs on fundamental research. Applied Energy，2011，88（4）：981-1007.

[3] Cano Z P，Banham D，Ye S，et al. Batteries and fuel cells for emerging electric vehicle markets. Nature Energy，2018，3（4）：279-289.

[4] Staffell I，Scamman D，Velazquez Abad A，et al. The role of hydrogen and fuel cells in the global energy system. Energy & Environmental Science，2019，12（2）：463-491.

[5] Yuan X Z，Wang H. PEM fuel cell fundamentals//Zhang J J. PEM Fuel Cell Electrocatalysts and Catalyst Layers：Fundamentals and Applications. London：Springer London，2008：1-87.

[6] Wang Y，Leung D Y C，Xuan J，et al. A review on unitized regenerative fuel cell technologies，part-A：Unitized regenerative proton exchange membrane fuel cells. Renewable and Sustainable Energy Reviews，2016，65：961-977.

[7] Miller M，Bazylak A. A review of polymer electrolyte membrane fuel cell stack testing. Journal of Power Sources，

2011，196（2）：601-613.

[8] Okonkwo P C，Ben Belgacem I，Emori W，et al. Nafion degradation mechanisms in proton exchange membrane fuel cell（PEMFC）system：A review. International Journal of Hydrogen Energy，2021，46（55）：27956-27973.

[9] Ferriday T B，Middleton P H. Alkaline fuel cell technology：A review. International Journal of Hydrogen Energy，2021，46（35）：18489-18510.

[10] Guo Z，Perez-Page M，Chen J，et al. Recent advances in phosphoric acid-based membranes for high-temperature proton exchange membrane fuel cells. Journal of Energy Chemistry，2021，63：393-429.

[11] Mehmeti A，Santoni F，Della Pietra M，et al. Life cycle assessment of molten carbonate fuel cells：State of the art and strategies for the future. Journal of Power Sources，2016，308：97-108.

[12] Peng J，Huang J，Wu X，et al. Solid oxide fuel cell（SOFC）performance evaluation，fault diagnosis and health control：A review. Journal of Power Sources，2021，505：230058.

[13] Pan M，Pan C，Li C，et al. A review of membranes in proton exchange membrane fuel cells：Transport phenomena，performance and durability. Renewable and Sustainable Energy Reviews，2021，141：110771.

[14] Prykhodko Y，Fatyeyeva K，Hespel L，et al. Progress in hybrid composite Nafion®-based membranes for proton exchange fuel cell application. Chemical Engineering Journal，2021，409：127329.

[15] Tzelepis S，Kavadias K A，Marnellos G E，et al. A review study on proton exchange membrane fuel cell electrochemical performance focusing on anode and cathode catalyst layer modelling at macroscopic level. Renewable and Sustainable Energy Reviews，2021，151：111543.

[16] Yandrasits M A，Lindell M J，Hamrock S J. New directions in perfluoroalkyl sulfonic acid-based proton-exchange membranes. Current Opinion in Electrochemistry，2019，18：90-98.

[17] Park C H，Kim T H，Nam S Y，et al. Water channel morphology of non-perfluorinated hydrocarbon proton exchange membrane under a low humidifying condition. International Journal of Hydrogen Energy，2019，44（4）：2340-2348.

[18] Thanganathan U，Dixon D，Ghatty S L，et al. Development of non-perfluorinated hybrid materials for single-cell proton exchange membrane fuel cells. International Journal of Hydrogen Energy，2012，37（22）：17180-17190.

[19] Li Q，Jensen J O，Savinell R F，et al. High temperature proton exchange membranes based on polybenzimidazoles for fuel cells. Progress in Polymer Science，2009，34（5）：449-477.

[20] Authayanun S，Im-orb K，Arpornwichanop A. A review of the development of high temperature proton exchange membrane fuel cells. Chinese Journal of Catalysis，2015，36（4）：473-483.

[21] Wong C Y，Wong W Y，Ramya K，et al. Additives in proton exchange membranes for low-and high-temperature fuel cell applications：A review. International Journal of Hydrogen Energy，2019，44（12）：6116-6135.

[22] Yang J，Li X，Shi C，et al. Fabrication of PBI/SPOSS hybrid high-temperature proton exchange membranes using SPAEK as compatibilizer. Journal of Membrane Science，2021，620：118855.

[23] Lv Y，Li Z，Song M，et al. Preparation and properties of ZrPA doped CMPSU cross-linked PBI based high temperature and low humidity proton exchange membranes. Reactive and Functional Polymers，2019，137：57-70.

[24] Song M，Lu X，Li Z，et al. Compatible ionic crosslinking composite membranes based on SPEEK and PBI for high temperature proton exchange membranes. International Journal of Hydrogen Energy，2016，41（28）：12069-12081.

[25] Hooshyari K，Javanbakht M，Shabanikia A，et al. Fabrication $BaZrO_3$/PBI-based nanocomposite as a new proton conducting membrane for high temperature proton exchange membrane fuel cells. Journal of Power Sources，2015，276：62-72.

[26] Yang Z，Ran J，Wu B，et al. Stability challenge in anion exchange membrane for fuel cells. Current Opinion in

Chemical Engineering，2016，12：22-30.
[27] Merle G，Wessling M，Nijmeijer K. Anion exchange membranes for alkaline fuel cells：A review. Journal of Membrane Science，2011，377（1-2）：1-35.
[28] Mustain W E. Understanding how high-performance anion exchange membrane fuel cells were achieved：Component，interfacial，and cell-level factors. Current Opinion in Electrochemistry，2018，12：233-239.
[29] Pan Z F，An L，Zhao T S，et al. Advances and challenges in alkaline anion exchange membrane fuel cells. Progress in Energy and Combustion Science，2018，66：141-175.
[30] Vijayakumar V，Nam S Y. Recent advancements in applications of alkaline anion exchange membranes for polymer electrolyte fuel cells. Journal of Industrial and Engineering Chemistry，2019，70：70-86.
[31] You W，Noonan K J T，Coates G W. Alkaline-stable anion exchange membranes：A review of synthetic approaches. Progress in Polymer Science，2020，100：101177.
[32] He Q，Zeng L，Wang J，et al. Polymer-coating-induced synthesis of FeN_x enriched carbon nanotubes as cathode that exceeds 1.0 $W \cdot cm^{-2}$ peak power in both proton and anion exchange membrane fuel cells. Journal of Power Sources，2021，489：229499.
[33] Chen H，Cong T N，Yang W，et al. Progress in electrical energy storage system：A critical review. Progress in Natural Science：Materials International，2009，19（3）：291-312.
[34] 中国储能网新闻中心. 储能产业发展现状与趋势分析. http://m.escn.com.cn/news/show-503379.html. 2018/03/04.
[35] 纪律，陈海生，张新敬，等. 压缩空气储能技术研发现状及应用前景. http://www.escn.com.cn/news/show-543421.html. 2020/10/26.
[36] 张华民. 能源结构调整需要大规模储能技术. www.chinasmartgridoom.cn/news/20171121/626135.shtm/2017/11/21. 北极星智能电网在线.
[37] Rastler D. Electricity energy storage technology options：A white paper primer on applications，costs and benefits. Electric Power Research Institute，2010.
[38] Eckroad S. Vanadium redox flow batteries：An in-depth analysis. Electric Power Research Institute，Palo Alto，CA，2007，1014836.
[39] Díaz-González F，Sumper A，Gomis-Bellmunt O，et al. A review of energy storage technologies for wind power applications. Renewable and Sustainable Energy Reviews，2012，16（4）：2154-2171.
[40] 张华民. 液流电池技术. 北京：化学工业出版社，2015.
[41] Winsberg J，Hagemann T，Janoschka T，et al. Redox-flow batteries：From metals to organic redox-active materials. Angewandte Chemie，2017，56（3）：686-711.
[42] Park M，Ryu J，Wang W，et al. Material design and engineering of next-generation flow-battery technologies. Nature Reviews Materials，2016，2（1）：16080.
[43] Rychcik M，Skyllas-Kazacos M. Characteristics of a new all-vanadium redox flow battery. Journal of Power Sources，1988，22（1）：59-67.
[44] Thaller L. Redox flow cell energy storage systems. AIAA Terrestrial Energy Systems Conference，1979，79-0989.
[45] Wu H，Selman J R，Hollandsworth R P. Mass transfer and current distribution in a zinc/redox-battery flow cell. Indian Journal of Technology，1986，24（7）：372-380.
[46] Wang W，Luo Q，Li B，et al. Recent progress in redox flow battery research and development. Advanced Functional Materials，2013，23（8）：970-986.
[47] León C P D，Frías-Ferrer A，González-García J，et al. Redox flow cells for energy conversion. Journal of Power

Sources，2006，160（1）：716-732.

[48] Li X，Zhang H，Mai Z，et al. Ion exchange membranes for vanadium redox flow battery（VRB）applications. Energy & Environmental Science，2011，4：1147-1160.

[49] 中国储能网新闻中心. 专家解读全钒液流电池. http://m.escn.com.cn/news/show-293442.html.2016/01/03.

[50] 王晓丽，张宇，李颖，等. 全钒液流电池技术与产业发展状况. 储能科学与技术，2015，4（5）：458-466.

[51] Li L，Kim S，Wang W，et al. A stable vanadium redox-flow battery with high energy density for large-scale energy storage. Advanced Energy Materials，2011，1（3）：394-400.

[52] Zhang H M，Wang X L. Demonstration projects of vanadium flow batteries by RKP and DICP. The International Flow Battery Forum，2012.

[53] 张华民，王晓丽. 全钒液流电池技术最新研究进展. 储能科学与技术，2013，2（3）：281-288.

[54] 大连化物所产业公司携手大连热电集团共同建设 200 MW/800 MWh 全钒液流电池储能电站国家示范工程. https://www.cas.cn/yx/201610/t20161012-4577507.shtml.2016/10/12.

[55] Lai Q，Zhang H，Li X，et al. A novel single flow zinc-bromine battery with improved energy density. Journal of Power Sources，2013，235：1-4.

[56] Cheng Y，Lai Q，Li X，et al. Zinc-nickel single flow batteries with improved cycling stability by eliminating zinc accumulation on the negative electrode. Electrochimica Acta，2014，145：109-115.

[57] Yuan Z，Duan Y，Liu T，et al. Toward a low-cost alkaline zinc-iron flow battery with a polybenzimidazole custom membrane for stationary energy storage. iScience，2018，3：40-49.

[58] Wang C，Lai Q，Xu P，et al. Cage-like porous carbon with superhigh activity and Br_2-complex-entrapping capability for bromine-based flow batteries. Advanced Materials，2017，29（22）：1605815.

[59] Xie C，Zhang H，Xu W，et al. A long cycle life，self-healing zinc-iodine flow battery with high power density. Angewandte Chemie International Edition，2018，130（35）：11341-11346.

[60] Limited R F. Redflow sustainable energy storage. 2018. https://redflow.com.

[61] Xing F. The first national 5 kW/5 kWh zinc-bromine single flow battery demonstration system was put into operation. https://www.elecfans.com/yuanqijian/dianchi/tanxing/20091120109980.html.

[62] Winsberg J，Stolze C，Schwenke A，et al. Aqueous 2，2，6，6-tetramethylpiperidine-*N*-oxyl catholytes for a high-capacity and high current density oxygen-insensitive hybrid-flow battery. ACS Energy Letters，2017，2（2）：411-416.

[63] Li B，Nie Z，Vijayakumar M，et al. Ambipolar zinc-polyiodide electrolyte for a high-energy density aqueous redox flow battery. Nature Communications，2015，6：6303.

[64] Weng G，Li Z，Cong G，et al. Unlocking the capacity of iodide for high-energy-density zinc/polyiodide and lithium/polyiodide redox flow batteries. Energy & Environmental Science，2017，10（3）：735-741.

[65] Zhang J，Jiang G，Xu P，et al. An all-aqueous redox flow battery with unprecedented energy density. Energy & Environmental Science，2018，11（8）：2010-2015.

[66] Xie C，Duan Y，Xu W，et al. A low-cost neutral zinc-iron flow battery with high energy density for stationary energy storage. Angewandte Chemie International Edition，2017，56（47）：14953-14957.

[67] Hu J，Yue M，Zhang H，et al. A boron nitride nanosheets composite membrane for a long-life zinc-based flow battery. Angewandte Chemie International Edition，2020，59（17）：6715-6719.

[68] Xie C，Liu Y，Lu W，et al. Highly stable zinc-iodine single flow batteries with super high energy density for stationary energy storage. Energy & Environmental Science，2019，12：1834-1839.

[69] Ding C，Zhang H，Li X，et al. Vanadium flow battery for energy storage：Prospects and challenges. The Journal

of Physical Chemistry Letters，2013，4（8）：1281-1294.

[70] Schwenzer B，Zhang J，Kim S，et al. Membrane development for vanadium redox flow batteries. ChemSusChem，2011，4（10）：1388-1406.

[71] Skyllas-Kazacos M，Chakrabarti M H，Hajimolana S A，et al. Progress in flow battery research and development. Journal of the Electrochemical Society，2011，158（8）：R55-R79.

[72] Yeager H，Steck A. Cation and water diffusion in Nafion ion exchange membranes：Influence of polymer structure. Journal of the Electrochemical Society，1981，128（9）：1880-1884.

[73] Kreuer K D. On the development of proton conducting polymer membranes for hydrogen and methanol fuel cells. Journal of Membrane Science，2001，185（1）：29-39.

[74] Lu W，Yuan Z，Zhao Y，et al. Porous membranes in secondary battery technologies. Chemical Society Reviews，2017，46（8）：2199-2236.

[75] Prifti H，Parasuraman A，Winardi S，et al. Membranes for redox flow battery applications. Membranes，2012，2（2）：275.

[76] Hsu W Y，Gierke T D. Ion transport and clustering in Nafion perfluorinated membranes. Journal of Membrane Science，1983，13（3）：307-326.

[77] Sang S，Wu Q，Huang K. Preparation of zirconium phosphate（ZrP）/Nafion1135 composite membrane and H^+/VO^{2+}transfer property investigation. Journal of Membrane Science，2007，305（1-2）：118-124.

[78] Teng X，Zhao Y，Xi J，et al. Nafion/organic silica modified TiO_2 composite membrane for vanadium redox flow battery via *in situ* sol-gel reactions. Journal of Membrane Science，2009，341（1-2）：149-154.

[79] Xi J，Wu Z，Qiu X，et al. Nafion/SiO_2 hybrid membrane for vanadium redox flow battery. Journal of Power Sources，2007，166（2）：531-536.

[80] Lee K J，Chu Y H. Preparation of the graphene oxide（GO）/Nafion composite membrane for the vanadium redox flow battery（VRB）system. Vacuum，2014，107（3）：269-276.

[81] Mai Z，Zhang H，Li X，et al. Nafion/polyvinylidene fluoride blend membranes with improved ion selectivity for vanadium redox flow battery application. Journal of Power Sources，2011，196（13）：5737-5741.

[82] Teng X，Sun C，Dai J，et al. Solution casting Nafion/polytetrafluoroethylene membrane for vanadium redox flow battery application. Electrochimica Acta，2013，88：725-734.

[83] Luo Q，Zhang H，Chen J，et al. Modification of Nafion membrane using interfacial polymerization for vanadium redox flow battery applications. Journal of Membrane Science，2008，311（1）：98-103.

[84] Xi J，Wu Z，Teng X，et al. Self-assembled polyelectrolyte multilayer modified Nafion membrane with suppressed vanadium ion crossover for vanadium redox flow batteries. Journal of Materials Chemistry，2008，18（11）：1232-1238.

[85] Zeng J，Jiang C，Wang Y，et al. Studies on polypyrrole modified Nafion membrane for vanadium redox flow battery. Electrochemistry Communications，2008，10（3）：372-375.

[86] Luo Q，Zhang H，Chen J，et al. Preparation and characterization of Nafion/SPEEK layered composite membrane and its application in vanadium redox flow battery. Journal of Membrane Science，2008，325（2）：553-558.

[87] Zhao X，Fu Y，Li W，et al. Hydrocarbon blend membranes with suppressed chemical crossover for redox flow batteries. RSC Advances，2012，2（13）：5554-5556.

[88] Wang L，Yu L，Mu D，et al. Acid-base membranes of imidazole-based sulfonated polyimides for vanadium flow batteries. Journal of Membrane Science，2018，552：167-176.

[89] Qiu J，Zhao L，Zhai M，et al. Pre-irradiation grafting of styrene and maleic anhydride onto PVDF membrane and

subsequent sulfonation for application in vanadium redox batteries. Journal of Power Sources，2008，177（2）：617-623.

[90] Sun C，Chen J，Zhang H，et al. Investigations on transfer of water and vanadium ions across Nafion membrane in an operating vanadium redox flow battery. Journal of Power Sources，2010，195（3）：890-897.

[91] Jia C，Liu J，Yan C. A multilayered membrane for vanadium redox flow battery. Journal of Power Sources，2012，203：190-194.

[92] Wang N，Peng S，Wang H，et al. SPPEK/WO_3 hybrid membrane fabricated via hydrothermal method for vanadium redox flow battery. Electrochemistry Communications，2012，17：30-33.

[93] Liu S，Wang L，Ding Y，et al. Novel sulfonated poly(ether ether keton)/polyetherimide acid-base blend membranes for vanadium redox flow battery applications. Electrochimica Acta，2014，130：90-96.

[94] Mai Z，Zhang H，Li X，et al. Sulfonated poly（tetramethydiphenyl ether ether ketone）membranes for vanadium redox flow battery application. Journal of Power Sources，2011，196（1）：482-487.

[95] Lu W，Shi D，Zhang H，et al. Highly selective core-shell structural membrane with cage-shaped pores for flow battery. Energy Storage Materials，2019，17：325-333.

[96] Teramoto K，Nishide T，Ikeda Y. Studies on metal complexes as active materials in redox-flow battery using ionic liquids as electrolyte：Cyclic voltammetry of betainium bis（trifluoromethylsulfonyl）imide solution dissolving $Na[Fe^{III}$（edta）（H_2O）] as an anode active material. Electrochemistry，2015，83（9）：730-732.

[97] Xie X，Yang C，Wang J，et al. Electrode reaction mechanism in anodic electrolyte ionic liquids for vanadium redox flow battery. ECS Meeting Abstracts，2011，44：2552.

[98] 谢志鹏，杨斌，刘柏雄，等. 一种液流电池负极用锌基离子液体电解液及其制备方法：CN105591142 A. 2016-5-18.

[99] Yuan Z，Li X，Zhao Y，et al. Mechanism of polysulfone-based anion exchange membranes degradation in vanadium flow battery. ACS Applied Materials & Interfaces，2015，7（34）：19446-19454.

[100] Xu W，Zhao Y，Yuan Z，et al. Highly stable anion exchange membranes with internal cross-linking networks. Advanced Functional Materials，2015，25（17）：2583-2589.

[101] Zhang S，Yin C，Xing D，et al. Preparation of chloromethylated/quaternized poly（phthalazinone ether ketone）anion exchange membrane materials for vanadium redox flow battery applications. Journal of Membrane Science，2010，363（1-2）：243-249.

[102] Yuan Z，Duan Y，Zhang H，et al. Advanced porous membranes with ultra-high selectivity and stability for vanadium flow batteries. Energy & Environmental Science，2016，9（2）：441-447.

[103] Chen D，Qi H，Sun T，et al. Polybenzimidazole membrane with dual proton transport channels for vanadium flow battery applications. Journal of Membrane Science，2019，586：202-210.

[104] Peng S，Wu X，Yan X，et al. Polybenzimidazole membranes with nanophase-separated structure induced by non-ionic hydrophilic side chains for vanadium flow batteries. Journal of Materials Chemistry A，2018，6（9）：3895-3905.

[105] Yuan Z，Li X，Duan Y，et al. Application and degradation mechanism of polyoxadiazole based membrane for vanadium flow batteries. Journal of Membrane Science，2015，488：194-202.

[106] Dai W，Yu L，Li Z，et al. Sulfonated poly（ether ether ketone）/graphene composite membrane for vanadium redox flow battery. Electrochimica Acta，2014，132（19）：200-207.

[107] Dai W，Shen Y，Li Z，et al. SPEEK/graphene oxide nanocomposite membranes with superior cyclability for highly efficient vanadium redox flow battery. Journal of Materials Chemistry A，2014，2（31）：12423-12432.

[108] Li Z，Dai W，Yu L，et al. Sulfonated poly（ether ether ketone）/mesoporous silica hybrid membrane for high performance vanadium redox flow battery. Journal of Power Sources，2014，257：221-229.

[109] Jia C，Liu J，Yan C. A significantly improved membrane for vanadium redox flow battery. Journal of Power Sources，2010，195（13）：4380-4383.

[110] Wang N，Yu J，Zhou Z，et al. SPPEK/TPA composite membrane as a separator of vanadium redox flow battery. Journal of Membrane Science，2013，437（12）：114-121.

[111] Li J，Zhang Y，Wang L. Preparation and characterization of sulfonated polyimide/TiO_2 composite membrane for vanadium redox flow battery. Journal of Solid State Electrochemistry，2014，18（3）：729-737.

[112] Li Z，Dai W，Yu L，et al. Properties investigation of sulfonated poly（ether ether ketone）/polyacrylonitrile acid-base blend membrane for vanadium redox flow battery application. ACS Applied Materials & Interfaces，2014，6（21）：18885-18893.

[113] Yue M，Zhang Y，Wang L. Sulfonated polyimide/chitosan composite membrane for vanadium redox flow battery：Influence of the infiltration time with chitosan solution. Solid State Ionics，2012，217（14）：6-12.

[114] Chen D，Chen X，Ding L，et al. Advanced acid-base blend ion exchange membranes with high performance for vanadium flow battery application. Journal of Membrane Science，2018，553：25-31.

[115] Zhang H，Zhang H，Li X，et al. Crosslinkable sulfonated poly（diallyl-bisphenol ether ether ketone）membranes for vanadium redox flow battery application. Journal of Power Sources，2012，217（217）：309-315.

[116] Wei W，Zhang H，Li X，et al. Poly（tetrafluoroethylene）reinforced sulfonated poly（ether ether ketone）membranes for vanadium redox flow battery application. Journal of Power Sources，2012，208（2）：421-425.

[117] Zhang H，Yan X，Gao L，et al. Novel triple tertiary amine polymer-based hydrogen bond network inducing highly efficient proton-conducting channels of amphoteric membranes for high-performance vanadium redox flow battery. ACS Applied Materials & Interfaces，2019，11（5）：5003-5014.

[118] Yuan Z，Li X，Hu J，et al. Degradation mechanism of sulfonated poly（ether ether ketone）（SPEEK）ion exchange membranes under vanadium flow battery medium. Physical Chemistry Chemical Physics，2014，16（37）：19841-19847.

[119] Yuan Z，Li X，Duan Y，et al. Highly stable membranes based on sulfonated fluorinated poly（ether ether ketone）s with bifunctional groups for vanadium flow battery application. Polymer Chemistry，2015，6（30）：5385-5392.

[120] Yuan Z，Dai Q，Qiao L，et al. Highly stable aromatic poly(ether sulfone)composite ion exchange membrane for vanadium flow battery. Journal of Membrane Science，2017，541：465-473.

[121] Zhang H，Zhang H，Li X，et al. Nanofiltration（NF）membranes：The next generation separators for all vanadium redox flow batteries（VRBs）？Energy & Environmental Science，2011，4（5）：1676-1679.

[122] Lu W，Yuan Z，Zhao Y，et al. High-performance porous uncharged membranes for vanadium flow battery applications created by tuning cohesive and swelling forces. Energy & Environmental Science，2016，9（7）：2319-2325.

[123] Lu W，Yuan Z，Li M，et al. Solvent-induced rearrangement of ion-transport channels：A way to create advanced porous membranes for vanadium flow batteries. Advanced Functional Materials，2017，27（4）：1604587.

[124] Lu W，Yuan Z，Zhao Y，et al. Advanced porous PBI membranes with tunable performance induced by the polymer-solvent interaction for flow battery application. Energy Storage Materials，2018，10：40-47.

[125] Lu W，Qiao L，Dai Q，et al. Solvent treatment：The formation mechanism of advanced porous membranes for flow batteries. Journal of Materials Chemistry A，2018，6（32）：15569-15576.

[126] Qiao L，Zhang H，Lu W，et al. Advanced porous membranes with tunable morphology regulated by ionic strength

of nonsolvent for flow battery. ACS Applied Materials & Interfaces，2019，11（27）：24107-24113.

[127] Shi M，Dai Q，Li F，et al. Membranes with well-defined selective layer regulated by controlled solvent diffusion for high power density flow battery. Advanced Energy Materials，2020，10（34）：2001382.

[128] Yuan Z，Zhu X，Li M，et al. A highly ion-selective zeolite flake layer on porous membranes for flow battery applications. Angewandte Chemie International Edition，2016，128（9）：3058-3062.

[129] Dai Q，Lu W，Zhao Y，et al. Advanced scalable zeolite "ions-sieving" composite membranes with high selectivity. Journal of Membrane Science，2020，595：117569.

[130] Chae I S，Luo T，Moon G H，et al. Ultra-high proton/vanadium selectivity for hydrophobic polymer membranes with intrinsic nanopores for redox flow battery. Advanced Energy Materials，2016，6（16）：1600517.

[131] Dai Q，Liu Z，Huang L，et al. Thin-film composite membrane breaking the trade-off between conductivity and selectivity for a flow battery. Nature Communications，2020，11（1）：13.

[132] Chang N，Yin Y，Yue M，et al. A cost-effective mixed matrix polyethylene porous membrane for long-cycle high power density alkaline zinc-based flow batteries. Advanced Functional Materials，2019，29（29）：1901674.

[133] Han X，Zhang X，Ma X，et al. Modified ZSM-5/polydimethylsiloxane mixed matrix membranes for ethanol/water separation via pervaporation. Polymer Composites，2016，37（4）：1282-1291.

[134] Ren Y，Li T，Zhang W，et al. MIL-PVDF blend ultrafiltration membranes with ultrahigh MOF loading for simultaneous adsorption and catalytic oxidation of methylene blue. Journal of Hazardous Materials，2019，365：312-321.

[135] Lau C H，Konstas K，Doherty C M，et al. Tailoring molecular interactions between microporous polymers in high performance mixed matrix membranes for gas separations. Nanoscale，2020，12（33）：17405-17410.

[136] Liu Y，Wu H，Wu S，et al. Multifunctional covalent organic framework（COF）-based mixed matrix membranes for enhanced CO_2 separation. Journal of Membrane Science，2021，618：118693.

[137] Guillen G R，Pan Y，Li M，et al. Preparation and characterization of membranes formed by nonsolvent induced phase separation：A review. Industrial & Engineering Chemistry Research，2011，50（7）：3798-3817.

[138] Park C H，Kim P Y，Kim Y H，et al. Membrane formation by water vapor induced phase inversion. Journal of Membrane Science，1999，156（2）：169-178.

[139] Strathmann H，Kock K. The formation mechanism of phase inversion membranes. Desalination，1977，21（3）：241-255.

[140] Strathmann H，Kock K，Amar P，et al. The formation mechanism of asymmetric membranes. Desalination，1975，16（2）：179-203.

[141] Kamble A R，Patel C M，Murthy Z V P. A review on the recent advances in mixed matrix membranes for gas separation processes. Renewable and Sustainable Energy Reviews，2021，145：111062.

[142] Guan W，Dai Y，Dong C，et al. Zeolite imidazolate framework（ZIF）-based mixed matrix membranes for CO_2 separation：A review. Journal of Applied Polymer Science，2020，137（33）：48968.

[143] Najari S，Saeidi S，Gallucci F，et al. Mixed matrix membranes for hydrocarbons separation and recovery：A critical review. Reviews in Chemical Engineering，2021，37（3）：363-406.

[144] Ahmad N N R，Leo C P，Mohammad A W，et al. Recent progress in the development of ionic liquid-based mixed matrix membrane for CO_2 separation：A review. International Journal of Energy Research，2021，45（7）：9800-9830.

[145] Chen D，Duan W，He Y，et al. Porous membrane with high selectivity for alkaline quinone-based flow batteries. ACS Applied Materials & Interfaces，2020，12（43）：48533-48541.

[146] Kim J Y，Lim D Y. Surface-modified membrane as a separator for lithium-ion polymer battery. Electrochimica Acta，2010，3（4）：866-885.

[147] Ko J M，Min B G，Kim D W，et al. Thin-film type Li-ion battery，using a polyethylene separator grafted with glycidyl methacrylate. Electrochimica Acta，2004，50（2）：367-370.

[148] 徐丹，李夏倩，蒋姗，等. 聚丙烯锂离子电池隔膜的表面接枝改性研究. 塑料工业，2013，41（3）：94-97.

[149] Li F F，Shi J L，Zhu B K，et al. Facile introduction of polyether chains onto polypropylene separators and its application in lithium ion batteries. Journal of Membrane Science，2013，448：143-150.

[150] Park J H，Cho J H，Park W，et al. Close-packed SiO_2/poly（methyl methacrylate）binary nanoparticles-coated polyethylene separators for lithium-ion batteries. Journal of Power Sources，2010，195：8306-8310.

[151] Arora P，Zhang Z. Battery separators. Cheminform，2004，35：4419-4462.

[152] Li T，Cui Z，Zhang Q，et al. Synthesis of chlorinated polypropylene grafted poly（methyl methacrylate）using chlorinated polypropylene as macro-initiator via atom transfer radical polymerization and its application in lithium ion battery. Materials Letters，2016，176：64-67.

[153] Hao W，Wu J，Chao C，et al. Mussel inspired modification of polypropylene separators by catechol/polyamine for Li-ion batteries. ACS Applied Materials & Interfaces，2014，6：5602-5608.

[154] Jeon H，Yeon D，Lee T，et al. A water-based Al_2O_3 ceramic coating for polyethylene-based microporous separators for lithium-ion batteries. Journal of Power Sources，2016，315：161-168.

[155] Jung Y S，Cavanagh A S，Gedvilas L，et al. Improved functionality of lithium-ion batteries enabled by atomic layer deposition on the porous microstructure of polymer separators and coating electrodes. Advanced Energy Materials，2012，2：1022-1027.

[156] 杨保全. 陶瓷涂层隔膜改性锂离子电池隔膜.合成材料老化与应用，2018，47（1）：68-72.

[157] 王洪，杨驰，谢文峰，等. 锂离子电池用陶瓷聚烯烃复合隔膜. 应用化学，2014，31（7）：757-762.

[158] Yang C，Tong H，Luo C，et al. Boehmite particle coating modified microporous polyethylene membrane：A promising separator for lithium ion batteries. Journal of Power Sources，2017，348：80-86.

[159] 罗化峰，乔元栋. 聚乙烯基耐高温锂电池隔膜的制备及表征. 电源技术，2017，431（12）：1703-1777.

[160] Hao J L，Lei G T，Li Z H，et al. A novel polyethylene terephthalate nonwoven separator based on electrospinning technique for lithium ion battery. Journal of Membrane Science，2013，428：11-16.

[161] Wu Y S，Yang C C，Luo S P，et al. PVDF-HFP/PET/PVDF-HFP composite membrane for lithium-ion power batteries. International Journal of Hydrogen Energy，2017，42（10）：6862-6875.

[162] 郑怡磊，吴于松，许远远，等. 高性能锂离子电池隔膜的研究进展. 有机氟工业，2018，（4）：21-26，27.

[163] Zhang H，Zhang Y，Xu T，et al. Poly（*m*-phenylene isophthalamide）separator for improving the heat resistance and power density of lithium-ion batteries. Journal of Power Sources，2016，329：8-16.

[164] 蹇锡高，陈平，廖功雄，等. 含二氮杂萘酮结构新型聚芳醚系列高性能聚合物的合成与性能，高分子学报，2003（4）：469-475.

[165] 杨广斌，王丹，宾月珍，等. 静电纺丝 PPEK 锂离子电池隔膜的研究. 中国化学会第 30 届学术年会摘要集：第十分会：高分子，2016：121.

[166] Liu L K，Tang P，Bin Y Z，et al. Preparation and properties of PPEK/SiO_2 electrospun membranes as lithium ion battery separators. Fine Chemicals，2019，36（10）：2068-2074.

[167] Kovalenko I，Zdyrko B，Magasinski A，et al. A major constituent of brown algae for use in high-capacity Li-ion batteries. Science，2011，334（6052）：75-79.

[168] He J R，Zhong H X，Zhang L Z. Water-soluble binder PAALi with terpene resin emulsion as tackifier for $LiFePO_4$

cathode. Journal of Applied Polymer Science，2018，135（14）：46132.

[169] Zhang S S，Xu K，Jow T R. Evaluation on a water-based binder for the graphite anode of Li-ion batteries. Journal of Power Sources，2004，138（1-2）：226-231.

[170] 何嘉荣，仲皓想，邵丹，等. $LiFePO_4$正极水性黏结剂的研究进展. 新能源进展，2015，3（3）：231-238.

[171] Kim G T，Jeong S S，Joost M，et al. Use of natural binders and ionic liquid electrolytes for greener and safer lithium-ion batteries. Journal of Power Sources，2011，196（4）：2187-2194.

[172] Porcher W，Lestriez B，Jouanneau S，et al. Design of aqueous processed thick $LiFePO_4$ composite electrodes for high-energy lithium battery. Journal of the Electrochemical Society，2009，156（3）：A133-A144.

[173] de Giorgio F，Laszczynski N，von Zamory J，et al. Graphite//$LiNi_{0.5}Mn_{1.5}O_4$ cells based on environmentally friendly made-in-water electrodes. ChemSusChem，2017，10（2）：379-386.

[174] Chen Z，Kim G T，Chao D，et al. Toward greener lithium-ion batteries：Aqueous binder-based $LiNi_{0.4}Co_{0.2}Mn_{0.4}O_2$ cathode material with superior electrochemical performance. Journal of Power Sources，2017，372：180-187.

[175] Kim E J，Yue X，Irvine J T S，et al. Improved electrochemical performance of $LiCoPO_4$ using eco-friendly aqueous binders. Journal of Power Sources，2018，403：11-19.

[176] Zhang Z，Zeng T，Lu H，et al. Enhanced high-temperature performances of $LiFePO_4$ cathode with polyacrylic acid as binder. ECS Electrochemistry Letters，2012，1（5）：A74-A76.

[177] Cai Z P，Liang Y，Li W S，et al. Preparation and performances of $LiFePO_4$ cathode in aqueous solvent with polyacrylic acid as a binder. Journal of Power Sources，2009，189（1）：547-551.

[178] Chong J，Xun S，Zheng H，et al. A comparative study of polyacrylic acid and poly(vinylidene difluoride) binders for spherical natural graphite/$LiFePO_4$ electrodes and cells. Journal of Power Sources，2011，196（18）：7707-7714.

[179] van Hiep N，Wang W L，Jin E M，et al. Impacts of different polymer binders on electrochemical properties of $LiFePO_4$ cathode. Applied Surface Science，2013，282：444-449.

[180] Sun M，Zhong H，Jiao S，et al. Investigation on carboxymethyl chitosan as new water soluble binder for $LiFePO_4$ cathode in Li-ion batteries. Electrochimica Acta，2014，127：239-244.

[181] Komaba S，Shimomura K，Yabuuchi N，et al. Study on polymer binders for high-capacity SiO negative electrode of Li-ion batteries. Journal of Physical Chemistry C，2011，115（27）：13487-13495.

[182] Han Z J，Yamagiwa K，Yabuuchi N，et al. Electrochemical lithiation performance and characterization of silicon-graphite composites with lithium，sodium，potassium，and ammonium polyacrylate binders. Physical Chemistry Chemical Physics，2015，17（5）：3783-3795.

[183] Ryou M H，Kim J，Lee I，et al. Mussel-inspired adhesive binders for high-performance silicon nanoparticle anodes in lithium - ion batteries. Advanced Materials，2013，25（11）：1571-1576.

[184] Bridel J S，Azais T，Morcrette M，et al. Key parameters governing the reversibility of Si/carbon/CMC electrodes for Li-ion batteries. Chemistry of Materials，2010，22（3）：1229-1241.

[185] Eliseeva S N，Shkreba E V，Kamenskii M A，et al. Effects of conductive binder on the electrochemical performance of lithium titanate anodes. Solid State Ionics，2019，333：18-29.

[186] Meyer W H. Polymer electrolytes for lithium-ion batteries. Advanced Materials，1998，10：439-448.

[187] Niitani T，Shimada M，Kawamura K，et al. Characteristics of new-type solid polymer electrolyte controlling nano-structure. Journal of Power Sources，2005，146：386-390.

[188] Niitani T，Shimada M，Kawamura K，et al. Synthesis of Li-ion conductive PEO-PSt block copolymer electrolyte with microphase separation structure. Electrochemical and Solid-State Letters，2005，8：A385-A388.

[189] Elmér A M，Jannasch P. Synthesis and characterization of poly（ethylene oxide-*co*-ethylene carbonate）

macromonomers and their use in the pre-paration of crosslinked polymer electrolytes. Journal of Polymer Science，Part A：Polymer Chemistry，2006，44：2195-2205.

[190] Silva M M，Barros S C，Smith M J，et al. Characterization of solid polymer electrolytes based on poly（trimethylenecarbonate）and lithium tetrafluoroborate. Electrochimica Acta，2004，49：1887-1891.

[191] Zhang J，Zhao J，Yue L. Safety-reinforced poly（propylene carbonate）-based all-solid-state polymer electrolyte for ambient-temperature solid polymer lithium batteries. Advanced Energy Materials，2015，5：1501082.

[192] Zhang Z C，Jin J J，Bautista F，et al. Ion conductive characteristics of cross-linked network polysiloxane-based solid polymer electrolytes. Solid State Ionics，2004，170：233-238.

[193] Kang Y，Lee W，Suh D H，et al. Solid polymer electrolytes based on cross-linked polysiloxane-g-oligo（ethylene oxide）：Ionic conductivity and electrochemical properties. Journal of Power Sources，2003，119：448-453.

[194] 刘海晶. 电化学超级电容器多孔碳电极材料的研究. 上海：复旦大学，2011.

[195] Qu D，Shi H. Studies of activated carbons used in double-layer capacitors. Journal of Power Sources，1998，74（1）：99-107.

[196] Obreja V V N. On the performance of supercapacitors with electrodes based on carbon nanotubes and carbon activated material：A review. Physica E，2008，40（7）：2596-2605.

[197] Li H，Wang J，Chu Q，et al. Theoretical and experimental specific capacitance of polyaniline in sulfuric acid. Journal of Power Sources，2009，190（2）：578-586.

[198] Mondal S，Rana U，Malik S. Reduced graphene oxide/Fe_3O_4/polyaniline nanostructures as electrode materials for an all-solid-state hybrid supercapacitor. Journal of Physical Chemistry C，2017，121（14）：7573-7583.

[199] Yuan L Y，Yao B，Hu B，et al. Polypyrrole-coated paper for flexible solid-state energy storage. Energy & Environmental Science，2013，6（2）：470-476.

[200] D'Arcy J M，El-Kady M F，Khine P P，et al. Vapor-phase polymerization of nanofibrillar poly(3, 4-ethylenedioxythiophene) for supercapacitors. ACS Nano，2014，8（2）：1500-1510.

[201] Fu C，Zhou H，Liu R，et al. Supercapacitor based on electropolymerized polythiophene and multi-walled carbon nanotubes composites. Materials Chemistry & Physics，2012，132（2-3）：596-600.

[202] Wang Y，Tao S，An Y，et al. Bio-inspired high performance electrochemical supercapacitors based on conducting polymer modified coral-like monolithic carbon. Journal of Materials Chemistry A，2013，1（31）：8876-8887.

[203] DeBlase C，Silberstein K，Truong T，et al. Beta-ketoenamine-linked covalent organic frameworks capable of pseudocapacitive energy storage. Journal of the American Chemical Society，2013，135（45）：16821-16824.

[204] DeBlase C，Hernandez B，Silberstein K，et al. Rapid and efficient redox processes within 2 D covalent organic framework thin films. ACS Nano，2015，9（3）：3178-3183.

[205] Chandra S，Chowdhury D，Addicoat M，et al. Molecular level control of the capacitance of two-dimensional covalent organic frameworks：Role of hydrogen bonding in energy storage materials. Chemistry of Materials，2017，29（5）：2074-2080.

[206] Hu F，Wang J，Hu S，et al. Engineered fabrication of hierarchical frameworks with tuned pore structure and N，O-*co*-doping for high-performance supercapacitors. ACS Applied Materials & Interfaces，2017，9（37）：31940-31949.

[207] Hu F，Wang J，Hu S，et al. Inherent N，O-containing carbon frameworks as electrode materials for high-performance supercapacitors. Nanoscale，2016，8（36）：16323-16331.

[208] Hu F，Zhang T，Wang J，et al. Constructing N，O-containing micro/mesoporous covalent triazine-based frameworks toward a detailed analysis of the combined effect of N，O heteroatoms on electrochemical performance. Nano

Energy，2020，74：104789.

[209] Hu F，Liu S，Li S，et al. High and ultra-stable energy storage from all-carbon sodium-ion capacitor with 3 D framework carbon as cathode and carbon nanosheet as anode. Journal of Energy Chemistry，2021，55：304-312.

[210] Lv D，Zheng J，Li Q，et al. High energy density lithium-sulfur batteries：Challenges of thick sulfur cathodes. Advanced Energy Materials，2015，5（16）：1402290.

[211] Bruce P G，Freunberger S A，Hardwick L J，et al. Li-O_2 and Li-S batteries with high energy storage. Nature Materials，2012，11（1）：19-29.

[212] Yang Y，Zheng G，Cui Y. Nanostructured sulfur cathodes. Chemical Society Reviews，2013，42（7）：3018-3032.

[213] Liu X，Huang J，Zhang Q，et al. Nanostructured metal oxides and sulfides for lithium-sulfur batteries. Advanced Materials，2017，29：1601759.

[214] Chen K，Sun Z，Fang R，et al. Metal-organic frameworks（MOFs）-derived nitrogen-doped porous carbon anchored on graphene with multifunctional effects for lithium-sulfur batteries. Advanced Functional Materials，2018，28（38）：1707592.

[215] Hwang J，Kim H，Shin S，et al. Designing a high-performance lithium-sulfur batteries based on layered double hydroxides-carbon nanotubes composite cathode and a dual-functional graphene-polypropylene-Al_2O_3 separator. Advanced Functional Materials，2017，28（3）：1704294.

[216] Zhang J，Hu H，Li Z，et al. Double-shelled nanocages with cobalt hydroxide inner shell and layered double hydroxides outer shell as high-efficiency polysulfide mediator for lithium-sulfur batteries. Angewandte Chemie International Edition，2016，55（12）：3982-3986.

[217] Qie L，Zu C，Manthira A. A high energy lithium-sulfur battery with ultrahigh-loading lithium polysulfide cathode and its failure mechanism. Advanced Energy Materials，2016，6（7）：1502459.

[218] Zhou G M，Li L，Ma C Q，et al. A graphene foam electrode with high sulfur loading for flexible and high energy Li-S batteries. Nano Energy，2015，11：356-365.

[219] Peng H，Huang J，Zhao M，et al. Nanoarchitectured graphene/CNT@porous carbon with extraordinary electrical conductivity and interconnected micro/mesopores for lithium-sulfur batteries. Advanced Functional Materials，2014，24（19）：2772-2781.

[220] Hou T，Chen X，Peng H，et al. Design principles for heteroatom-doped nanocarbon to achieve strong anchoring of polysulfides for lithium-sulfur batteries. Small，2016，12（24）：3283-3291.

[221] Chen M，Jiang S，Cai S，et al. Hierarchical porous carbon modified with ionic surfactants as efficient sulfur hosts for the high-performance lithium-sulfur batteries. Chemical Engineering Journal，2017，313：404-414.

[222] Shen，S，Xia X，Zhong Y，et al. Implanting niobium carbide into trichoderma spore carbon：A new advanced host for sulfur cathodes. Advanced Materials，2019，31（16）：1900009.

[223] Xia Y，Fang R，Xiao Z，et al. Confining sulfur in *N*-doped porous carbon microspheres derived from microalgaes for advanced lithium-sulfur batteries. ACS Applied Materials & Interfaces，2017，9（28）：23782-23791.

[224] Wu X，Fan L，Wang M，et al. Long-life lithium-sulfur battery derived from nori-based nitrogen and oxygen dual-doped 3 D hierarchical biochar. ACS Applied Materials & Interfaces，2017，9（22）：18889-18896.

[225] Shao J，Li X，Zhang L，et al. Core-shell sulfur@polypyrrole composites as high-capacity materials for aqueous rechargeable batteries. Nanoscale，2013，5（4）：1460-1464.

[226] Guo B K，Ben T，Bi Z H，et al. Highly dispersed sulfur in a porous aromatic framework as a cathode for lithium-sulfur batteries. Chemical Communications，2013，49（43）：4905-4907.

[227] Xiao L，Cao Y，Xiao J，et al. A soft approach to encapsulate sulfur：Polyaniline nanotubes for lithium-sulfur

batteries with long cycle life. Advanced Materials，2012，24（9）：1176-1181.

[228] Xiao Z，Li L，Tang Y，et al. Covalent organic frameworks with lithiophilic and sulfiphilic dual linkages for cooperative affinity to polysulfides in lithium-sulfur batteries. Energy Storage Materials，2018，12：252-259.

[229] Ding K，Liu Q，Bu Y，et al. High surface area porous polymer frameworks：Potential host material for lithium-sulfur batteries. Journal of Alloys and Compounds，2016，657：626-630.

[230] Liao H，Wang H，Ding H，et al. 2 D porous porphyrin-based covalent organic framework for sulfur storage in lithium-sulfur battery. Journal of Materials Chemistry A，2016，4：7416-7421.

[231] Wang J，Si L，Wei，Q，et al. An imine-linked covalent organic framework as the host material for sulfur loading in lithium-sulfur batteries. Journal of Energy Chemistry，2019，28：54-60.

[232] Tarascon J M，Armand M. Issues and challenges facing rechargeable lithium batteries. Nature，2001，414（6861）：359-367.

[233] Asher R C. A lamellar compound of sodium and graphite. Journal of Inorganic and Nuclear Chemistry，1959，10（3）：238-249.

[234] Zhang K，Han X，Hu Z，et al. Nanostructured Mn-based oxides for electrochemical energy storage and conversion. Chemical Society Reviews，2015，44（3）：699-728.

[235] Zhang K，Hu Z，Tao Z，et al. Inorganic & organic materials for rechargeable Li batteries with multi-electron reaction. Science China Materials，2014，57（1）：42-58.

[236] Zhu X M，Zhao R R，Deng W W，et al. An all-solid-state and all-organic sodium-ion battery based on redox-active polymers and plastic crystal electrolyte. Electrochimica Acta，2015，178：55-59.

[237] Shirakawa H，Louis E J，MacDiarmid A G，et al. Synthesis of electrically conducting organic polymers：Halogen derivatives of polyacetylene，$(CH)_x$. Journal of the Chemical Society，Chemical Communications，1977，16：578-580.

[238] Zhao Q L，Whittaker A K，Zhao X S. Polymer electrode materials for sodium-ion batteries. Materials，2018，11：2567.

[239] Song Z，Qian Y，Zhang T，et al. Poly（benzoquinonyl sulfide）as a high-energy organic cathode for rechargeable Li and Na batteries. Advanced Science，2015，2：1500124.

[240] Zhao R，Zhu L，Cao Y，et al. An aniline-nitroaniline copolymer as a high capacity cathode for Na-ion batteries. Electrochemistry Communications，2012，21（1）：36-38.

[241] Zhou M，Qian J F，Ai X P，et al. Redox-active $Fe(CN)_6^{4-}$ -doped conducting polymers with greatly enhanced capacity as cathode materials for Li-ion batteries. Advanced Materials，2011，23（42）：4913-4917.

[242] Chen X Y，Liu L，Yan Z C，et al. The excellent cycling stability and superior rate capability of polypyrrole as the anode material for rechargeable sodium ion batteries. RSC Advances. 2016，6（3）：2345-2351.

[243] Deng W W，Shen Y F，Liang X M，et al，Redox-active organics/polypyrrole composite as a cycle-stable cathode for Li ion batteries. Electrochimica Acta，2014，147：426-431.

[244] Janoschka T，Hager M D，Schubert U S. Powering up the future：Radical polymers for battery applications. Advanced Materials，2012，24（48）：6397-6409.

[245] Kim J，Kim Y，Park S，et al. Encapsulation of organic active materials in carbon nanotubes for application to high-electrochemical-performance sodium batteries. Energy & Environmental Science，2016，9（4）：1264-1269.

[246] Song Z P，Zhan H，Zhou Y H. Polyimides：Promising energy-storage materials. Angewandte Chemie International Edition，2010，49（45）：8622-8626.

[247] Banda H，Damien D，Nagarajan K，et al. A polyimide based all-organic sodium ion battery. Journal of Materials

Chemistry A，2015，3：10453-10458.

[248] Chen L，Li W，Wang Y，et al. Polyimide as anode electrode material for rechargeable sodium batteries. RSC Advances，2014，4（48）：25369-25373.

[249] Xu F，Xia J T，Shi W. Anthraquinone-based polyimide cathodes for sodium secondary batteries. Electrochemistry Communications，2015，60：117-120.

[250] Xu F，Wang H，Lin J，et al. Poly（anthraquinonyl imide）as a high capacity organic cathode material for Na-ion batteries. Journal of Materials Chemistry A，2016，4：11491-11497.

[251] Deng W，Liang X，Wu X，et al. A low cost，all-organic Na-ion battery based on polymeric cathode and anode. Scientific Reports，2013，3：2671.

[252] Wu D B，Huang Y H，Hu X L. Sulfurization-based oligomeric sodium salt as a high-performance organic anode for sodium ion batteries. Chemical Communications，2016，52（75）：11207-11210.

[253] Naiara F，Paula S F，Elizabeth C M，et al. Polymeric redox-active electrodes for sodium-ion batteries. ChemSusChem，2018，11（1）：311-319.

[254] Lu Y，Liang J，Hu Y，et al. Accurate control multiple active sites of carbonaceous anode for high performance sodium storage：Insights into capacitive contribution mechanism. Advanced Energy Materials，2020，10（7）：1903312.

[255] Zou G，Hou H，Foster C，et al. Advanced hierarchical vesicular carbon co-doped with S，P，N for high-rate sodium storage. Advanced Science，2018，5（7）：1800241.

[256] Shao W，Hu F，Liu S，et al. Carbon spheres with rational designed surface and secondary particle-piled structures for fast and stable sodium storage. Journal of Energy Chemistry，2021，54：368-376.

[257] Ding C，Huang L，Lan J，et al. Superresilient hard carbon nanofabrics for sodium-ion batteries. Small，2020，16（11）：1906883.

[258] Shao W，Hu F，Song C，et al. Hierarchical N/S co-doped carbon anodes fabricated through a facile ionothermal polymerization for high-performance sodium ion batteries. Journal of Materials Chemistry A，2019，7：6363-6373.

第 3 章　分离膜用高分子材料

3.1　概　　述

具有分离功能的高分子材料包括离子交换树脂、吸附树脂和分离膜材料等，这里主要围绕高分子分离膜用高分子材料进行介绍。

分离膜是具有选择性透过功能的中间相，其特殊通透性可起到浓缩和分离纯化特定一种或几种物质的作用。高性能分离膜材料具有高分离性能、高稳定性、低成本和长寿命等特征，是新型高效分离技术的核心材料，在解决水资源、环境问题、能源问题等方面发挥着重大的作用[1-4]。目前水资源不足已成为制约我国经济社会持续发展的重要因素之一，特别是我国沿海地区，水资源不足已给城镇居民供水安全和工农业用水保障带来巨大的威胁，成为制约我国沿海地区经济与社会持续发展的瓶颈之一[5-7]。除了切实加强流域水资源管理，实施引水调水，提倡节约用水，加强工业和城市污水处理等措施外，最有效的途径之一是利用高科技手段进行“开源”，其中膜法海水淡化与苦咸水淡化将是提高我国水资源保障能力的重要举措。膜法水处理技术也是提高饮水安全保障能力的重要技术。据统计我国 90%的地表水和地下水受到不同程度的污染，部分地区饮水存在水质严重不达标、供水保证率低、水致性地方病突出等问题。目前，我国约 1.7 亿人饮用被有机物污染的水，约 1 亿人饮用苦咸水、高氟水、高砷水，饮用水水质带来的危害已严重影响我国人民的生命健康。解决水质型缺水危机，保障饮水安全，对于我国人民健康具有重要意义，并已成为社会主义新农村建设的重要内容之一。采用以反渗透和纳滤为核心的液体分离膜技术，可有效实现对受污染饮用水的净化，是目前解决饮用水污染最有效、经济的方法。我国的过程工业本身不仅是能耗大户，还是环境污染大户，其产品生产、加工过程的反应、分离、浓缩、纯化，都迫切需要用新的方法改造传统工艺，以提高工业制造技术水平。膜技术是传统工艺改造、工业节能减排和清洁生产的可靠保障。通过膜技术与其他过程的集成技术，改变工业生产过程中用户的生产方式实现产业技术升级，进而实现节能环保和资源回收，实现环保由末端治理转变为过程预防、由被动治理转变为主动预防、由耗费治理转变为增效治理。天然气资源的充分利用和生物质燃料乙醇的开发是我国能源结构调整的重要措施。天然气脱水和脱除 CO_2、H_2S 的传统处理办法设备庞大、投资高、运行费用大，特别是在海上天然气开采中，有限的平台面积限制传统方法的应用。膜技术用于天然气净化具有占地少、投资省、成本低的优势，其研究与应用对我国天然气的综合利用将产生重大影响。所以发展膜分离技术，将为改造传统产业和推进相关行业技术进步提供技术和装备保障，有力推进我国相关产业的技术进步，在提高工业制造技术水平、降低水耗与能耗、减少环境污染、建设节约型社会等方面发挥重要作用。

高性能分离膜材料作为新型高效分离技术的核心材料，受到了广泛的关注。《中国制造 2025》路线图（2015 年版）中，明确指出了作为关键战略材料的高性能分离膜材料的发展重点方向，包括海水淡化反渗透膜、离子交换膜、渗透气化膜等产品，并明确了各自产品的战略发展目标。

根据分离原理和推动力的不同（表 3-1），高性能分离膜主要被分为微滤（MF）膜[8]、超滤（UF）膜[9-12]、纳滤（NF）膜[13-15]、反渗透（RO）膜[16, 17]、正渗透（FO）膜[18-21]、电渗析（ED）膜[22-25]、渗透气化（PV）膜[26-29]、气体分离（GS）膜[30-32]等几大类。

表 3-1　几种主要分离膜的分离过程

膜过程	推动力	传递机理	透过物	截留物	膜类型
微滤	压力差	颗粒大小形状	水、溶剂溶解物	悬浮物颗粒	多孔膜
超滤	压力差	分子特性大小形状	水、溶剂小分子	胶体和超过截留分子量的分子	非对称性膜
纳滤	压力差	离子大小及电荷	水、一价离子、多价离子	有机物	非对称膜、复合膜
反渗透	压力差	溶剂的扩散传递	水、溶剂	溶质、盐	非对称膜、复合膜
电渗析	电位差	电解质离子的选择传递	电解质离子	非电解质，大分子物质	离子交换膜
气体分离	压力差	气体和蒸气的扩散渗透	气体或蒸气	难渗透性气体或蒸气	均相膜、复合膜，非对称膜
渗透气化	压力差	选择传递	易渗溶质或溶剂	难渗透性溶质或溶剂	均相膜、复合膜，非对称膜

根据膜制备材料的不同，分离膜可分为有机膜和无机膜。其中有机膜材料主要有：纤维素衍生物类、聚砜类、聚酰胺类、聚酰亚胺类、聚酯类、聚烯烃类、含氟聚合物等[33]，见表 3-2。其中，纤维素及其衍生物、聚酰胺、聚砜类聚合物是当前最常用的三大类高分子膜材料。

表 3-2　主要的有机高分子分离膜材料

类别	特点	代表
天然高分子材料类	成膜性能好，膜选择性高、亲水性强、透水量大、可再生资源，广泛应用于微滤和超滤	改性纤维素及其衍生物类、壳聚糖类、海藻酸钠类
聚烯烃类	材料易得，加工容易，一般疏水性强，耐热性差，主要用于制备微滤膜、超滤膜、致密膜等	聚乙烯、聚丙烯、聚乙烯醇、聚丙烯腈等
聚砜类	良好的耐氯、耐酸碱的化学性能及化学稳定性、机械强度、耐热性，最高使用温度达 120℃，pH 值适应范围 1～13，适合制作超滤膜、微滤膜和气体分离膜，并用于制作复合膜的底膜	PSF、PES、PPESK 等
含氟高分子材料	突出的耐腐蚀性能，适合用于电解等高腐蚀场合的膜材料，其中聚偏氟乙烯具有良好的化学稳定性、机械强度，多用于微滤膜、超滤膜、离子交换膜	聚四氟乙烯、聚偏氟乙烯、全氟磺酸树脂等
聚酰胺类	良好的热稳定性、电绝缘性、耐潮性、抗辐照性、物理机械和化学稳定性，适合制备超滤膜、纳滤膜、反渗透膜	哌嗪型聚酰胺、聚砜酰胺、芳香聚酰胺等
聚酰亚胺	机械强度高、化学稳定性好、耐辐照性好，特别是高温性能优良，适合制作需要高机械强度场合的分离膜，广泛应用于气体分离膜	聚酰亚胺、聚醚酰亚胺等
其他	硅橡胶、聚吡咯是研究和应用较多的气体分离膜材料，被广泛应用于富氧	聚二甲基硅氧烷（PDMS）、PPy

3.2　液体分离膜用高分子材料

3.2.1　液体分离膜用高分子材料的种类范围

微滤膜和超滤膜都是多孔膜，由于工作压力较低，所以也统称为低压膜，用于水体除菌除浊，或流体中的固/液分离，有用物质回收等。微滤膜技术在液体分离的主要应用领域包括食品饮料加工、生物制药生产、饮用水的生产、废水处理、工业加工和半导体制造等方面。微滤膜在废水回用处理中应用最多，常用的滤膜材料有醋酸纤维素（CA）、聚乙烯（PE）、聚丙烯（PP）、聚偏氟乙烯（PVDF）、聚四氟乙烯（PTFE）、聚砜（PSF）、聚醚砜（PES）、聚丙烯腈（PAN）等及其改性材料[34, 35]。目前聚偏氟乙烯、聚乙烯和聚丙烯的使用量较大。聚偏氟乙烯材料具有良好的化学稳定性、热稳定性及机械强度，能溶于多种溶剂，是目前使用较广泛的微滤膜材料。但聚偏氟乙烯材料有较强的疏水性，过滤过程中易吸附有机物质使膜被污染，导致膜通量下降，限制了其在废水处理中的应用[36-39]。因此，提高微滤膜材料的抗污染性，对微滤膜进行改性是目前研究的热点。改性方法较多，包括在原有的膜材料上进行共混改性、表面化学改性、辐照接枝和新型无机-有机膜杂化改性等[11, 40-47]。

超滤膜是最早开发的高分子分离膜之一，在 20 世纪 60 年代超滤装置就实现了工业化[48]。超滤膜的工业应用十分广泛，可用于分离、浓缩、纯化生物制品、医药制品以及食品工业中，也可用于血液处理、废水处理和超纯水制备中的终端处理装置。超滤膜的材质主要为聚砜、聚丙烯腈、聚醚砜、杂萘联苯聚芳醚、聚偏氟乙烯、聚氯乙烯（PVC）等[49-52]。超滤膜一般为非对称膜，要求具有选择性的表皮层和多孔的支撑层，而聚合物膜的化学性质对膜的分离特性影响相对较小。超滤膜具有各向异性，其分离功能主要是靠膜两侧的表面活性层实现的。

纳滤膜是一种功能性半透膜，孔径一般在 1～2 nm，它可以允许溶剂分子或特定的低分子量溶质或低价离子透过。它截留物质的大小约为纳米尺度，截留的有机物分子量为150～500。已商品化的纳滤膜大多数是采用界面聚合制得的芳香聚酰胺复合膜，膜上荷电基团多为负电荷，如羧基、酰胺基、磺酸基等[53, 54]。近年来，美国、日本等国相继研发了芳香聚酰胺类、聚哌嗪酰胺类、磺化聚（醚）砜类等商业化复合型平板或卷式纳滤膜[53-55]。目前应用最为广泛的有机纳滤膜包括醋酸纤维素膜、聚酰胺复合膜、交联全芳香族聚酰胺膜、聚乙烯醇膜、磺化聚砜膜[53, 56-59]。

反渗透膜是以膜两侧静压差为推动力而实现对液体混合物分离的选择性分离膜。反渗透膜只能通过溶剂（通常是水）而截留离子或小分子物质，能够有效地去除水中的溶解盐类、胶体、微生物、有机物等[60, 61]，具有耗能低、无污染、工艺简单、操作简便等优点。反渗透膜具有高效的脱盐率，较高的机械强度和使用寿命，可耐受化学或生物化学作用的影响，受pH值、温度等因素影响较小等特点[57, 62, 63]。1960年首次制成了具有历史意义的高脱盐、高通量的非对称醋酸纤维素反渗透膜。之后，发展了以聚酰胺为膜材料的反渗透复合膜，与纤维素反渗透膜相比，聚酰胺反渗透复合膜具有较大的水通量和盐截留率，大大促进了反渗透膜技术的应用[64]。反渗透膜的发展推动了水处理技术的进步，自从聚酰胺膜诞生，反渗透膜的发展处于瓶颈阶段，而寻求新型膜材料的研究也在进行中，反渗透技术从海水淡化逐渐拓展到废水处理、市政水的回用等领域[18]，因此对反渗透膜也提出了新的要求。界面聚合聚酰胺薄膜的出现是重要的里程碑，由均苯三甲酰氯（TMC）与芳香二胺通过界面聚合形成聚酰胺复合膜成为反渗透复合膜的主要制备方法。近几十年来，反渗透膜的研究主要集中在合成引入某些功能基团的新单体，或者是对聚酰胺基质膜的交联结构进行改性等方面，但对膜的性能只能做部分改善。由于聚酰胺膜存在抗氧化性、耐污染性差等问题，因此为了应对反渗透应用领域的扩展，一些新型反渗透膜也被研究报道[64-69]，主要是寻找新的膜材料来代替聚酰胺[70-73]，或者是通过添加无机纳米材料来改善聚酰胺膜的分离性能、化学稳定性及耐污染性等[74-81]，如杂化膜和新型有机膜等。

离子交换膜材料主要是含有离子交换基团（如磺酸基、羧酸基、季铵基等）

的聚合物，包括氟树脂系列、聚烯烃系列、聚苯醚、聚砜系列、聚芳醚酮系列等，主要应用于氯碱工业、电渗析、新能源电池等[82-84]。氯碱工业是我国国民经济支柱产业，是我国基础原材料的可靠保障，作为重要基础化工原料工业的氯碱工业，电解槽的核心部件是全氟离子膜[85-87]。氯碱离子膜涉及众多特殊化学品合成、特殊含氟单体合成、特殊全氟聚合物合成等理论、技术、工程和装备系列难题。之前全氟离子膜完全由美国和日本垄断，严重影响我国基础产业的安全。东岳集团与上海交通大学合作开展氯碱工业用全氟离子膜研发，实现了全氟离子膜市场化应用和进口替代，打破了我国氯碱工业长期受制于人的局面，使我国氯碱工业从此走上了快速发展的道路[88, 89]。目前我国已经取代美国成为全球第一氯碱大国，几乎所有的石棉隔膜电解装备都被先进的离子膜装备取代。电渗析过程是电化学过程和渗析扩散过程的结合[83]。在外加直流电场的驱动下，利用离子交换膜的选择透过性（即阳离子可以透过阳离子交换膜，阴离子可以透过阴离子交换膜），阴、阳离子分别向阳极和阴极移动。离子迁移过程中，若膜的固定电荷与离子的电荷相反，则离子可以通过；如果它们的电荷相同，则离子被排斥，从而实现溶液淡化、浓缩、精制或纯化等目的[90-92]。电渗析是 20 世纪 50 年代发展起来的一种新技术，最初用于海水淡化，现在广泛用于化工、轻工、冶金、造纸、医药工业，尤以制备纯水和在环境保护中处理三废最受重视，如用于电镀废液处理、酸碱回收及低丰度战略金属资源的富集等。

渗透气化是近年膜科学研究中最活跃的领域之一，在分离液体混合物，尤其是痕量、微量物质的移除，近、共沸物质的分离等方面具有独特优势[93-96]。国内已经完成了疏水透醇有机-无机复合膜、疏水透有机气体有机膜制备及示范装置研制，并建立了规模化生产线。

3.2.2　液体分离膜用高分子材料现状与需求分析

1. 国内外发展现状

近年来，聚砜类聚合物因出色的耐热性、力学性能与生物相容性等优点，在市场上得到了广泛的应用，目前 Solvay 集团与 BASF 已将 PSF 的供货周期延长至 20～30 周。聚砜类聚合物的主要生产企业见表 3-3，各大生产厂商也开始扩大产量，例如，BASF 在韩国丽水生产基地新建了一条 Ultrason®系列砜聚合物生产线，2018 年 Ultrason 系列聚合物全球年产能已经提高至 24000 t/a。聚砜类聚合物是继纤维素类聚合物之后，发展起来的一类应用范围广阔的高分子膜材料，预计随着医药、食品和饮料等多个行业对过滤处理的需求将不断增加，也将进一步推动聚砜类膜材料的发展。

表 3-3　聚砜类聚合物的主要国外生产企业[97]

企业	国家	商标	说明
索尔维集团（Solvay）	美国	Udel、Veradel and Radel	Solvay 集团成立于 1863 年，覆盖超过 35 条高性能聚合物产品线[包括聚砜、聚醚砜、聚亚苯基砜等]，涉及汽车、电子电气、消费品与建筑、工业与环境、医疗、航空航天和电池等应用领域
住友化学	日本	Sumikaexcel	具有液晶高分子聚合物（LCP）以及用于电气、电子产品、飞机制造所需的碳纤维复合材料，高性能分离膜材料、耐高温涂层等用途的聚醚砜
巴斯夫（BASF）	德国	Ultrason	BASF 是全球最大的化工公司之一，业务包括化学品及塑料、天然气、植保剂和医药等。2018 年 4 月，BASF 在韩国丽水开设了一条耐高温热塑性聚砜生产线，使全球每年的聚砜产能增加 6 kt，达到 24 kt

PVDF 是用量较大的微滤膜和大孔超滤膜用材料，国外 PVDF 主要生产企业有阿科玛、Solvay 集团、3M 子公司泰良（Dyneon）公司、株式会社吴羽和日本大金工业株式会社，2017 年合计生产能力为 3.67 万 t/a。

国外在高性能分离膜领域起步较早，发展较为成熟，尤其是在反渗透膜领域已基本形成了垄断局势。在所有海外国家中，美国和日本在高性能分离膜领域的领先优势尤为明显，表 3-4 列出了国外典型液体分离膜企业。

美国在高性能分离膜领域的代表型企业有覆盖面较大的陶氏杜邦公司（Dow DuPont）、科氏滤膜系统有限公司（Koch Membrane Systems，Inc，KMS）、懿华水处理技术公司（Evoqua Water Technologies LLC）等。2017 年 10 月，GE 水处理及工艺过程处理公司被法国苏伊士环境集团（Suez Environnement）收购后，美国在高性能分离膜领域的优势有所减弱。但是陶氏杜邦公司和 KMS 仍在努力维持自己的优势，已于 2018 年 4 月开始商业运营的很多成果。2017 年 9 月 26 日，陶氏杜邦公司宣布其水处理及过程解决方案业务部为阿曼 Barka 海水淡化厂的 Barka IWP 提供超过 22000 个陶氏杜邦 FILMTEC™ 反渗透膜元件。科氏则在 2017 年 3 月宣布推出用于苛性碱回收再利用的 Causti-COR™ 纳滤系统，2017 年 5 月又与 ADM 公司合作，用其 PURON®HF 超滤系统为 ADM 工厂的水处理设备升级，2017 年 9 月宣布 FLUIDSYSTEMS® 反渗透膜与纳滤膜产品线回归。

日本方面，高性能分离膜领域覆盖较全的公司有日东电工株式会社（Nitto Denko Corporation，以下简称日东电工）、东丽，专注于超滤微滤的旭化成。2017 年 10 月 18 日，旭化成的水处理用中空纤维过滤膜“Microza™”确定被科威特市近郊的反渗透膜法海水淡化装置“多哈 Phase1”作为预处理膜采用。

欧洲方面，在高性能分离膜领域较为领先的企业有法国苏伊士环境集团、德国 OSMO Membrane Systems GmbH、德国迈纳德公司（MICRODYN-NADIR GmbH），以及以水通道蛋白和正渗透为主要特色的丹麦 Aquaporin A/S 公司、较早进行均相电渗析膜和双极膜研发生产的德国 Fumatech 公司等。2017 年，欧洲在该领域内成果颇丰。2017 年 10 月，法国苏伊士环境集团以 34 亿美元的价格完成了对 GE 水处理工艺技术业务的收购[1]。同月，新加坡达阔水技术股份有限公司（Darco Water Technologies Ltd.）与丹麦 Aquaporin 公司共同发起了一项正渗透废水处理联合试点项目，将在废水处理中使用 Aquaporin 公司的正渗透膜产品 Aquaporin Inside™ FO，该项目的重点是价值数十亿美元的半导体工业废水的处理。2018 年 1 月 8 日，迈纳德公司宣布收购意大利 Oltremare（奥纯麦芮）公司，拓展其事业版图。

表 3-4　国外典型液体分离膜企业

名称	所属国家	主要情况
陶氏杜邦（Dow DuPont）	美国	陶氏化学公司在分离技术领域已有超过 70 年的行业领先经验，可以提供种类齐全的离子交换树脂、反渗透膜、超滤膜，以及电去离子产品 主要产品系列有反渗透膜和纳滤膜 DOW FILMTEC™、超滤组件 DOW Integra Flux™、超滤组件和撬装（Modules and Skids）DOW IntegraPac™
日东电工-海德能（Nitto Denko）	日本	日东电工成立于 1918 年，1987 年收购了创立于 1963 年的美国海德能（Hydranautics）公司。海德能公司是世界上分离膜制造业中最著名、产品规格最多、生产规模最大、取得专利最多的反渗透和纳滤膜生产厂商之一，在美国和日本两个工厂都具备从平膜制备到膜元件组装的一条龙生产线，中国上海松江工厂有 4 in（1 in = 2.54 cm）反渗透膜元件组装厂 产品覆盖反渗透（SWC、CPA、ESPA、LFC 系列）、纳滤（ESNA、NANO-BW、NANO-SW、HYDRACoRe®系列）、微滤/超滤（HYDRAcap®、HYDRAsub®），以及工艺分离（DairyRO、DairyNF™、DairyUF®、SuPRO、SanRO®、HYDRACoRe®、HYDRApro®）领域
东丽（Toray）	日本	东丽成立于 1926 年，有机合成化学、高分子化学、生物技术、纳米技术是其四大核心技术，在海水淡化领域，目前在世界各地已达到累计 54 万 m^3/d 以上的使用业绩； 分离膜相关产品包括反渗透膜元件 ROMEMBRA™，超滤、微滤膜组件 TORAYFIL™，以及用在膜生物反应器（MBR）上的浸没式平板膜组件 MEMBRAY™
科氏（KMS）	美国	KMS 的前身是成立于 1963 年的 ABCOR 私人控股公司，1981 年更名为 KMS。KMS 生产各种微滤、超滤和纳滤、反渗透膜产品和系统，结构形式多样，有中空纤维、卷式和管式等 代表性产品有浸没式 MBR 膜件 PURON®MBR 系列、中空纤维超滤系统 TARGA® Ⅱ系列和 PURON®MP 等
苏伊士（GE 水处理）	法国	苏伊士环境集团成立于 1858 年，是全球水务公司巨头。于 2017 年 10 月完成了对 GE 水处理工艺技术业务的收购 目前苏伊士水处理技术和解决方案的产品涉及反渗透、微滤、超滤、纳滤、电渗析和双极电渗析（BPED）
迈纳德（MICRODYN-NADIR）	德国	纳德过滤公司始建于 1966 年，曾是原赫斯特股份公司的膜产品部门。在 2003 年，由阿克苏股份公司创立的 MICRODYN 膜组件有限公司和纳德过滤公司宣布合并成立迈纳德有限公司。目前迈纳德已成为一家全球技术领先的微滤膜、超滤膜和纳滤膜及其组件供应商，可供应定制化卷式膜组件、MBR 膜组件、中空纤维膜组件、毛细管膜组件、管式维膜组件 代表性膜产品有 TRISEP®（RO、NF、UF、MF）和 NADIR®（NF、UF、MF）等

续表

名称	所属国家	主要情况
旭化成（Asahi Kasei）	日本	旭化成成立于 1931 年，业务领域包括材料、住宅、健康等 其分离膜产品包括过滤膜 Microza^{TM}UF（材料 PAN、PS）、MF（PVDF 中空纤维膜，主要用于电子、汽车、医药食品及环保领域）、离子交换膜 Aciplex^{TM}（用于节能、环保型食盐电解工艺，氟系离子交换膜 Aciplex-F 的全球市场份额第一）
懿华（Evoqua）	美国	美国安盈投资公司（AEAInvestorsLP）于 2014 年 1 月完成对西门子集团旗下水处理技术业务的收购并正式更名为 Evoqua 水处理技术公司，成为全球超滤膜领域的领导者 分离膜产品有 MEMCOR®超滤膜（中空聚丙烯纤维膜）及膜生物反应器系统，Vantage®反渗透膜系统，以及 MEMTEK®微滤系统
Hydration Technology Innovations（HTI）	美国	HTI 成立于 1986 年，正渗透膜与超滤系统是其研究核心，是第一家商业化生产和销售正渗透膜材料的公司。其正渗透技术和超滤技术目前已被广泛应用于含油废水和煤气废水处理、工业废水和城市污水处理、军事水处理、海水淡化、个人净水、人道主义援助领域
Aquaporin A/S	丹麦	Aquaporin A/S 是丹麦一家致力于通过工业生物技术和思维来进行水处理的全球水科技公司，技术核心“水通道蛋白”的基础来自 2003 年获得诺贝尔化学奖的美国科学家彼得 • 阿格雷教授的相关研究成果 产品主要有两种，一种是 AquaporinInside^{TM} 反渗透膜（又分别适用于自来水、苦咸水和海水的子产品系列），另一种是 AquaporinInside^{TM} 正渗透膜（适用于食品处理、反渗透预处理等）
三菱丽阳集团	日本	中空纤维膜 SteraporeSADFTM 系列[聚偏氟薄膜（PVDF）]、SteraporeSUNTM 系列（PE）

2. 国内市场格局

如表 3-5 所示，聚砜类聚合物国内生产商主要有江门市优巨新材料有限公司、威海帕斯砜新材料有限公司、山东浩然特塑股份有限公司等，江门市优巨新材料有限公司开发的 PSF 与 PPSU 产品质量已经达到先进水平，并为了提高产量与增加在亚洲地区的竞争力，于 2016 年建设了第二条产量为 3000 t/a 的 PSF 与 PPSU 生产线。

表 3-5 国内主要的聚砜类聚合物生产企业

企业	商标	说明
江门市优巨新材料有限公司	PARYLS®系列	完全依靠具有自主知识产权的工艺技术开发建成年产 6000 t 聚芳醚砜 PARYLS 系列产品的工业化产线并成功投产，打破了该项技术及产品的长期国际垄断，是聚芳醚砜系列产品全球第三大供应商
威海帕斯砜新材料有限公司	F131、F132	聚砜产品有 6 种牌号，年产 1000 t，主要用于血液透析膜、水处理膜及注塑用聚砜材料
山东浩然特塑股份有限公司	S200、E200、E300、P200、P300	一家以聚砜、聚醚砜、聚苯砜、聚醚醚酮塑料原料及二次制品的研发、生产和销售为主的国家级高新技术企业，建设有年产能 1200 t 的产线

我国 PVDF 树脂从 2014 年开始快速增长，截至 2017 年底全国总产能已达

8.1 万 t/a，约占全球总产能的 69%。主要生产企业为三爱富、阿科玛、中化蓝天氟材料有限公司、东岳集团等。

膜法水处理技术是解决资源型缺水、保障我国水资源安全的重要举措，是传统工艺改造、实现资源回收利用的关键核心，更是在水环境保护、污水治理中承担重要角色。为此，在科学技术部制定的《“十三五”材料领域科技创新专项规划》中，新型功能与智能材料方向规划了高性能分离膜材料，重点研究高性能海水淡化反渗透膜、水处理膜、特种分离膜、中高温气体分离净化膜、离子交换膜等材料及其规模化生产、工程化应用技术与成套装备，制膜原材料的国产化和膜组件技术，旨在攻克高性能分离膜方向的基础科学问题，以及产业化、应用集成关键技术和高效成套装备技术。

目前，我国膜产业已经步入一个快速成长期，超滤、微滤、反渗透等膜技术在能源电力、有色冶金、海水淡化、给水处理、污水回用及医药食品等领域的应用规模迅速扩大，新兴技术（如正渗透、双极膜电渗析等）也有多个具有标志性意义的大工程相继建成并投产。据中国膜工业协会统计，2011～2016 年我国膜产业市场的年均增长速率保持在 27%以上，且今后几年我国的膜产业将继续保持两位数以上的增幅。2016 年我国整个膜产业市场规模突破 1400 亿元，2017 年膜行业统计总产值达到了 1968 亿元，2018 年我国膜产业产值达 2438 亿元。据前瞻产业研究院测算，到 2023 年我国膜产业产值将接近 4000 亿元。然而膜产品制造业的年增长率也将超过 20%，大大高于国际水平。

总体而言，现阶段我国膜技术发展前景良好。我国从事分离膜研究的科研院所超过 120 家，其中大约 30 个研究团队活跃在国际学术前沿。膜制品生产企业 400 余家，工程公司近 2000 家，在几乎所有的分离膜领域都开展了工作，表 3-6 为国内主要的液体分离膜企业。

从国内反渗透膜市场竞争格局数据（表 3-7）来看，市场主要被 Dow 化学公司、日东电工、日本东丽、贵阳时代沃顿科技有限公司（以下简称时代沃顿）、韩国熊津集团、GE 水处理及工艺过程处理公司、KMS 等 7 家企业瓜分，仅美国 Dow 公司和日本电工就占据了一半以上的市场份额，中国反渗透膜生产企业时代沃顿的市场占有率约为 10%，反渗透膜国产化率低。

我国反渗透膜行业市场集中度高，主要因为反渗透膜生产技术壁垒高，中小企业研发实力较弱，资金实力较差，进入反渗透膜生产领域的难度较大。目前反渗透膜行业毛利率约为 50%，高利润将会促使现有的企业进行规模扩张，吸引更多的资本和企业进入。目前我国具有自主研发实力的企业仅有时代沃顿、北京碧水源科技股份有限公司（以下简称碧水源）、天津膜天膜科技股份有限公司（简称津膜科技）等。

表 3-6 国内主要的液体分离膜企业

企业名称	基本信息	产品及应用
北京碧水源科技股份有限公司	成立于2001年，是全球最大、产业链最全的膜技术企业之一，世界上承建大规模（10万t/d以上）MBR工程最多的企业，国内MBR市占率第一的企业，是国内唯一拥有“MBR+DF”并完成大规模应用的环保企业，公司在北京怀柔建有膜生产研发基地，近500项专利技术	具有完全自主知识产权的微滤膜、超滤膜、纳滤膜和反渗透膜，以及膜生物反应器、双膜新水源工艺、智能一体化污水净化系统等膜集成城镇污水深度净化技术，增强型PVDF中空纤维微滤膜的年产能稳定在600万m^2，以及将中空纤维超滤膜的年产能稳定至400万m^2，纳滤膜和反渗透膜600万m^2
北京海普润膜科技有限公司	从事中空纤维膜及其应用产品的研发制造，是集分离膜制备、膜组件设计制作和加工于一体的膜及组件专业制造企业。是以苏州汇龙膜技术发展有限公司为基础发展而来 今已获授权12项发明专利和4项实用新型专利，核心专利获得2015年中国发明协会发明一等奖和日内瓦国际发明展会金奖，2017年海普润销售额突破一亿大关，并获得摩根士丹利3000万美元投资	主要产品为内支撑中空纤维膜及组件，用于MBR和浸没式超滤膜等过程。生产规模达300万m^2/a，2018年盐城海普润5亿投资生产基地开工，新上两条高性能增强型超滤膜生产线，全部投产达效后，年产1000万m^2增强型中空纤维膜，盐城海普润产能突破1500万m^2/a
贵阳时代沃顿科技有限公司	时代沃顿是国内规模最大的复合反渗透膜生产企业，拥有国内最先进的反渗透膜技术。时代沃顿以其绝对的技术优势和极强的研发能力，先后承担了国家863、国家火炬计划和国家新产品计划等多项国家及省部级项目	时代沃顿拥有22个系列78个规格品种的复合反渗透膜和纳滤膜产品。自主研发的抗氧化膜处于国际领先水平。公司年产3000万m^2复合反渗透膜及纳滤膜
海南立昇净水科技实业有限公司	成立于1992年，是一家专注于超滤膜的研发、生产和推广应用的高科技企业。拥有70多项核心专利，5项国际专利，先后参与国家火炬计划、国家“十五”科技攻关项目，承担多项“863”计划课题、“十一五”“十二五”重大科技专项（水专项）课题	研制的“PVC合金毛细管式超滤膜”攻克了PVC材料产业化生产的世界难题，降低了超滤膜的生产和运行成本，提高了性能和使用寿命；建设了全球最大的超滤膜生产基地，一期工程年产1000万m^2超滤膜。等二期工程全部建成后，具备年产3000万m^2优质膜的生产能力
山东招金膜天股份有限公司	始建于1988年，成立以来一直从事膜产品的研发、生产与应用，拥有三个省级创新平台；公司已掌握膜处理、新型生物脱氮、重金属废水处理回用、高浓度难降解有机工业废水深度处理等关键核心（专利）技术24项，主持或参与制定国家及行业标准18项，为国家高新技术企业、中国膜工业协会副理事长单位、中国膜工业标准化委员会副主任委员单位	拥有包括聚砜、聚醚砜、聚偏氟乙烯、聚丙烯等中空纤维式及平板式超滤微滤分离膜制备技术，引进了国内第一条具有国际先进水平的热致相分离（TIPS）法制膜生产线，现已具备了年产中空纤维超滤、微滤膜面积700万m^2的生产能力
天津膜天膜科技股份有限公司	成立于2003年，是一家拥有膜产品研发、生产、膜设备制造、膜应用工程设计施工和运营服务完整产业链的高科技企业，是国家发改委命名的“国家高技术产业化示范工程”基地，“十一五”期间中空纤维膜国家“863”计划重大项目的执行单位	公司生产以PVDF材质为主的、各种规格的内压型和外压型中空纤维超滤、微滤膜，2014年中空纤维膜的年生产能力达到415万m^2；拥有国际先进水平和自主知识产权的连续膜过滤、膜生物反应器、浸没式膜过滤和双向流膜过滤四项核心竞争技术，承建日处理量超过万吨的工程近30个
杭州水处理技术研究开发中心有限公司	公司隶属于中国蓝星（集团）股份有限公司，中心组建于1984年。先后承担完成了国家“863”“973”支撑计划和浙江省重大科技项目近百项，取得了一大批重大科技成果，总体技术水平处于国内领先，部分技术成果接近和达到国际先进水平 2018年，中心成功完成500 t/d正渗透海水淡化工程	拥有年产160万m^2的反渗透膜和纳滤膜生产线，反渗透膜产品主要有超低压反渗透膜元件及海水淡化反渗透膜元件，膜片材质均为聚酰胺；年产100万m^2超滤膜生产线，主要产品为PVDF中空超滤膜组件

续表

企业名称	基本信息	产品及应用
江苏久吾高科技股份有限公司	成立于 1997 年，是国内最大的、具有自主知识产权的陶瓷膜生产企业。公司设有国家级工程技术中心，拥有 20 多项发明专利，组织制定了与陶瓷膜相关的国家及行业标准 5 项	产品有陶瓷超滤膜、陶瓷纳滤膜、陶瓷平板膜，其中陶瓷超滤膜具有完全自主知识产权，年产 5 万根
南京九思高科技有限公司	成立于 2002 年，是以南京工业大学膜科学技术研究所为技术依托的国家级高新技术企业；已申请专利 104 项，获得发明专利 50 项	产品主要包括：增强型 PVDF 中空纤维超滤膜、渗透气化脱水膜、优先透有机物膜、酒膜、共沸分离膜及气体膜等
山东天维膜技术有限公司	成立于 2003 年，专业从事各种分离膜及水处理设备的研究、开发、生产和经营。公司拥有具有自主知识产权的均相膜生产技术 2018 年“年产 50 万平方米均相系列离子膜项目”被列入 2018 年山东省节能环保产业重点项目导向计划	产品有均相离子交换膜：电渗析阴/阳膜、扩散渗析阴/阳膜、双极膜，其中双极膜年生产能力 2 万 m^2；系列荷电膜产品已被列入国家战略计划，产品获得“国家重点新产品”认定
北京廷润膜技术开发股份有限公司	成立于 2010 年，专门从事研究开发与生产荷电离子交换膜材料与工程化技术设备的高新科技企业，是世界上少数拥有商品化单片型双极膜的原创企业	产品包括均相离子交换膜、双极膜。双极膜年产 4 万 m^2、均相膜年产 5 万 m^2，标准膜堆年制造 500 台、大型液压膜堆年制造 50 台
中工沃特尔水技术股份有限公司	成立于1994年，公司隶属于中国机械工业集团有限公司，是专业化的水处理公司。2013 年 9 月公司完成了对美国 OasysWater 公司的股权收购，将正渗透技术引入国内	产品是美国 OasysWater 公司全套的正渗透技术及设备
博通分离膜技术（北京）有限公司	成立于 2015 年，是丹麦 Aquaporin A/S 公司在中国的唯一合资公司，全权负责 Aquaporin A/S 公司专利技术在中国的产品研发、市场推广和工程应用	产品有水通道蛋白卷式 FO 膜组件、水通道蛋白中空纤维 FO 膜组件、水通道蛋白 FO 膜片、水通道蛋白家用 RO 膜组件
上海德宏生物医学科技有限公司	自行开发了多领域应用的膜产品，其中一些已获得国家专利。所研发产品已应用于生物医学、饮用水处理、污水处理与中水回用等	中空纤维 MBR，主要膜种有 PES、PAN、PVDF、PS 等材料，5 条中空纤膜生产线，生产能力每年可达数 10 万 m^2
上海斯纳普膜分离科技有限公司	由中国科学院上海应用物理研究所、上海过滤器有限公司联合创办，是上海市高新技术企业，中国膜工业协会常务理事单位，中国第一家平板膜制造商，外销比例超过总销售量的 40%，成为中国最主要的平板膜出口企业，在国内外行业内被公认为中国平板膜第一品牌	平板膜采用聚偏氟乙烯材料，此外还有聚醚砜和聚偏氟乙烯制备的超滤膜
北京格兰特膜分离设备有限公司	是超滤膜、微滤膜的生产企业，于 2006 年开展高性能 PVDF 膜材料的研发工作，并计划在污水处理行业进行示范应用。2007 年 5 月开始以 MBR 为核心的污水处理技术的研发，并已经在多个工程中获得成功	在北京的中国航空博物馆生活污水处理项目中采用生物膜反应器与浸没式 MBR 膜过滤相结合，出水化学需氧量（COD）长期保持在 15 mg/L 以下，污水得到 100%再利用
北京赛诺膜技术有限公司	公司依托清华大学的科研实力，开发出具有国际先进水平并完全拥有自主知识产权的热致相分离法 PVDF 中空纤维膜制备技术，专业生产热致相分离法 PVDF 中空纤维膜产品，已发展成为一家以热致相分离技术为核心的全球化高端超滤膜产品制造及综合服务商。建立了 300 万 m^2 中空纤维膜生产线，研制开发了 6 大系列 70 多个品种的膜组件和集成化装备，为目前全球超滤品种最全，可实现对市场知名超滤品牌的无缝替换，以及定制化设计和加工	广泛在石油化工、钢铁、电力、难处理废水等工业领域，以及市政和海水淡化领域的 700 多个项目中应用，为各行业内的顶尖集团公司提供优质超滤膜产品的同时，为其提供全方位的超滤应用解决方案。在发展过程中，坚持推进全球化战略，产品已出口到美国、新加坡、澳大利亚等 40 多个国家及地区，总产水量已突破 650 万 t/d，并同时通过 NSF61 和 NSF419 的认证，成为唯一一家同时进入北美市政饮用水及顶尖市政污水处理市场的中国超滤企业

表 3-7 国内反渗透膜市场格局

序号	企业	市场占比/%	序号	企业	市场占比/%
1	美国 Dow 化学公司	41	5	韩国熊津集团	5
2	日本电工	21	6	美国 GE	5
3	日本东丽	14	7	美国 KMS	4
4	时代沃顿	10			

数据来源：高工产研新材料研究所，国开证券研究部

“十三五”期间，中国在膜领域取得了长足的进步，面向我国水资源、能源、传统工业技术改造等方面的重大需求，建立了面向应用过程的膜材料设计与制备理论框架，形成了一系列具有自主知识产权、性能达到国际先进水平的膜材料与膜过程，在水处理膜、渗透气化膜、气体分离膜、离子交换膜、新型膜的理论和应用研究方面取得了重要的创新进展，为我国的节能减排与传统产业改造做出了突出贡献，部分膜产品的技术研究水平已达到世界先进水平。

聚砜类膜材料具有较好的物理与化学性质、较高的热稳定性、较好的水解稳定性、较高的机械强度及耐酸碱腐蚀等优点，但也存在如抗污染性能差、耐溶剂性欠佳及分离性能有待提高等不足。聚偏氟乙烯膜材料具有较好的抗污染性能，但其亲水性较差。而这些问题也是目前膜材料研究领域的主要课题及攻关方向。

针对聚砜类膜材料抗污染性能不足，研究人员通过共混、接枝、表面改性及研制新型聚醚砜等方式加以优化。蹇锡高等[98]采用含二氮杂萘酮结构类双酚（DHPZ）与含有羧基双酚与二卤砜（酮）进行共聚制备了含有侧链羧基聚芳醚砜（PPESK-COOH），具有良好的溶解性，且其亲水性要优于不含羧基的聚芳醚砜酮（PPESK）。Xu 等[99, 100]采用对聚合物改性的方法，通过氯甲醚对 PPESK 进行改性制备氯甲基化聚芳醚砜酮（CMPPESK），采用聚乙二醇（PEG）与氢化钠进行反应，利用亲核取代反应，将 PEG 成功接到 CMPPESK 上制备 PEG 接枝的两亲性聚芳醚砜酮（PPESK-PEG）。利用 PPESK-PEG 与 PPESK 良好的相容性，将两者进行共混，通过非溶剂诱导相转化法制备出微孔超滤膜见图 3-1。可以发现随着共混膜的 PPESK-PEG 含量的增大，其动态接触角下降得越迅速，其水通量也更高，且共混膜表现出良好的抗污性能。这说明亲水性的提高，PEG 链在分离侧的富集和规则排列是提高水通量和防污性能的原因。

褚良银等[40]采用两亲性三嵌段聚合物聚乙二醇-嵌段-聚丙二醇-嵌段-聚乙二醇（Pluronic® F127）与聚醚砜进行共混，通过蒸气诱导相分离（VIPS）法制备双连续多孔结构微滤膜。当膜暴露在水环境中时，由于膜孔表面的 PEG 段羟基与水分子形成氢键，阻止有机物吸附在膜上见图 3-2，因此在膜孔表面形成水

合层，在减轻膜污染的同时增加水通量，水通量高达 236512 L/(m^2·h·bar)（其中 1 bar = 10^5 Pa)，水接触角低至 34.5°，BSA 蛋白的静态吸附量仅为 4.6 μg/cm^2。

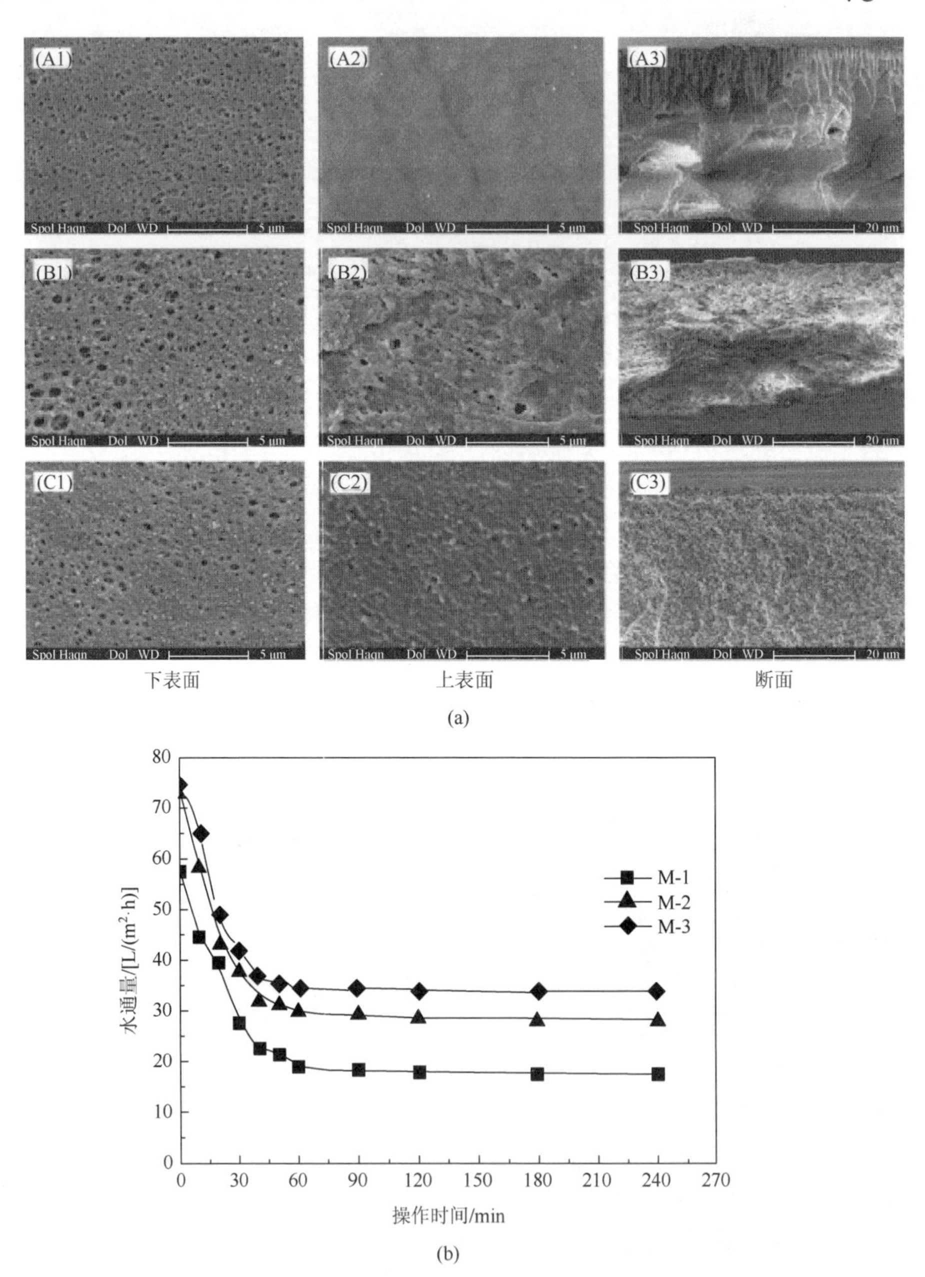

图 3-1　PPESK/PPESK-PEG 共混膜的微观形貌（a）及水通量（b）

A 为 M-1 膜；B 为 M-2 膜；C 为 M-3 膜；M-1 纯 PPESK 膜；M-2 为 PPESK/PPESK-g-PEG_{350} 共混膜；M-3 为 PPESK/PPESK-g-PEG_{750} 共混膜；350，750 分别为接枝 PEG 的分子量

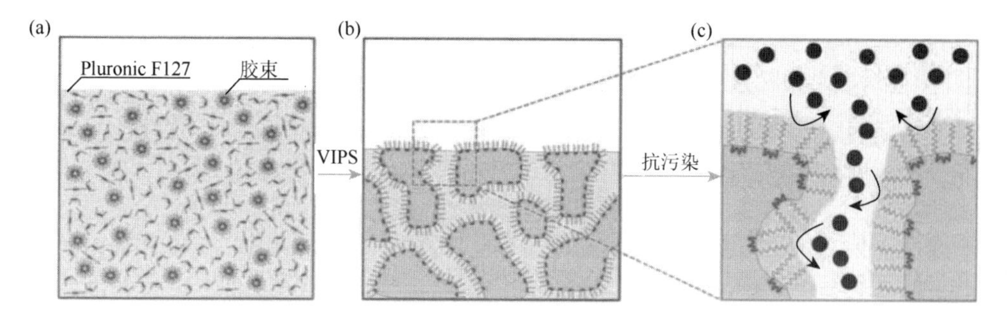

图 3-2　PES/Pluronic® F127 复合膜的制备及抗污机理

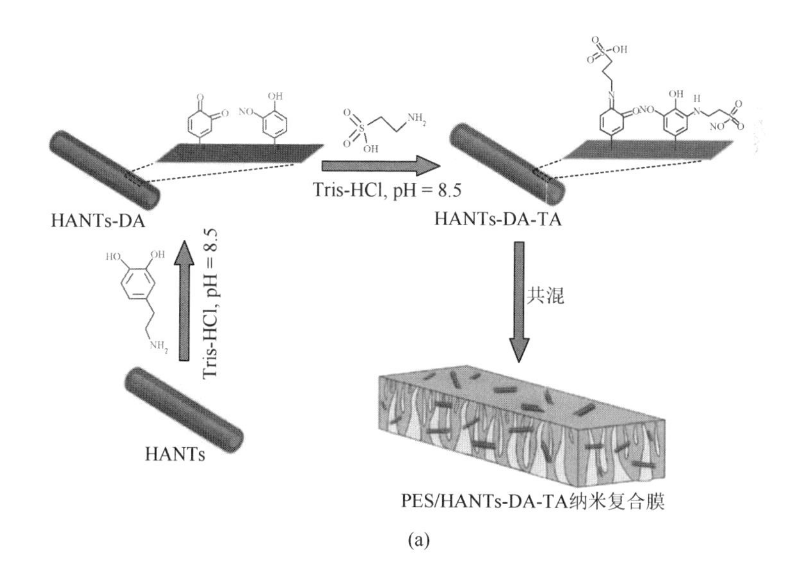

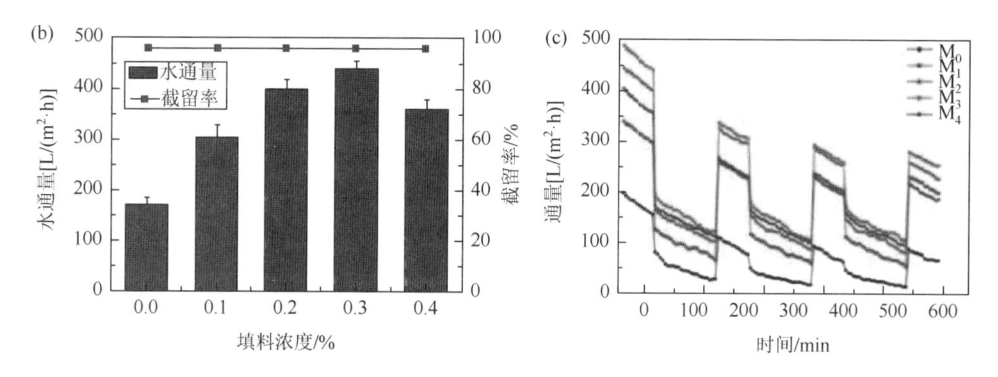

图 3-3　PES/HANTs-DA-TA 复合膜的制备（a）、水通量（b）及通量恢复率（c）

M_0、M_1、M_2、M_3、M_4 分别为 HANTs-DA-TA 含量为 0，0.1%，0.2%，0.3%，0.4%的复合膜

除了有机添加剂，无机纳米粒子也可用作亲水性的添加剂，然而无机纳米粒

子与聚合物基质的相容性较差，通常需要对其进行改性。王贵宾等[101]利用牛磺酸（一种带有磺酸基团的氨基酸）与多巴胺对羟基磷灰石纳米管（HANTs）进行改性得到改性填料（HANTs-DA-TA）。中间层聚多巴胺一方面提供了羟基磷灰石纳米管与牛磺酸的反应位点；另一方面聚多巴胺增添了羟基磷灰石纳米管与聚合物基质的相容性。如图 3-3 所示，随着膜内填料的增多，相应膜的孔隙率接触角也随之降低，亲水性得到明显改善，水通量大幅提高。0.3 wt%含量的改性羟基磷灰石纳米管的水通量高达 439 L/(m^2·h)，是 PES 膜的 2.6 倍；由于膜亲水性的改善，PES/HANTs-DA-TA 复合膜表现出更强的防污能力，通量恢复率高达 77.9%。

为了进一步提高聚醚砜的亲水性，许多学者对聚醚砜进行磺化改性并结合无机填料，以增加其水通量及抗污性能。Arafat 等[102]采用 3-氨基丙基三乙氧基硅烷对氧化石墨烯进行处理，制备氨基氧化石墨烯纳米片（GO-SiO_2-NH_2），将其与磺化聚醚砜进行杂化和组装制备超滤膜见图 3-4。结果表明，GO-SiO_2-NH_2 掺杂的超滤膜表现出更强的亲水性，随着膜中 GO-SiO_2-NH_2 含量的增多，初始接触角亦随之降低，相应水通量也随之升高。含 6 wt%GO-SiO_2-NH_2 杂化膜的纯水通量为 537 L/(m^2·h)（2bar 进料压力），是未掺杂膜的 3 倍左右。使用牛血清白蛋白、腐殖酸和海藻酸钠等溶液，对混合膜的抗污性进行了评价，其通量恢复率也随着膜内 GO-SiO_2-NH_2 含量的升高而增大。

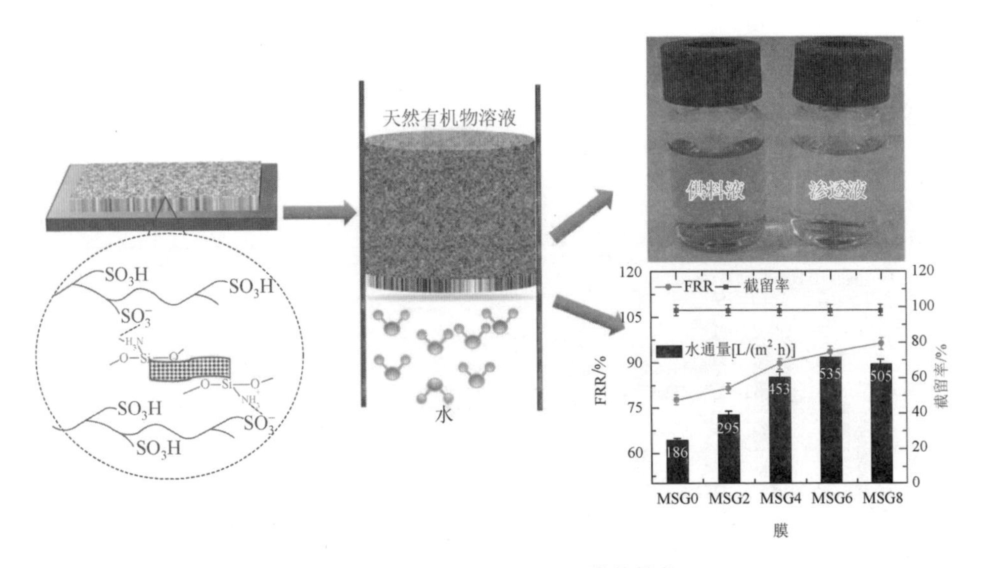

图 3-4　SPES/GO-SiO_2-NH_2 膜的性能

FRR 表示通量恢复率

聚醚砜膜的亲水性还可以通过共混离子官能化聚醚砜的反离子来调控。张所波等[103]对酚酞基聚芳醚砜进行季铵化改性，制备出季铵化酚酞基聚芳醚砜（QPES-I），通过离子交换，分别制备出氟代及六氟化磷代季铵化酚酞基聚芳醚砜（即 QPES-F 及 QPES-PF_6），分别将三种季铵化酚酞基聚芳醚砜与商用聚砜进行共混后制备 QPES-X/PSF 共混超滤膜。在相同条件下，QPES-X/PSF 膜与水的接触角顺序为 QPES-F＜QPES-I＜PSF＜QPES-PF_6，而膜的纯水通量也随之降低。QPES-X/PSF 膜的微观结构如图 3-5 所示，QPES-X/PSF 膜的表面和截面形态、表面粗糙度、膜表面的 QPES-X 含量及亲水性和分离性能都与 QPES-X 的反离子密切相关。当 QPES-F 含量为 15%时，QPES-F/PSF 膜的水通量为 2163 L/(m^2·h)，BSA 排斥率为 93%。

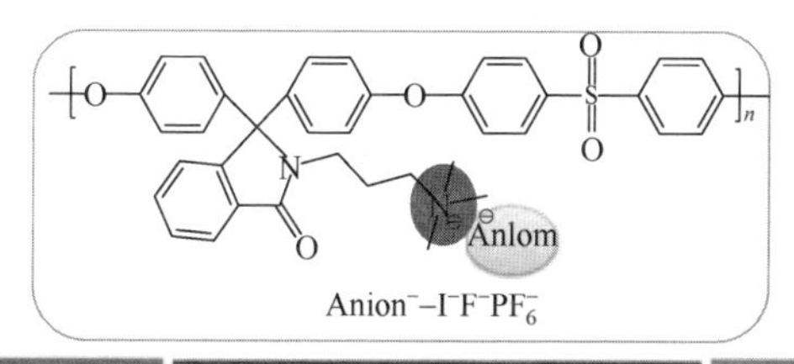

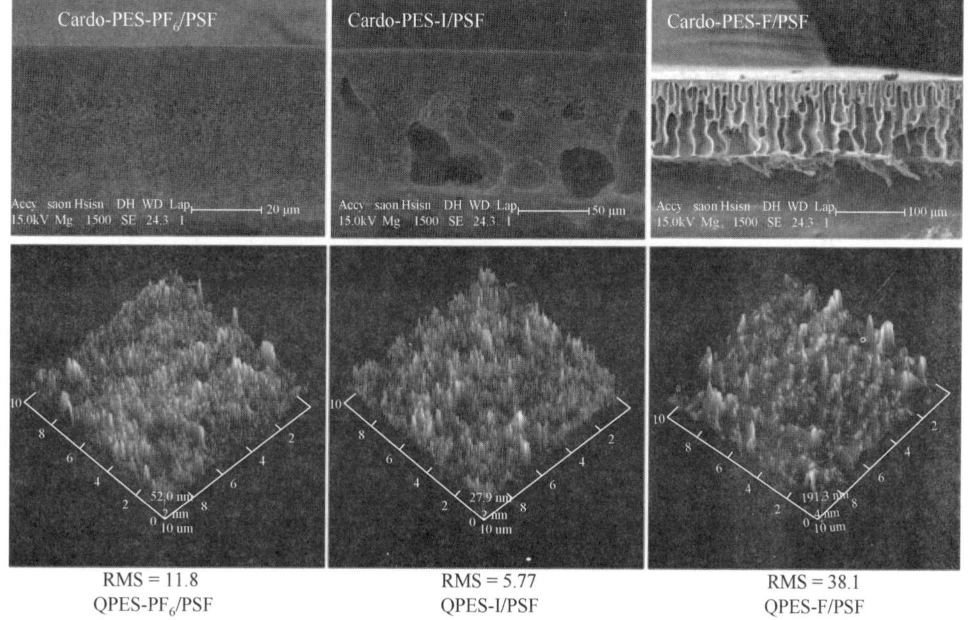

图 3-5　QPES-X/PSF 膜的微观结构

Room Mean Square Roughness，RMS 均方根粗糙度

相较于聚醚砜，PVDF 由于氟原子的存在，具有较强的疏水性能，因此由 PVDF 制备的水处理膜的抗污性能及水通量都有较大的提升空间。许多学者尝试通过与

亲水性聚合物进行共混来改善 PVDF 水处理膜的亲水性，进而提高相应膜的水通量及抗污性能。Arafat 等[104]采用 PVP 与 PVDF 共混制膜，随着运行时间的延长膜内的 PVP 渗出，因膜的疏水性增强，膜污染的程度也随着增大。为了固定膜内的亲水性聚合物，王晓琳等[105]采用过硫酸钾对 PVDF 进行处理后接枝 PVP，将 PVP 固定在中空纤维膜上，减少了亲水聚合物的流失，增强了膜的亲水性，其与水的初始接触角由 90°下降到 70°，纯水通量高达 600 L/(m^2·h)，且表现出良好的抗污性能。为了进一步简化和确保膜的亲水性，Huang 等[106]采用接枝 PVP 的 PVDF 与 PVDF 进行共混，简单而且有效地确保 PVDF 多孔膜的亲水性进而保证膜具有良好的纯水通量及抗污性能。除了 PVP，PEG 也是常用亲水改性用聚合物。由于直接共混无法避免 PEG 的流失，邵路等[107]受贻贝启发，利用多巴胺对 PEG 进行改性，制备儿茶酚功能化聚乙二醇（Cate-PEG）并将其引入到 PVDF 超滤膜中，Cate-PEG 可以从基质迁移到膜表面和内部孔隙，使改性膜具有良好的亲水性。PVDF/Cate-PEG 膜在抗污测试后，仍表现出较高水通量、较高的截留率及防污性能。孙飞云等[108]将两种商用纳米粒子 TiO_2 和 Al_2O_3 通过原位包埋分别制备了两种亲水性的 PVDF 超滤膜，与未进行改性处理的 PVDF 超滤膜相比，两种亲水超滤膜表现出良好的渗透性及抗污性能。等离子体诱导表面处理也可以对 PVDF 膜进行改性。Kang 等[109]将 PVDF 多孔膜浸在 PEG 的氯仿溶液中，使多孔膜充分吸收 PEG，干燥后经氩气等离子体诱导接枝 PEG，制备了表面接枝 PEG 的 PVDF 微孔膜。膜的接枝率随着 PVDF 膜表面 PEG 浓度的增大而增大，相应膜的通量随之降低，而孔径几乎保持不变，其抗污性能也得到了一定加强。膜的亲水性得到改善，但由于接枝率的增大，PEG 在膜面堆积增大了膜的阻力进而造成通量的降低。采用亲水性聚合物对 PVDF 进行共混改性，方法简单但却仅局限对膜的水通量及抗污性能的调节，对 PVDF 进行化学改性则会精准地调控膜的性能。Bottino 等[110]采用溶液浇铸法制备 PVDF 膜，利用不同浓度的 NaOH 水溶液的凝胶浴，制备出新型 PVDF 多孔膜。成膜过程中，PVDF 会与凝胶浴中 NaOH 相互作用，致使分子链中产生部分双键，避免了成膜前对 PVDF 处理造成成膜困难的问题。采用 NaClO 和 H_2O_2 水溶液对上述膜进行处理，降低分子链中的不饱和度，同时引入功能性基团，进而提高膜的水通量及抗污性能。吕晓龙等[111]将制备好的 PVDF 中空纤维膜浸渍在 pH = 12 的二亚乙基三胺（DETA）水溶液中，制备氨基化改性 PVDF 中空纤维膜。再经马来酸酐对氨基进行活化并引入羧基制备出 PVDF-MAH 膜。由于柔性侧链兼具氨基及羧酸基团，即在膜表面形成 pH 响应微环境，当 pH 接近中性时，侧链收缩，当 pH 较高时处于最外层的羧基转化为羧酸根，因静电斥力而舒展。通过膜面微环境的改变进而表现出优异的抗污性能及在线化学脉冲清洗效果。5 次循环后的通量恢复率仍高于 90%。吕晓龙等[112]将双疏性氟岛结构引入 PVDF 膜中构筑 pH 响应超滤膜 PVDF-PFOA，其稳定渗透通量由 PVDF-MAH

膜的 33 L/(m^2·h)提高到 55 L/(m^2·h)，即提高约 67%。第四个过滤周期结束时，即化学清洗前，PVDF-PFOA 膜的渗透通量比 PVDF-MAH 膜的渗透通量高约 34%。

国内现有 UF/MF 膜制造厂商数百家。近年来，通过自主创新和引进消化吸收，国内企业推出了一系列新技术、新产品。目前国产的 UF、MBR 膜成长迅速，已成功用于国内许多超大型项目，总量上已经开始占据市场优势。生产规模较大的知名公司（如天津膜天膜科技股份有限公司、海南立昇净水科技实业有限公司、北京碧水源科技股份有限公司、北京赛诺膜技术有限公司、山东招金膜天股份有限公司等）均拥有自己独特的制膜材料配方和成套装备知识产权。例如，天津膜天膜科技股份有限公司的 PVDF 毛细管式 MF/UF 膜及同质增强型 PVDF 中空纤维超/微滤膜；海南立昇净水科技实业有限公司的聚氯乙烯超微滤膜；山东招金膜天股份有限公司的热致相分离法聚丙烯微滤膜。与国外水平相比，我国相转化法（主要指 NIPS）生产的高分子超微滤膜性能和国外同类产品性能基本一致，控制拉伸生产的聚乙烯、聚丙烯等超微滤膜，虽然生产工艺和质量还有待提高，但以其价廉、耐溶剂等优点在不断拓宽市场。在我国超滤膜市场中，高端领域（电子工业用超纯水、电泳漆回收、制药、酶制剂等）目前仍由国外产品占据主导地位，国产膜因价格低廉占据中、低端的水净化市场主要份额。

纳滤膜的研究工作主要围绕提高纳滤膜的渗透通量、抗污染和耐氧化性能，改进膜制备技术和降低制造成本来开展。通过对复合膜活性分离层的结构、化学基团、膜表面粗糙度、亲水性与荷电性等的调控，改善纳滤膜的抗污染性及渗透性/选择性之间“trade-off”现象。通过构筑纳米褶皱的聚酰胺功能层，增大有效分离面积，在保证良好脱盐性能的同时增大水通量。2018 年，Zhang 等[113]介绍了一种具有“图灵结构”的 TFC 纳滤膜，通过在界面聚合过程中向水相单体溶液中加入亲水性的聚乙烯醇（PVA），得到了一种新型的具有纳米皱纹表面形态的聚酰胺 TFC 纳滤膜见图 3-6。

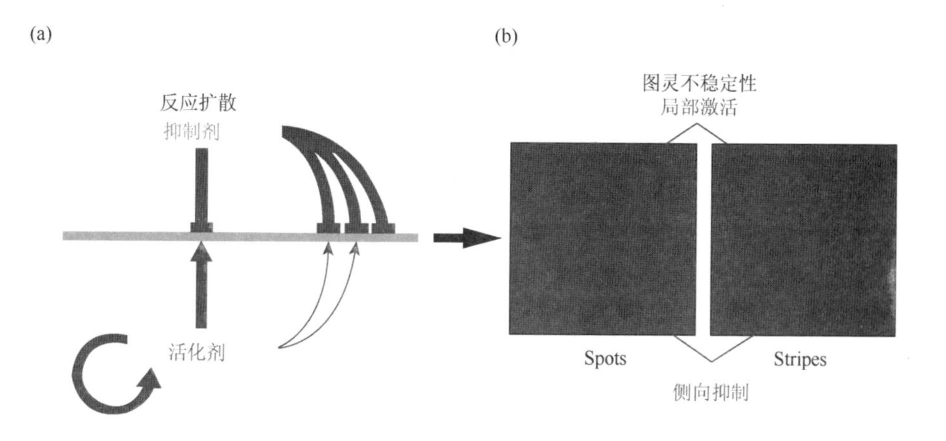

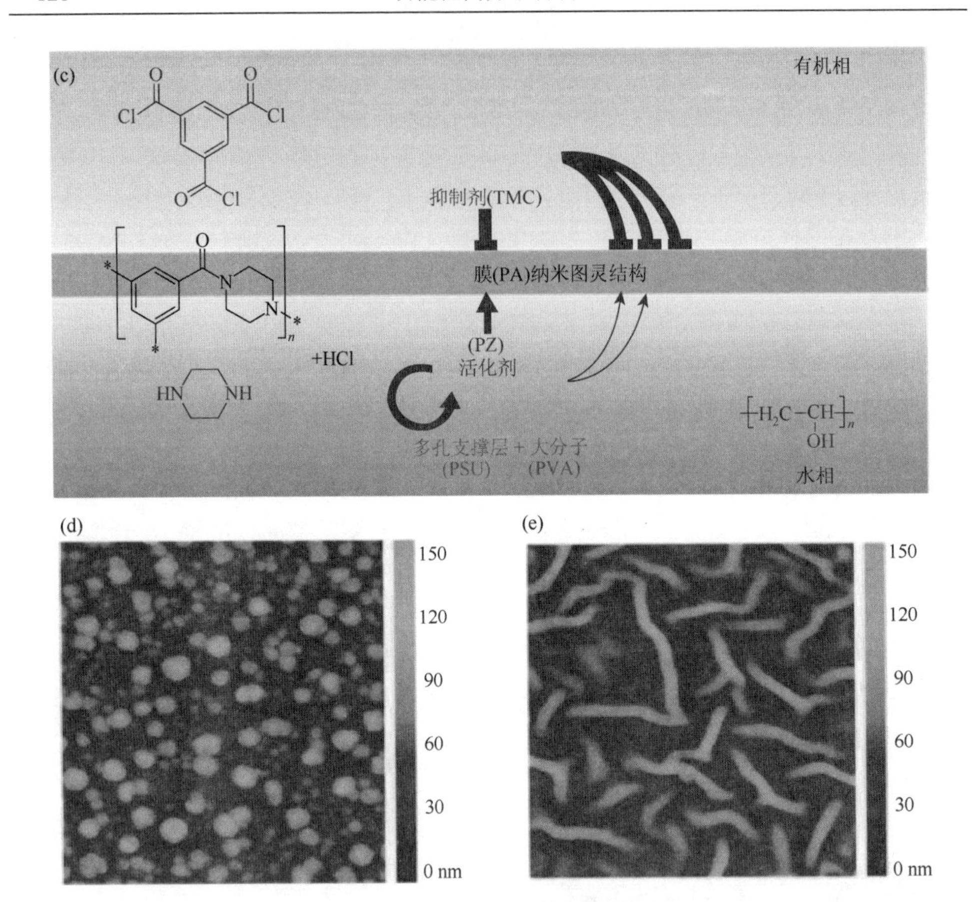

图 3-6　图灵结构纳滤膜的制备

（a）反应扩散过程中活化剂-抑制剂相互作用示意图；（b）局部激活和侧向抑制的空间表征；（c）图灵体系界面聚合示意图；（d）和（e）图灵型聚酰胺（PA）膜的原子力显微镜图像

Jiang 等[114]提出一种简便且广泛适用的构建纳米褶皱聚酰胺层的策略，通过压控橡胶轧制去除过量的哌嗪（PIP）溶液后，纳米级水层仍保留在易润湿基底膜上形成水模板，当含有 TMC 的己烷相倒入基膜上时，在水模板与己烷相的界面处发生界面聚合，就可以制备出具有纳米褶皱的聚酰胺层。由于增加了有效过滤面积，具有这种褶皱结构的纳滤膜表现出 21.3 L/(m^2·h·bar)的高水通量和 99.4%的 Na_2SO_4 截留率。此外，以纳米粒子作为添加剂或模板剂，在基膜表面构筑凸起结构进而构筑纳米褶皱的聚酰胺功能层，同样可以在对二价离子保持较高截留率的同时实现水通量的提升[115]。

将规则孔道结构引入到纳滤膜中，构筑水分子通道在截留离子的同时允许水分子快速通过，进而协调纳滤膜的“Trade-off”效应。Suzana 等[116]采用 5 nm 以下的二氧化硅纳米粒子对石墨烯夹层进行交错的原位交联反应，构建了尺寸不同且交替分布的规则水通道。亲水性纳米颗粒的存在拓宽了层间距，提高了溶剂渗透率；在交替的无纳米粒子区域，因 π-π 相互作用，GO 层同时弯曲，保留了狭窄的通道，促进了高溶质截留，同时提高膜的溶剂通过及溶质截留能力。将氧化石墨烯、单壁碳纳米管及 MOF 等构筑的水通道引入到聚酰胺功能层中，同样可以在保持对溶质高效截留的同时提高溶剂通量[117-119]。

徐志康等[120]采用真空辅助过滤的方法（见图 3-7），将哌嗪的水溶液分布在基质表面和聚醚砜微滤膜的微孔中，制备复合纳滤膜，生成的聚酰胺层厚度小于 20 nm、交联度高达 100%、表面粗糙度低于 20 nm。采用真空辅助工艺制备的聚酰胺复合膜与采用空气干燥法或辊筒辅助法制备的聚酰胺复合膜相比，具有更小的孔径、更窄的孔径分布、更高的无机盐截留率和更均匀的纳滤性能。该 TFC 纳滤膜对 Na_2SO_4 的截留率高达 99.6%，水通量达 20 L/(m^2·h·bar)，$NaCl/Na_2SO_4$ 的选择性高达 196，高于大多数商业化的和近年来报道的纳滤膜。

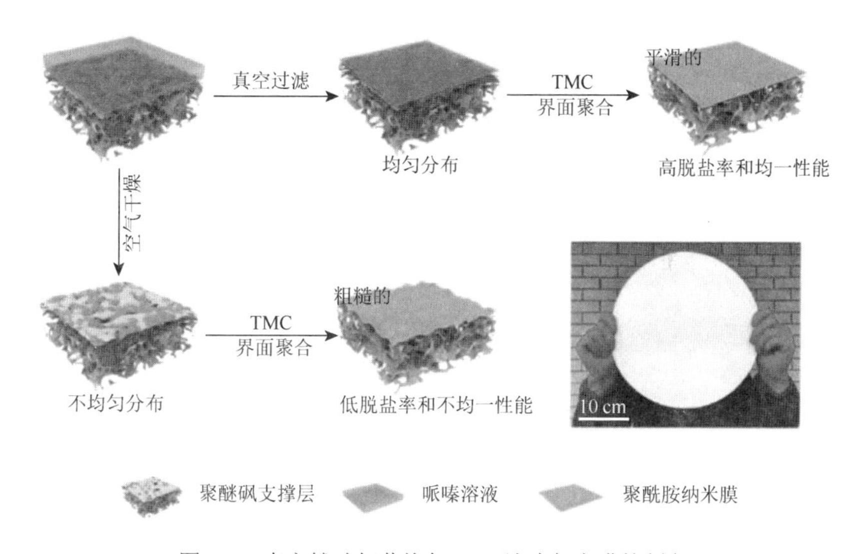

图 3-7　真空辅助超薄均匀 TFC 纳滤复合膜的制备

为了避免后处理带来膜性能的不确定改变，靳健等[121]通过表面活性剂-自组装调节界面聚合（SARIP）形成的聚酰胺纳滤膜可以实现精确的溶质-溶质分离，见图 3-8。通过在水相哌嗪溶液中添加十二烷基硫酸钠（SDS），形成规则的界面网络，进而调节哌嗪在界面处的传质过程，使得胺类单体在水/己烷界面上更快、更均匀地扩散，从而形成一个与通过传统界面聚合形成的聚酰胺活性层相比，具有更均匀的亚纳米级孔隙。由 SARIP 形成的聚酰胺膜表现出高度的溶质筛分效应，在小于半埃的溶质尺寸范围内，产生了从低截留到近乎完美的截留的逐步过渡。SARIP 代表了一种超选择性膜的可扩展制造方法，具有均匀的纳米孔，可精确分离离子和小溶质。

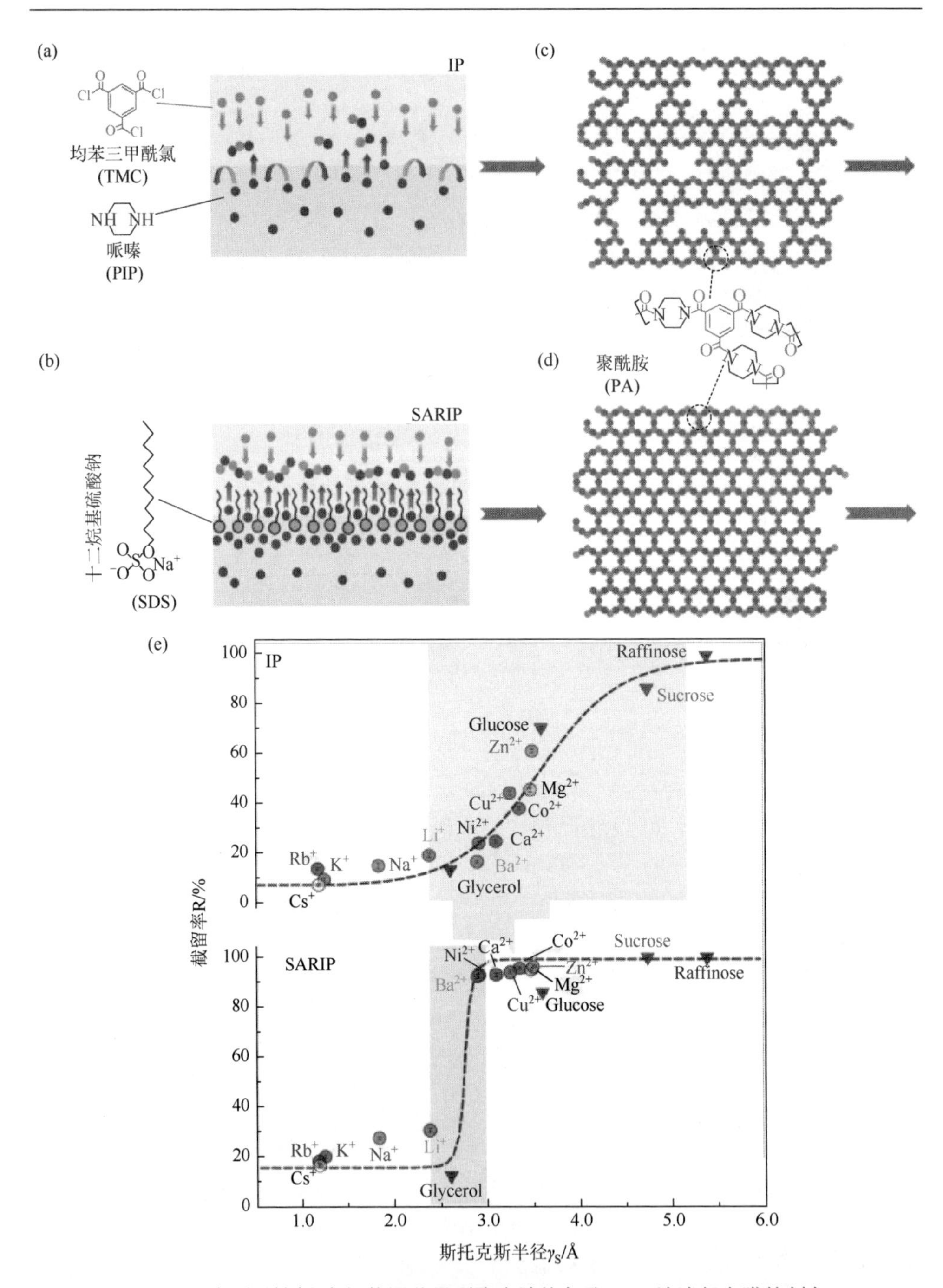

图 3-8　表面活性剂-自组装调节界面聚合法均匀孔 TFC 纳滤复合膜的制备

（a）传统界面聚合示意图；（b）表面活性剂-自组装调节界面聚合示意图；（c）传统界面聚合形成聚酰胺 PA 活性层示意图；（d）SARIP 形成聚酰胺活性层示意图；（e）不同溶质的截留率与传统界面聚合和 SARIP 制备 PA 膜的斯托克斯半径的关系

由于优异的渗透性能，聚酰胺复合纳滤膜是目前综合性能最优且商业化最成功的纳滤膜。但是聚酰胺中的酰胺键易受到游离氯进攻导致纳滤膜性能急剧下降。针对这一问题，开展耐氧化新型纳滤膜材料研究成为研究的热点之一，研究者利用环状仲胺合成聚酰胺、多元酚合成聚芳酯或者利用离子化的高性能聚合物作为功能层材料制备耐氧化纳滤膜。Xu 等[122]以哌嗪和 2, 2-二（1-羟基-1-三氟甲基-2, 2, 2-三氟乙基）-4, 4-亚甲基二苯胺为单体制备耐氧化纳滤膜，经过 3000 mg/L 的活性氯处理 1 h 后，复合纳滤膜的水通量达 79.1 L/(m^2·h)，对 Na_2SO_4 脱除率达 99.5%（0.6 MPa），表现出较好的耐氯性。Jiang 等[123]基于 β-环糊精制备了复合纳滤膜，将纳滤膜浸泡于 10000 mg/L NaClO 水溶液 96 h，其表现出稳定的水通量和染料截留率。Yuan 等[124]设计一种聚芳硫醚砜/磺化砜共聚物，通过共聚，将硫醚和磺酸基团引入聚合物主链中，赋予其耐氧化性，提高了膜的亲水性、孔隙率；通过氧化处理将硫醚转变为砜基后，其亲水性（接触角为 37.9°）和表面电荷均得到增强，使抗污性能得到改善。Zhang 等[125, 126]以磺化联苯型杂萘联苯共聚醚砜（SPPBES）为涂层材料，制备了复合纳滤膜，在 200 mg/L NaClO 水溶液中浸泡 8 天，复合膜的性能变化不大，表现出优良的耐氧化稳定性和化学稳定性。Ulbricht 等[127]以含季铵基两亲聚醚砜嵌段共聚物作为阻隔层材料制备复合纳滤膜，复合膜连续过滤由 500 mg/L NaClO 和 2000 mg/L NaCl 组成的溶液，性能基本不变。蹇锡高等[128, 129]对聚芳醚砜酮进行氯甲基化改性，通过非溶剂诱导相转化法制备纳滤膜，经三甲胺处理后，得到季铵化聚芳醚砜酮 QAPPESK 纳滤膜。以聚乙二醇 400 为添加剂的 QAPPESK 纳滤膜对染料的去除和染料与 NaCl 的分离性能十分优异。采用 NaOCl、H_2O_2 对 QAPPESK 纳滤膜的化学稳定性进行评价，结果表明其具有优异的耐酸和耐氧化性能。

为了进一步优化纳滤膜的综合性能，针对纳滤膜“Trade-off”效应的调整、抗污性能及耐氧化新材料开发的相关研究仍将成为未来纳滤膜研究领域的重点研究方向。

2008 年中国的 RO 膜市场规模就跃居世界首位。在中国 RO 膜市场，国外 RO 膜产品占据优势地位，其中美国 Dow 化学公司、日本东丽和海德能公司占 70%左右的市场份额。但近几年，国外品牌的市场占有率已有明显下降。截至 2018 年底，国产品牌的市场占有率已上升至 25%。国内 RO 膜厂家，除贵阳时代沃顿外，湖南沁森高科新材料有限公司、山东九章膜技术有限公司、湖南澳维科技股份有限公司及碧水源等国内膜企业也开始陆续投产。

反渗透膜与 TFC 纳滤膜类似，主要为以聚酰胺为功能层的复合膜。目前在努力降低能耗以使其与其他传统废水处理技术相竞争的同时，RO 技术在商业规模上的可持续性和经济性往往被严重的膜污垢问题所困扰。因此反渗透膜的研究与纳滤膜相似，主要围绕着提高反渗透膜的渗透通量、抗污染和耐氧化性能，改进膜制备技术和降低制造成本来开展[16]。而改进反渗透“Trade-off”效应的方法与TFC纳滤膜相似，不做赘述，这部分主要集中介绍反渗透膜抗污性能改进的进展。由于反渗透严格的操作条件，反渗透膜对污垢较纳滤膜更加敏感；而采用碳纳米管和石墨烯等新型膜材料在增大单位有效功能层面积方面贡献巨大，但由于相对粗糙的表面加剧了膜的污染。在进行反渗透操作前必须对废水、苦咸水及海水进行微滤、超滤甚至纳滤预处理。

渗透气化是近年膜科学研究中最活跃的领域之一，在分离液体混合物，尤其是痕量、微量物质的移除，近、共沸物质的分离等方面具有独特优势。“十二五”期间，清华大学等单位完成了疏水透醇有机无机复合膜、疏水透有机气体有机膜制备及示范装置研制，并建立了规模化生产线。研发了以 ZrO_2 和 Al_2O_3 等多层陶瓷膜为基膜的管式有机无机复合渗透气化膜，开发了每年千吨级透乙醇工艺和示范装置；研发了 PDMS、PVDF 等离子接枝 PDMS 透有机气体膜，建立了 50 万 t/a 油库油气膜法回收示范装置。目前渗透气化的研究方向主要集中在水中有机物质的回收。Feng 等[28]采用层层组装的方法，以氯化聚酰胺层为基底，在其上分别采用聚乙烯亚胺与氧化石墨烯进行多层组装，进而实现对乙二醇水溶液中乙二醇的分离。由于聚乙烯亚胺分子链中丰富的氨基，可以分别与氯化聚酰胺基底和氧化石墨烯进行反应，增强界面结合力，而且聚乙烯亚胺与氧化石墨烯形成的水通道及通道内部丰富的氢键极大地强化了膜对料液中水及残余盐分的分离。采用功能性多孔材料可以进一步强化膜的选择性，Qin 等[130]通过在孔道中掺杂具有氢键相互作用位点的有机亲水性多孔颗粒，在促进有机渗透的同时抑制水的渗透，从而提高溶质渗透性能。设计合成了 COF-300，与 PDMS 混合形成混合基质膜（MMMs）。与纯 PDMS 膜相比，8 wt%的 COF-300/PDMS MMMs 在 80℃下分离 1.0 wt%的糠醛水溶液时，糠醛渗透率增加了 14.1%，而水渗透率降低了 20.0%，糠醛的选择性增加了 42.7%。

离子交换膜在新能源、氯碱工业、水处理及稀有金属资源的富集与回收等行业具有非常重要的地位。2010 年以前，全世界只有美国 DuPont 公司和日本旭化成等极少数公司拥有全氟磺酸羧酸离子膜生产技术，并对其他国家进行技术封锁。东岳集团与上海交通大学合作开发了氯碱工业用全氟离子膜，实现了市场化应用和进口替代，打破了我国氯碱工业长期受制于人的局面，使我国氯碱工业从此走上了快速发展的道路。随着环保升级、稀有金属资源的富集、新能源电池的不断发展，对离子交换膜的需求日益扩大，也促进了高性能非氟离子交换膜的研发。由于氯碱工业中较为苛刻的电化学过程，所用离子交换膜仅能选用全氟聚合物膜，而电渗析过程相对温和，因此可选用低成本的离子交换膜。Wang 等[131]通过对磺化聚醚醚酮进行改性，将烷基侧链引入到磺化聚醚醚酮，其改性膜的氢离子通量较磺化聚醚醚酮膜高 50%。由于降低了膜的离子交换容量，其吸水和溶胀行为更低，对于阳离子的选择性也得到了提升，其电渗析酸回收前景巨大。与其他脱盐过程类似，电渗析用离子交换膜的渗透性和选择性之间同样存在“Trade-off”效应。为了突破膜的“Trade-off”上限，Shahi 等[132]通过将酰亚胺改性氧化石墨烯与磺化聚醚醚酮进行共混，制备复合离子交换膜见图 3-9，由于酰亚胺及氧化石墨烯的存在，形成更加贯通的离子传导通道同时抑制膜的过度溶胀，在提高电渗析过程极限电流的同时保持良好的机械和化学稳定性。Yip 等[133]采用磺化碳纳米管与磺化聚苯醚进行共混，制备具有渗流效应的复合离子交换膜。磺化一维填料的存在会诱导磺化聚苯醚的离子基团规则排列，形成相对规整的一维纳米质子传导网络，进而提升了膜的电导率；填料与磺酸基团间具有较强的相互作用，通道的尺寸相对较小，因此膜的选择渗透性得到了提升。

为了进一步优化离子交换膜的性能，相信更多的非氟高性能离子交换膜材料将会不断涌现，进而丰富和拓宽离子交换膜在相关领域的应用。

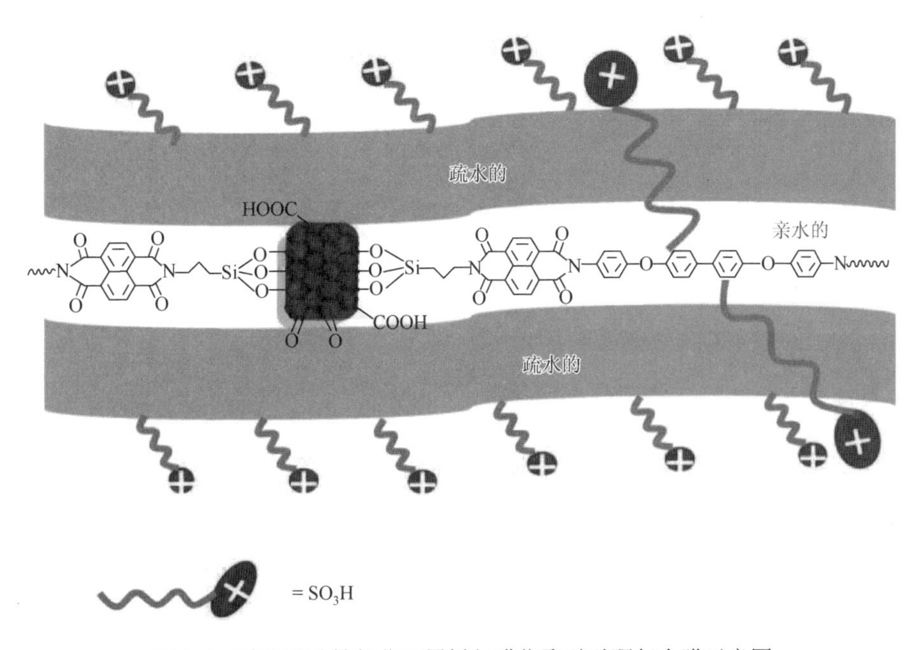

图 3-9　酰亚胺改性氧化石墨烯与磺化聚醚醚酮复合膜示意图

3. 我国对膜材料和膜技术的需求

（1）保障我国水安全的需求。水体污染导致的水质型缺水危机严重威胁我国的饮用水安全。我国 90%的地表水和地下水受到不同程度的污染，部分地区饮水存在水质严重不达标、水质型地方病突出等问题，严重影响人体健康，制约着区域社会经济的发展。解决水质型缺水危机，保障饮水安全，对于我国人民身体健康具有重要意义。膜法水处理是提高饮水安全保障能力的重要技术，以微滤、超滤、纳滤和反渗透为核心的液体分离膜技术，可有效实现对受污染饮用水的净化，是目前解决饮用水污染最有效的方法。膜法海水淡化与苦咸水淡化是提高我国水资源保障能力的重要举措：膜法海水淡化可以提高沿海地区水资源保障能力；膜法苦咸水淡化可以提高西部地区水资源保障能力。

（2）环境保护的迫切需求。随着我国经济快速发展，环境污染日益严重，水污染处理技术落后、污水处理设施建设滞后、水资源循环回用率低是造成污染的重要原因之一。工业废水资源化和城市污水回用率低所造成的环境污染，不仅严重制约了我国经济发展，而且严重影响人民的生活和健康。膜技术已经在废水、废气处理等领域中发挥着关键作用。如化工、冶金、电力、石油等行业均已采用膜分离技术，以实现废水处理回用。近年来，随着膜生产技术的不断提高以及生产成本的逐步降低，膜分离技术在工业废水、市政污水、市政饮用水处理等领域的应用越来越多，成为减轻或者消除对人类健康和环境危害的重要手段。

（3）传统工艺改造、资源回收的需求。膜技术是传统工艺改造、工业节能减排和清洁生产的可靠保障。我国的过程工业中的产品生产、加工过程的反应、分离、浓缩、纯化，都迫切需要用新的方法改造传统工艺，以提高工业制造技术水平。通过膜与其他过程的集成技术，改变工业生产过程中用户的生产方式实现产业技术升级，进而实现节能环保和资源回收，实现环保由末端治理转为过程预防、由被动治理转为主动预防、由耗费治理转为增效治理。解决工业生产过程中资源的回收再利用，为国民经济创造千亿元的效益。从传统的产业（如酱油醋生产、染料生产、中药制备等）到高新产业（如电子器件、纳米材料、生物制品等），物料的分离纯化都是必不可少的关键环节。膜技术的推广应用将有力加快我国采用高新技术改造现有产业的进程。在食品工业，采用膜分离技术可实现对液体食品的低温消毒和杀菌，将是改造我国传统液体食品生产工艺的重要技术。采用膜分离技术对化工医药产品进行精制和浓缩，不仅能够取代传统的盐析、醇沉和喷雾干燥工艺，降低水耗、能耗和成本，而且更重要的是可以提高产品品质和降低环境污染。

发展膜分离技术，将为改造传统产业和推进相关行业技术进步提供技术和装备保障，有力推进相关产业的技术进步，在提高工业制造技术水平、降低水耗与能耗、减少环境污染、建设节约型社会等方面发挥重要作用。

3.2.3 液体分离膜用高分子材料存在的问题

从全球发展现状来看，以美日为代表的国外企业在高性能分离膜领域优势较为明显，尤其是在反渗透膜领域，形成了寡头垄断的格局，且在离子交换膜、正渗透膜等热点研究领域优势明显。相比较而言，我国的分离膜虽然在微滤、超滤膜领域已达到国际先进水平，但研究热点领域的起步较晚，且中低端产品居多，尤其是在高性能反渗透膜、正渗透膜领域仍与国外企业有着较大差距。

（1）应用层次偏低，应用领域偏窄。我国膜技术应用领域主要偏重低端水处理领域，占市场的 90%左右。高端的大型海水淡化和大型水处理工程也主要依靠国外膜材料，用于化工工艺、制药工程、食品加工中物料分离、浓缩、纯化等高端分离膜材料在我国则处于起步发展阶段。

（2）膜材料尚不能满足制备高性能分离膜的要求。我国高分子材料产品的质量难以满足高性能分离膜生产使用要求，产品性能仍有待提高、批次稳定性相对较差，高性能膜材料主要依靠进口。在膜材料技术研发方面，国内膜企业对技术研发的资金投入远不如国外企业。

（3）膜材料自主创新能力不强。中国膜材料开发能力差，自主创新膜材料产品少，创新资源分散，创新机制不健全，缺乏全国范围内的统筹协调。虽然在某些研究领域已经走在世界的前列，但产学研合作机制不健全，研发与产业脱节严重，导致成果转移、转化存在障碍。从事膜材料生产的企业在产品的生产管理和质量控制上也存在着不足，未能将质量管理体系的要求真正实施到实际的生产。

针对上述问题，对于未来我国在高性能分离膜领域的发展提出以下几点建议：结合我国环境与资源现状，加强基础研究，开发适合我国国情的新产品、新技术，从而带动膜产业的创新意识与创新能力；落实科学技术部制定的《“十三五”材料领域科技创新专项规划》，从技术源头入手，提升产业的竞争力；注重膜材料的研发和生产、膜产业配套能力的发展，自主开发与引进吸收并举，快速提升产业链中的薄弱环节；加强高校研究院所与企业间的合作交流，开辟新的应用领域，发挥各自资源优势，实现产学研协同发展；努力培育几家行业内的龙头企业，通过示范效应，建立并完善分离膜产业标准，提升产品品质和市场认可度。

3.2.4　液体分离膜用高分子材料发展愿景

1. 战略目标

针对国家对液体分离膜技术的重大需求，开发出若干具有亲水、抗污染及其他专有特性的新型高分子膜材料，支撑膜材料生产和膜技术的发展。提升 PVDF、聚砜等膜材料产品性能，提高通用膜材料的国产化率；研制出 10～15 种新型膜材料，突破高性能膜材料的制备技术、批量化生产技术，使其中 5～8 种实现产业化生产，如超微滤膜用高性能两亲、荷电性 PVC、PVDF、PES 等高分子材料，杂环聚芳醚、聚酰亚胺等高性能膜材料产业化生产，实现高性能膜材料的国产化。

开发高性能液体分离膜规模化生产的关键共性技术，突破高性能纳滤膜、反渗透膜、离子交换膜等规模化制备技术，降低制造成本，推进高性能液体分离膜的产业化；重点突破高性能分离膜在海水淡化和资源化利用、废水零排放、油田采出水回用、有机溶剂脱水等方面的规模化应用。具体阶段目标如下：

2025 年：提升 PVDF、聚砜等膜材料产品质量，膜材料的国产化率超过 60%；针对不同应用领域设计开发新型膜材料；研发出具有世界先进水平的高性能膜材料，特别是能够耐受高温、强酸强碱及有机溶剂的分离膜材料和纳滤膜；超微滤膜用高性能两亲、荷电性 PVC、PVDF、PES 等高分子材料实现产业化生产，制备出超滤膜/微滤膜部分替代高端进口产品；杂环聚芳醚、聚酰亚胺等高性能膜材料产业化生产。突破海水淡化高压反渗透膜及组件制备技术瓶颈，基本满足国内海水淡化厂对反渗透膜的需求；突破物料分离纳滤膜制备技术瓶颈，实现化工、医药等重点行业纳滤物料分离膜的自给。围绕溶剂分离的需求，重点开发疏水型渗透气化膜材料。进行高性能分离膜在海水淡化和资源化利用、废水零排放、油田采出水回用、有机溶剂脱水等方面的示范应用。

2035 年：突破反渗透、纳滤膜制备各类原材料国产化的制备技术瓶颈，实现各类高端反渗透、纳滤膜制备原材料的自给；突破杂环聚芳醚、聚酰亚胺等高性能膜材料的制备技术、批量化生产技术，实施高性能膜材料产业化生产，实现高性能膜材料的国产化。实现各类反渗透、纳滤膜的全面国产化；开发高性能液体分离膜规模化生产的关键共性技术，降低制造成本，推进高性能液体分离膜的产业化；突破高性能离子交换膜的规模化制备技术；实现高性能分离膜的规模化应用。

2. 重点发展任务

2025 年：优化 PVDF、聚砜等膜材料产品生产工艺技术，提高产品品质；突破耐高温、耐酸碱、耐有机溶剂的高性能分离膜材料的制备技术和高性能纳滤膜的制备技术；解决海水反渗透膜脱盐率相对不高、稳定性差的技术瓶颈；突破渗透气化有机无机复合膜材料规模化制备技术。开发高性能液体分离膜规模化生产的关键共性技术，开展高性能分离膜在海水淡化和资源化利用、废水零排放、油田采出水回用、有机溶剂脱水等方面的应用技术及示范。

2035 年：深入开展反渗透、纳滤膜制备用原材料的制备技术研究，实现反渗透、纳滤膜的全面国产化；优化膜结构和制备工艺，突破高性能离子交换膜等规模化制备技术，实现高性能离子交换膜产业化。推进液体分离膜在各行业的应用，重点突破高性能分离膜在海水淡化和资源化利用、废水零排放、油田采出水回用等方面的规模化应用。

3.3　气体分离膜用高分子材料

3.3.1　气体分离膜用高分子材料的种类范围

气体分离膜的基本原理是混合气体中各组分在一定的化学式梯度（如压力差、浓度差、电势差）推动下透过膜的速率不同，从而实现对各组分的分离。早期气体分离高分子膜材料主要有聚二甲基硅氧烷（PDMS）、聚砜（PSF）、醋酸纤维素、乙基纤维素（EC）、聚碳酸酯（PC）等。以聚酰亚胺（PI）和聚芳醚为代表的芳杂环新型高分子材料具有透气选择性高等优点，已广泛应用于 H_2/N_2、O_2/N_2、H_2/CH_4、CO_2/N_2、CO_2/CH_4 等气体体系的分离纯化，且分离效果良好。

气体分离膜技术受 20 世纪 60～70 年代的膜法水处理技术发展的影响，在 80 年代逐步实现工业化。自 90 年代以来气体分离膜主要集中在氢回收、富氮、天然气分离及有机蒸气回收等领域，其市场分布如表 3-8 所示。

表 3-8　气体分离膜主要市场分布[134]

应用	分离体系	市场规模/(百万美元/a)
氢回收	H_2/N_2，CH_4，CO	200
富氮	N_2/O_2	800
天然气分离	CO_2/CH_4 等	300
有机蒸气回收	VOCs/N_2，Ar 等	100

目前，气体分离膜的市场规模在 10 亿～15 亿美元/a，上述气体分离膜占全部气体分离膜市场的 90%以上。其中富氮膜的市场规模最大，估计在 8 亿美元左右。国内气体分离膜市场份额不详，随着我国经济不断发展，国内气体分离膜市场所占份额持续增长，针对不同应用背景，其在国际上所占比例为 10%～40%。

为了摆脱国外制约，气体分离膜材料的国产化问题是我国目前急需解决的问题。作为一种新的分离方法，气体分离膜材料在氢气、氦气、天然气、空气分离以及在石油化工过程中占据重要地位，对我国的国民经济、国防军工建设起着重要支撑和保障作用。目前用于氢回收、富氮、天然气分离等领域的气体分离膜材料主要涉及聚砜、聚苯醚（PPO）、聚碳酸酯、聚醚酰亚胺（PEI）、聚酰亚胺等[135, 136]，这些膜材料及膜制备技术主要集中在欧、美、日等发达国家和地区。表 3-9 列出了国外和我国气体膜分离技术首次工业化时间，我国在新型膜材料制备和商业化方面存在严重不足，目前主要依靠进口，严重制约了我国气体分离膜材料的发展和气体分离膜的商业化进程。

表 3-9 国外和我国气体膜分离技术在不同领域首次工业化时间比较

气体膜分离	国外首次工业化	国内首次工业化	落后年限/年
富氮	1987 年美国首次开发成功膜法富氮技术，20 世纪 90 年代中期开发了移动式膜法富氮车	1999 年国内第一台车载移动富氮车在辽河油田开车成功	12
提氢	1979 年 Monsanto 公司与 Air Products 公司开发出的 Prsim 氢分离膜	1985 年中国科学院大连化学物理研究所国内首次成功研制中空纤维 N_2/H_2 分离器，第一个工业化应用项目为中国石油化工总公司镇海石油化工总厂	6
VOC 分离	1988 年日东电工和日本钢管株式会社公司回收汽油蒸气的工业膜装置投入使用	2001 年天邦膜技术国家工程研究中心有限责任公司在金陵石化公司塑料厂建立国内第一套有机蒸气回收（丙烯）工业装置	13
CO_2 分离	1983 年 Cynara 在美国得克萨斯州建立了世界第一座膜法天然气净化厂	2006 年天邦膜技术国家工程研究中心有限责任公司在海南建立了国内第一套膜法 CO_2 分离的装置	23
脱湿	早在 20 世纪 80 年代初，Permea 公司就开始研制膜法脱湿的工业化设备，到 1987 年 Cactus 膜法脱湿分离器实现了工业化	1994 年中国科学院大连化学物理研究所研制出中空纤维膜脱水装置，1998 年在长庆油田进行了天然气膜法脱湿的现场实验	11

3.3.2 气体分离膜用高分子材料现状与需求分析

1. 气体分离膜用高分子材料发展现状

针对气体分离膜的气体渗透通量及选择性之间的“Trade-off”效应，研究者通过分子设计赋予传统高性能分离膜材料选择性通道[137-140]、与自具规则孔道多孔材料制备混合基质膜[141-145]等手段，以期突破“Trade-off”效应，改善膜性能。

Smith 等[137]合成并比较了两组部分氟化 6 FDA 基聚酰亚胺（图 3-10）的结构与性能关系，阐明了脂肪族和芳香族氟取代对纯气渗透性、扩散、吸附和传输能量的影响。纯气渗透性随着氟化而增加，主要是由于气体在两种氟代脂肪族和芳香族聚酰亚胺膜中的扩散系数增加。

Lee 等[138]合成了两种新型生物基二酐[5, 5′-（均三亚甲基）双（4-甲基苯酐）和 5, 5′-（9*H*-芴-9, 9-二基）双（4-甲基苯酐）]，与含 Tröger’s Base 的二胺聚合制备了两种含 TB 单元的生物基聚酰亚胺（Bio-TBPI-1 和 Bio-TBPI-2）。该生物基聚酰亚胺表现出较高的 BET 表面积（～500 m^2/g）、CO_2 吸收量和 FFV，丰富了膜内的微孔结构，增强了膜的分子筛分效应，提高了气体的透过率。两种生物基聚酰亚胺对 H_2/N_2、O_2/N_2、CO_2/CH_4 均表现出优异的分离性能，特别是对 H_2/CH_4 的分离性能达到了 2008 年 Robeson 上限，见图 3-11。

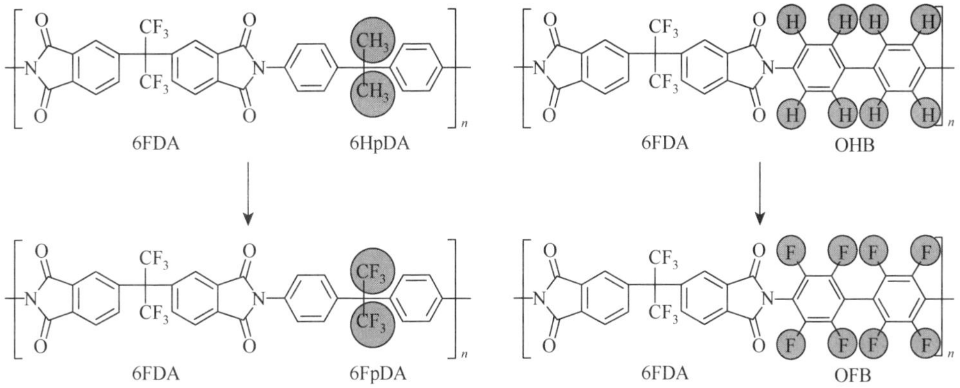

图 3-10　不同氟代度的聚酰亚胺

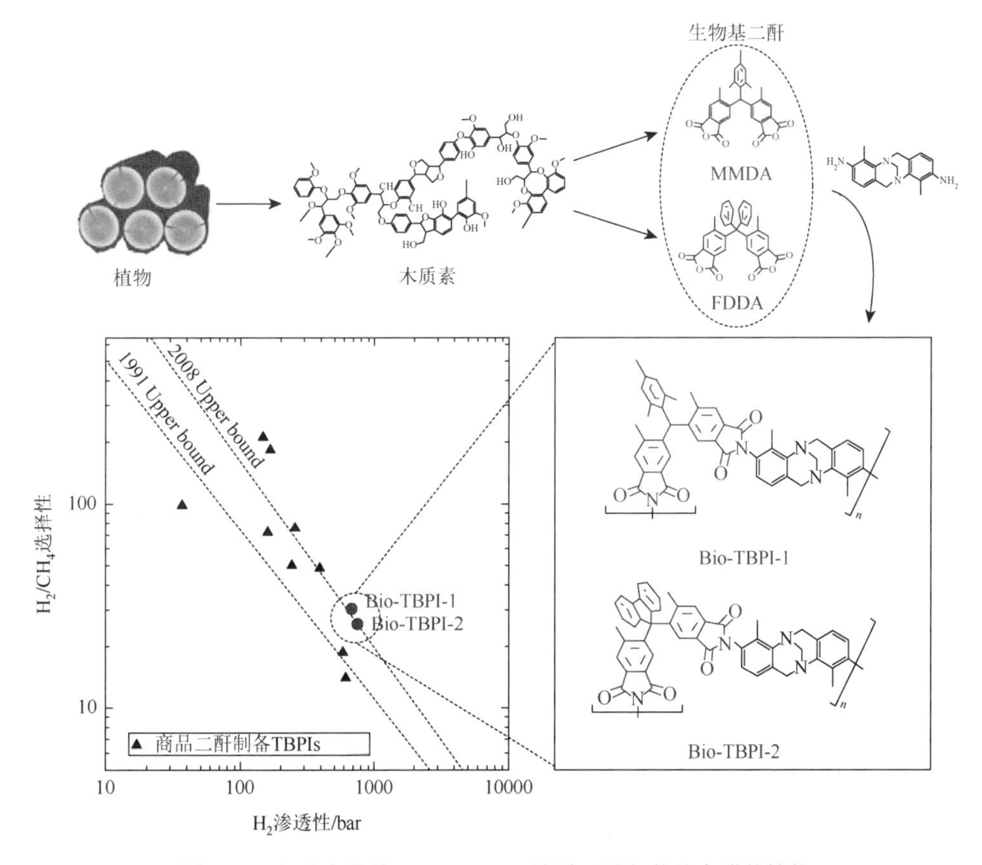

图 3-11　部分生物基 Tröger’s Base 聚酰亚胺气体分离膜的性能

Liu 等[140]设计合成了一种新型刚性、扭曲的含二氮杂萘酮结构的四羟基单体

（TPHPZ），并与 5, 5′, 6, 6′-四羟基-3, 3, 3′, 3′-四甲基-1, 1′-螺旋联吲哚（TTSBI）和 2, 3, 5, 6-四氟对苯二甲腈（TFTPN）共聚合，制备了一系列自具微孔杂萘联苯基共聚物，其合成路线见图 3-12，所制备的膜具有高的比表面积（693～812 m^2/g），膜对 CO_2/CH_4 的分离性能超过了 2008 Robeson 上限，H_2/N_2 和 O_2/N_2 的分离性能接近 2008 Robeson 上限。

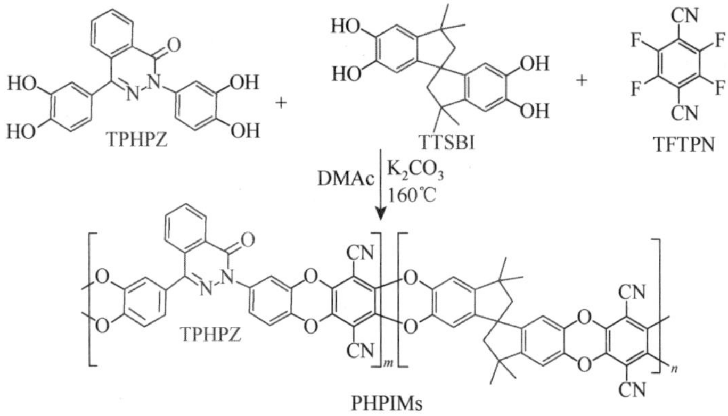

图 3-12　自具微孔杂萘联苯基共聚物的合成路线

如果将多孔材料整合到气体分离膜中，有望同时提高气体渗透性和选择性。但由于传统多孔材料与聚合物基质之间相容性较差，易形成界面通路，进而降低膜的特异选择性。Zhao 等[145]制备了一种具有超小选择性孔的三维共价有机框架（COFs），将其分别分散于两种不同的聚合物基质，包括玻璃态 6 FDA-DAM 和橡胶态 Pebax，以考察 COFs 填料改善膜分离性能的有效性。COFs 的有机性质使所得混合基质膜具有良好的界面相容性，COF-300 填料可以增加膜的自由体积，从而提高膜的气体透过率；COF-300 填料的超细孔及其表面的刚性聚合物链可以增强膜的分子筛分性能，从而提高膜气体对的选择性，如图 3-13 所示。

我国的气体分离膜目前主要依赖进口，国际上主要的气体分离膜公司有美国 Air Products 公司（Prism 系列）、捷能（Generon）、法国 Air-Liquide Advanced Separations（ALaS）公司（Medal 系列）、德国的 Parker 公司、Evonik 公司及日本宇部兴产等，见表 3-10。

表 3-10　全球主要气体分离膜企业

企业名称	所属国家	主要情况
Air Products 公司	美国	是一家世界领先的工业气体公司，成立于 1940 年。其分离膜产品为 Prism®系列（采用 PS），主要有氮气分离膜、氢气分离膜、沼气分离膜、富氧空气分离膜及机载惰性气体发生系统分离膜等

续表

企业名称	所属国家	主要情况
Membrane Technology &Research（MTR）公司	美国	成立于 1982 年，主要为石油化工厂、炼油厂和天然气处理设施提供全面的气体分离解决方案，主要产品有 VaporSep®、LPG-Sep™
Generon 公司	美国	在分离膜方面拥有主要用于空气和工艺气体分离的膜组件系列产品 GENERON®（采用四溴聚碳酸酯），具体包括氮膜组件、氧膜组件、脱水膜组件、工艺气体膜组件
ALaS 公司	美国	成立于 1902 年，主要进行气体分离、气体净化用中空纤维膜、完整的膜系统的设计、建造和生产 主要产品包括 MEDAL™ 膜（主要用于空气分离、制氮、二氧化碳去除、氢气提纯，采用聚酰亚胺/聚酰胺）、PoroGen 膜（材料使用 PEEK，可用于气体分离、气体/液体转移、杂化吸附等）、创新膜系统（IMS，可用于空气脱水、高压氮回收等）
Hydrogenics 公司	加拿大	全球氢气和燃料电池产品制造与服务商，应用于交通工具和储能领域
Cameron（NATCO）公司	美国	全球领先的油气工业设备与服务提供商，2009 年兼并 NATCO 集团开始涉足膜技术领域，商业化气体分离膜组件已经有 30 年历史，产品为 Cynara（CA）
Ube Industries（宇部兴产）	日本	专用化学产业提供中空纤维 PI 膜及气体分离系统，包括氢气回收、压缩空气除湿、有机溶剂脱水、浓缩氮和二氧化碳分离、生物乙醇和二氧化碳分离膜等，2015 年膜产品占公司总收入的 10%，接近 6 亿美元
天邦膜技术国家工程研究中心有限责任公司	中国	成立于 2000 年，中国科学院批准，国家发改委审定，国家市场监督管理总局核准的专业从事膜分离技术研究、开发、生产、经营的享誉国内外的高新技术企业 以气体分离膜为主：氮氢膜、有机蒸气膜、富氧膜、富氮膜

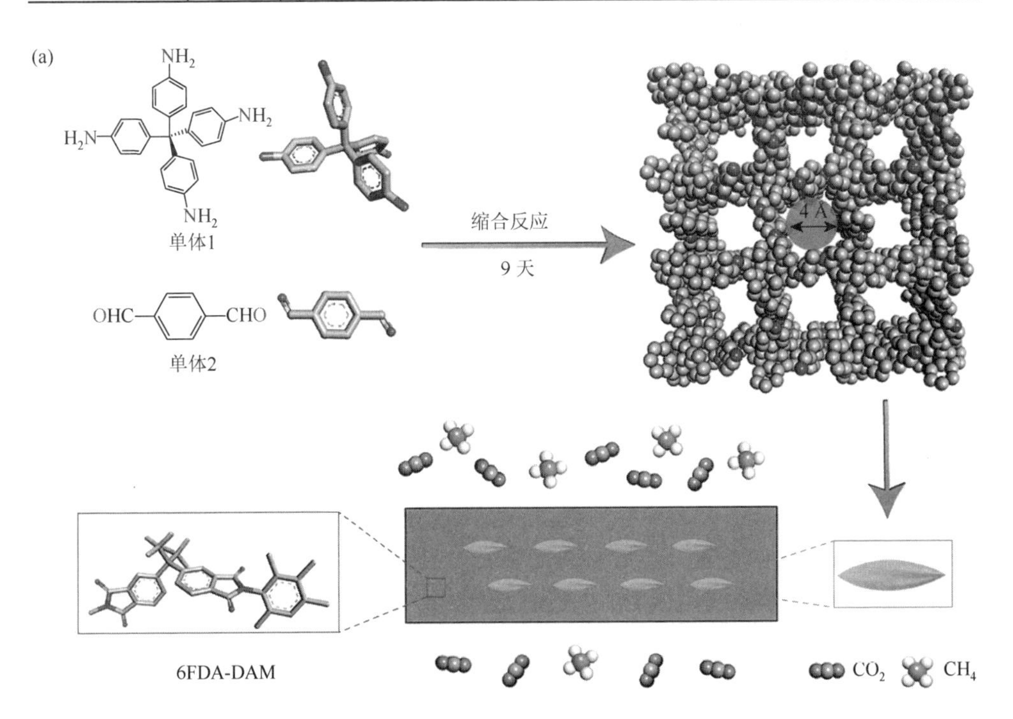

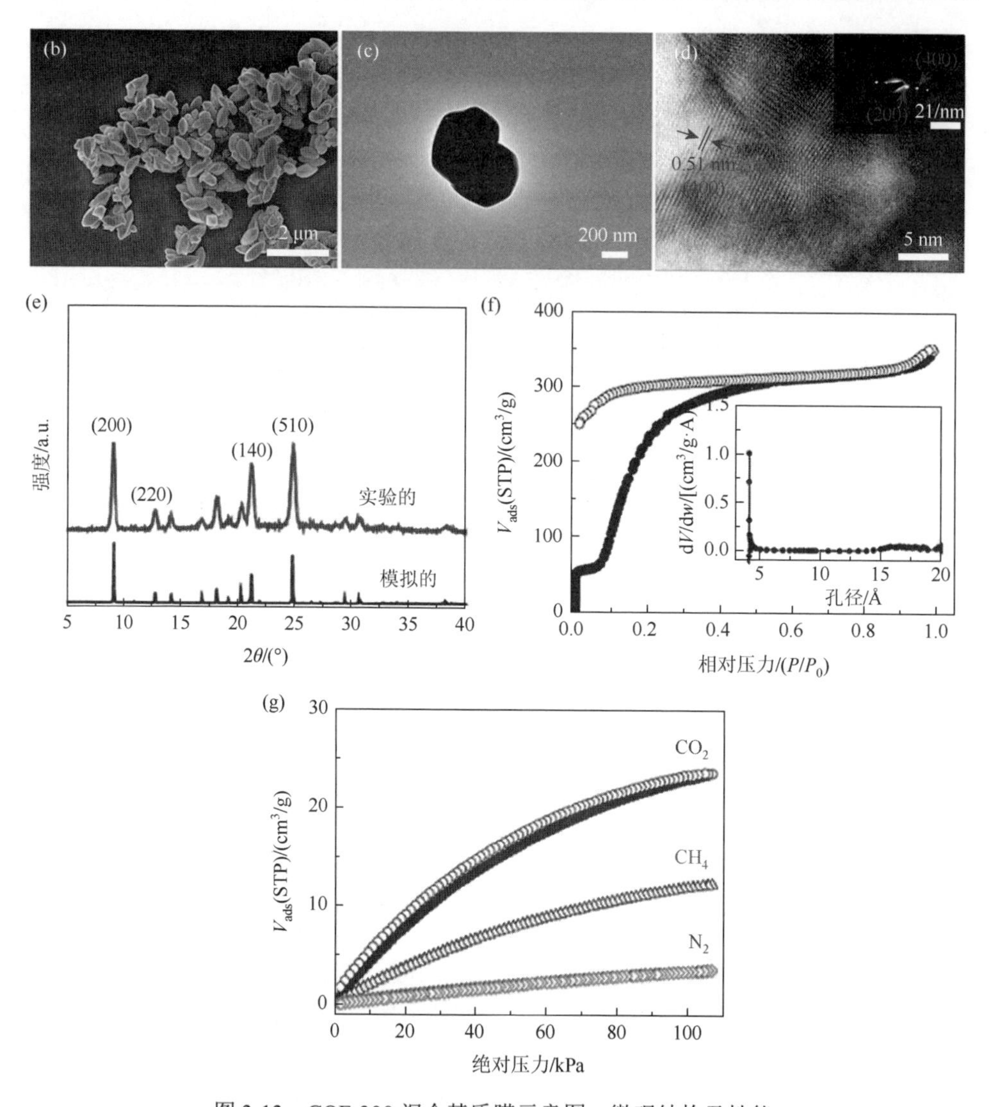

图 3-13　COF-300 混合基质膜示意图、微观结构及性能

(a) COF-300 填料制备示意图和用于 CO_2/CH_4 分离的 COF-300/6 FDA-DAM MMMs 的制备；(b) 具有纺锤形状的 COF-300 晶体的 FESEM 图像；(c) COF-300 晶体的透射电子显微镜（TEM）图像；(d) 具有有序晶格结构的 COF-300 高分辨率 TEM 图像；(e) COF-300 的粉末 XRD 模式；(f) COF-300 晶体的 N_2 吸附等温线（77K）；(g) 298K 下 COF-300 的 CO_2、CH_4 和 N_2 的吸附等温线

美国 Air Products 公司以聚砜为膜材料，采用干湿法制备氮氢分离膜及富氮气体分离膜。聚碳酸酯在 220～230℃熔融，没有明显的熔点，是 Generon IGS 目前主要的膜材料。聚酰亚胺具有很好的热稳定性和耐有机溶剂能力，玻璃化转变温度高，是一类较好的膜材料。Parker 公司采用较高分子量聚苯醚制备富氮膜，其渗透系数非常高，但氧氮分离系数较低，由于其较低的玻璃化转变温度严重限制

了其在高温状态下的应用。目前，ALaS 公司、Evonik 公司和日本宇部兴产主要制备聚酰亚胺类中空纤维气体分离膜，该膜可以在较高温度下使用，是未来气体分离膜材料的发展方向之一。

就我国的气体分离膜而言，中国科学院大连化学物理研究所开发的聚砜氮氢气体分离膜实现了工业应用，开发的中空纤维富氮气体分离膜，可初步满足我国飞机油箱惰性化要求，具有一定的竞争优势。在新型高性能聚合物膜材料研发方面，大连理工大学开发的杂环聚芳醚类膜材料具有耐高温、分离选择性高的优点，在氮氢分离、氧氮分离、天然气处理方面潜力巨大。聚乙烯基胺类聚合物则是可用于烟道气碳捕集、合成气净化、天然气和沼气脱碳等领域的非常有潜力的膜材料，目前已完成实验室开发，并初步实现了工业规模制备。但是，在高温膜、高效气体分离膜材料研制方面，国内起步较晚，与国外差距还是比较明显的。在气体分离膜的制备和生产技术方面，美国、法国、德国和日本的几个膜技术公司，技术较为成熟，占据垄断地位。由于国际环境因素，为了尽快打破国外的技术封锁，摆脱国外制约，进行新型高效气体分离膜材料研制开发非常重要。

2. 气体分离膜用高分子材料需求分析

氢能在燃料电池及石油化工中的重要性，使得氢气分离膜在膜分离领域中占据非常重要的地位。我国目前商业化氮氢气体分离膜由于其较低的渗透通量与分离性能已无法满足目前氢能领域对氢气分离纯化的要求。此外，从天然气中提氦也是我国目前急需解决的技术难题。开发高分离性能的氢气与氦气分离杂环聚芳醚类、聚酰亚胺膜材料，以及高通量、高效气体分离膜与膜组件可以为我国氢源及氦气资源的开发、燃料电池、石油化工等提供一种新的廉价氢源供应途径，为我国氦气资源的开发提供技术保证。

富氮膜作为一种新的氮气来源途径，在石化工业中特别在油田系统中的应用非常广泛，可用于二次/三次采油、油气井保护、钻井平台的惰气化保护等。膜法富氮技术是解决我国飞机油箱惰性化保护的最佳方法，由于油箱惰化膜组件被国外垄断，我国飞机油箱惰化系统装载量仅为 10%～20%，市场空间巨大。新型高效富氮膜将面向我国航空领域，打破国外对我国航空惰化富氮膜的垄断，逐步实现我国飞机油箱膜组件的国产化替代，提升飞机的安全性和适航性。富氮膜在各个应用领域的市场规模每年都在增加，每年应该在亿元到几亿元级别。

CO_2 气体膜分离技术已在天然气净化和烟道气碳捕集等领域逐渐开始从实验到大规模工业应用的转变，有望成为一项高效节能和对环境友好的新型分离技术，并有潜力用于其他多种工艺过程（如合成气净化、沼气脱碳等）。国内 CO_2 分离聚合物膜材料发展较快，如聚乙烯基胺类膜材料已处于工业示范探索阶段，已开发的 CO_2 分离膜性能则处于国际领先水平。因此，可通过优先推动 CO_2 分离膜材料的发展，开发出完整的气体膜分离技术链，进而促进其他气体膜材料的开发。未来 15 年内，CO_2 分离膜材料在国家战略层面上可给予重视。

石油目前是我国的主要能源之一，而汽油在运输、储存过程中挥发大量油气造成经济、能源的巨大浪费和严重的环境问题。我国已经制订了国家的油气排放标准（<25 mg/L），为了解决油气排放的安全与达标问题，我国油库与加油站必须进行油气回收系统的安装与改造。油气回收膜分离过程是目前最经济实用的一种油气回收过程，具有高效、节能、操作简单和不产生二次污染并能回收有机溶剂等特点，其排放气为洁净空气，符合环保要求，社会效益显著。目前世界上许多国家都在积极开展膜法汽油蒸气回收技术的研究与开发工作。我国每年的油品损耗量高于 800 万 t，每年损失 200 多亿元。针对我国的油气排放标准，2000 多个成品油库和近 10 万个加油站必须进行油气回收系统的安装与改造。发展油气回收复合气体分离膜是解决我国目前油气回收的最有效途径。天然气利用和输送中的脱水、脱二氧化碳和脱硫化氢，以及实现煤的清洁利用，迫切需要开发高性能的气体分离与净化膜材料。天然气脱水和脱除二氧化碳、硫化氢的传统处理方法设备庞大、投资高、运行费用大。特别在海上天然气开采中，有限的平台面积限制传统方法的应用。膜技术用于天然气净化具有占地少、投资省、成本低的优势，其研究与应用对我国天然气的综合利用产生重大影响。

3.3.3 气体分离膜用高分子材料存在的问题

目前用于氢回收、富氮膜、天然气分离净化等领域的气体分离膜材料主要涉及聚砜、聚苯醚、聚碳酸酯、聚醚酰亚胺、聚酰亚胺等，但是这些膜材料及膜的制备主要集中在欧、美、日等发达国家和地区。以聚砜为例，我国经过近十年的发展，膜材料性能基本达到国外性能指标，可以满足气体分离膜的要求，但其较低的分离性能和使用温度限制了其未来的商业化发展。由于其卓越的耐高温性及高分离性能，聚醚酰亚胺、聚酰亚胺等高分子材料是未来气体分离膜的发展方向。美国 Air Products 公司、法国 ALaS 公司、德国 Evonik 公司、日本宇部兴产都正在推出和开发新型聚酰亚胺气体分离膜材料与膜组件，满足不断提升的氢气分离、氦气分离、航空惰化等新兴市场要求。

我国目前在气体分离膜材料方面主要瓶颈表现为：在膜材料方面表现为高分离性能聚酰亚胺、膜分离材料的合成、工业化制备及工业化稳定性方面存在差距；在膜制备方面需要发展新型气体分离膜制备技术，提升气体分离膜的通量、分离性能和质量稳定性；在膜组件开发与应用方面，加强气体分离膜组件设计和开发能力，提升膜组件的耐高温高压性能，实现高通量高效的气体分离性能。

3.3.4 气体分离膜用高分子材料发展愿景

1. 战略目标

根据气体分离膜的发展需求，发展新型高分离性能的杂环聚芳醚、聚酰亚胺、聚乙烯基胺类膜材料，并实现其工业化制备，发展针对不同分离体系的系列中空纤维气体分离膜，提升气体分离膜组件设计和开发能力，实现高通量高效的气体分离性能，满足氢气与氦气分离、空气分离、航空惰化、烟道气碳捕集、能源气体净化等新兴市场的要求，保证民用、工业及国防军工的需求，构建高通量高效气体分离膜材料产业。

2025 年：通过自主创新和优化设计，发展用于氢气与氦气分离的新型杂环聚芳醚、聚酰亚胺、聚乙烯基胺类膜材料，实现其工业化制备，发展针对氢气与氦气分离的中空纤维气体分离膜与膜组件，满足氢气分离、氦气分离市场要求，国内市场占有率在 30%以上；开发出高性能 CO_2/N_2 分离膜材料及规模化制备工艺，开始实现工业化生产，逐步形成国际领先高效实用的完整烟道气碳捕集（CO_2/N_2 分离）膜技术链，鼓励电厂和水泥厂推广烟道气碳捕集膜技术。

2035 年：发展新型富氮杂环聚芳醚、聚酰亚胺等分离膜材料，突破其工业化制备技术，满足空气分离、航空惰化、合成气纯化等市场要求，初步保证国家型号研制任务进度与小批量装配任务，逐步形成完整的合成气纯化膜技术链。实现多种适应气体分离膜发展需求的高性能气体分离聚合物膜材料的工业制备，构建高通量高效气体分离膜材料产业，国内民用市场在 60%以上，满足工业及国防军工的需求。

2. 重点发展任务

2025 年：针对不同的分离体系，通过自主创新和优化设计，发展高渗透性、高分离性能的富氮杂环聚芳醚、聚酰亚胺、聚乙烯基胺膜材料，并实现其工业化制备，控制聚合物的质量稳定性；发展针对氢气与氦气分离、烟道气碳捕集（CO_2/N_2 分离）、空气分离（O_2/N_2 分离）的气体分离膜与膜组件。

2035 年：突破富氮膜、CO_2/H_2 等分离膜的工业化制备技术，提升膜的通量、分离性能和质量稳定性，提升气体分离膜组件设计和开发能力，建立中试及示范装置，并实现其工业化制备和质量一致性，构建高通量高效气体分离膜材料产业，支撑我国的国民经济、国防军工建设。

参考文献

[1] 国家新材料产业发展战略咨询委员会. 2017“十三五”新材料技术发展报告. http://www.nacmids.org/home/

result/info/id/105/catld/58.html，2018，5.

[2] 国家新材料产业发展战略咨询委员会. 2016“十三五”新材料技术发展报告. http://www.nacmids.org/home/result/infolid/202/catld/58.html，2016，12.

[3] 屠海令，陈思联，李腾飞，等. 中国新材料产业“十三五”发展的重要方向. 科技中国，2017，9：64-70.

[4] 郑萌，马晓璇. 高性能分离膜材料现状研究. 新材料产业，2018，8：39-42.

[5] 冯瑞华. 水处理膜材料技术及产业发展现状. 新材料产业，2017，3：40-44.

[6] 严倩宇，唐远征，陈丰. 水处理膜材料技术及产业发展现状. 环渤海经济瞭望，2017，12：199.

[7] 郑祥，魏源送，王志伟，等. 中国水处理行业可持续发展战略研究报告（膜工业卷 II），2016，5.

[8] Gu Q，Ng T C A，Zang W，et al. Surface engineered alumina microfiltration membranes based on rationally constructed core-shell particles. Journal of the European Ceramic Society，2020，40（15）：5951-5958.

[9] Liu P，Zhang S，Wang Y，et al. Preparation and characterization of thermally stable copoly（phthalazinone biphenyl ether sulfone）hollow fiber ultrafiltration membranes. Applied Surface Science，2015，335：189-197.

[10] Alsohaimi I H，Kuma M，Algamdi M S，et al. Antifouling hybrid ultrafiltration membranes with high selectivity fabricated from polysulfone and sulfonic acid functionalized TiO_2 nanotubes. Chemical Engineering Journal，2017，316：573-583.

[11] Haghighat N，Vatanpour V，Sheydaei M，et al. Preparation of a novel polyvinyl chloride（PVC）ultrafiltration membrane modified with Ag/TiO_2 nanoparticle with enhanced hydrophilicity and antibacterial activities. Separation and Purification Technology，2020，237：116374.

[12] Jiang B，Zhang N，Zhang L，et al. Enhanced separation performance of PES ultrafiltration membranes by imidazole-based deep eutectic solvents as novel functional additives. Journal of Membrane Science，2018，564：247-258.

[13] Maalige N R，Aruchamy K，Mahto A，et al. Low operating pressure nanofiltration membrane with functionalized natural nanoclay as antifouling and flux promoting agent. Chemical Engineering Journal，2019，358：821-830.

[14] Van der Bruggen B，Manttari M，Nystrom M. Drawbacks of applying nanofiltration and how to avoid them：A review. Separation and Purification Technology，2008，63（2）：251-263.

[15] Zhou D，Zhu L，Fu Y，et al. Development of lower cost seawater desalination processes using nanofiltration technologies：A review. Desalination，2015，376：109-116.

[16] Anias S F，Hahhaikeh R，Hilal N. Reverse osmosis pretreatment technologies and future trends：A comprehensive review. Desalination，2019，452：159-195.

[17] Ormanci-Acar T，Mohammadifakhr M，Benes N，et al. Defect free hollow fiber reverse osmosis membranes by combining layer-by-layer and interfacial polymerization. Journal of Membrane Science，2020，610：118277.

[18] 潘淑芳，钟鹭斌，苑志华，等. 正渗透膜材料及其应用技术研究进展. 水处理技术，2015，41（11）：1-6.

[19] Liu P，Zhang S H，Han R L，et al. Effect of additives on the performance of PPBES composite forward osmosis hollow fiber membranes. ACS Omega，2020，5（36）：23148-23156.

[20] 刘鹏，张守海，王涛，等. 杂萘联苯共聚醚砜复合正渗透膜的制备和性能. 膜科学与技术，2016，36（4）：12-19.

[21] Zhang S，Liu P，Chen Y，et al. Preparation of thermally stable composite forward osmosis hollow fiber membranes based on copoly（phthalazinone biphenyl ether sulfone）substrates. Chemical Engineering Science，2017，166：91-100.

[22] Diaz Nieto C H，Rabaey K，Flexer V. Membrane electrolysis for the removal of Na^+ from brines for the subsequent recovery of lithium salts. Separation and Purification Technology，2020，252：117410.

[23] Singh A K，Bhushan M，Shahi V K. Alkaline stable thermal responsive cross-linked anion exchange membrane for the recovery of NaOH by electrodialysis. Desalination，2020，494：114651.

[24] Zhao J，Ren L，Chen Q，et al. Fabrication of cation exchange membrane with excellent stabilities for electrodialysis：A study of effective sulfonation degree in ion transport mechanism. Journal of Membrane Science，2020，615：118539.

[25] Golubenko D，Yaroslavtsev A. Development of surface-sulfonated graft anion-exchange membranes with monovalent ion selectivity and antifouling properties for electromembrane processes. Journal of Membrane Science，2020，612：118408.

[26] Vane L M. Review：Membrane materials for the removal of water from industrial solvents by pervaporation and vapor permeation. Journal of Chemical Technology and Biotechnology，2019，94（2）：343-365.

[27] Gao Z，Naderi A，Wei W，et al. Selection of crosslinkers and control of microstructure of vapor-phase crosslinked composite membranes for organic solvent nanofiltration. Journal of Membrane Science，2020，616：118582.

[28] Halakoo E，Feng X. Self-assembled membranes from polyethylenimine and graphene oxide for pervaporation dehydration of ethylene glycol. Journal of Membrane Science，2020，616：118583.

[29] Yang G，Xie Z，Thornton A W，et al. Ultrathin poly(vinyl alcohol)/MXene nanofilm composite membrane with facile intrusion-free construction for pervaporative separations. Journal of Membrane Science，2020，614：118490.

[30] Shin J，Yu H，Park J，et al. Fluorine-containing polyimide/polysilsesquioxane carbon molecular sieve membranes and techno-economic evaluation thereof for C_3H_6/C_3H_8 separation. Journal of Membrane Science，2020，598：117660.

[31] Akhtar F H，Kumar M，Villalobos L F，et al. Polybenzimidazole-based mixed membranes with exceptionally high water vapor permeability and selectivity. Journal of Materials Chemistry A，2017，5：21807-21819.

[32] Yuan K，Liu C，Zhang S，et al. Phthalazinone-based copolymers with intrinsic microporosity（PHPIMs）and their separation performance. Journal of Membrane Science，2017，541：403-412.

[33] 余亚伟，周勇. 聚砜材料在膜技术中的应用研究. 水处理技术，2016，42（4）：1-6.

[34] Lalia B S，Kochkodan V，Hashaikeh R，et al. A review on membrane fabrication：Structure，properties and performance relationship. Desalination，2013，326：77-95.

[35] Wibisono Y，Cornelissen E R，Kemperman A J B，et al. Two-phase flow in membrane processes：A technology with a future. Journal of Membrane Science，2014，453：566-602.

[36] Zhang R，Liu Y，He M，et al. Antifouling membranes for sustainable water purification：Strategies and mechanisms. Chemical Society Reviews，2016，45（21）：5888-5924.

[37] Zhao J，Yang J，Li Y，et al. Improved permeability and biofouling resistance of microfiltration membranes via quaternary ammonium and zwitterion dual-functionalized diblock copolymers. European Polymer Journal，2020，135：109883.

[38] Park H，Oh H，Jee K，et al. Synthesis of PVDF/MWCNT nanocomplex microfiltration membrane via atom transfer radical addition（ATRA）with enhanced fouling performance. Separation and Purification Technology，2020，246：116860.

[39] Xue S，Li C，Li J，et al. A catechol-based biomimetic strategy combined with surface mineralization to enhance hydrophilicity and anti-fouling property of PTFE flat membrane. Journal of Membrane Science，2017，524：409-418.

[40] Xu M，Xie R，Ju X，et al. Antifouling membranes with bi-continuous porous structures and high fluxes prepared by vapor-induced phase separation. Journal of Membrane Science，2020，611：118256.

[41] Liu Y，Cheng P，Guo Q，et al. Ag nanoparticles decorated PVA-*co*-PE nanofibrous microfiltration membrane with antifouling surface for efficient sterilization. Composites Communications，2020，21：100379.

[42] Zhang L，Lin Y，Wang S，et al. Engineering of ultrafine polydopamine nanoparticles *in-situ* assembling on polyketone substrate for highly-efficient oil-water emulsions separation. Journal of Membrane Science，2020，613：118501.

[43] Yun T，Kwak S Y. A regenerable antifouling membrane bearing a photoresponsive crosslinked polyethylenimine layer. Journal of Membrane Science，2020，604：117955.

[44] Bai L，Wu H，Ding J，et al. Cellulose nanocrystal-blended polyethersulfone membranes for enhanced removal of natural organic matter and alleviation of membrane fouling. Chemical Engineering Journal，2020，382：122919.

[45] Huang R，Liu Z，Yan B，et al. Layer-by-layer assembly of high negatively charged polycarbonate membranes with robust antifouling property for microalgae harvesting. Journal of Membrane Science，2020，595：117488.

[46] Lv J，Zhang G，Zhang H，et al. Graphene oxide-cellulose nanocrystal（GO-CNC）composite functionalized PVDF membrane with improved antifouling performance in MBR：Behavior and mechanism. Chemical Engineering Journal，2018，352：765-773.

[47] Zhu Y，Wang J，Zhang F，et al. Zwitterionic nanohydrogel grafted PVDF membranes with comprehensive antifouling property and superior cycle stability for oil-in-water emulsion separation. Advanced Functional Materials，2018，28（40）：1804121.

[48] Huang Y，Feng X. Polymer-enhanced ultrafiltration：Fundamentals，applications and recent developments. Journal of Membrane Science，2019，586：53-83.

[49] Ahmad A L，Abdulkarim A A，Ooi B S，et al. Recent development in additives modifications of polyethersulfone membrane for flux enhancement. Chemical Engineering Journal，2013，223：246-267.

[50] Zhao C，Xue J，Ran F，et al. Modification of polyethersulfone membranes：A review of methods. Progress in Materials Science，2013，58（1）：76-150.

[51] 王姣，张守海，杨大令，等. 非溶剂添加剂对杂萘联苯聚醚砜超滤膜结构和性能的影响. 膜科学与技术，2008，28（3）：50-53，63.

[52] 步肖曼，张守海，薛仁东，等. 聚醚砜与杂萘联苯共聚醚砜共混超滤膜的制备. 膜科学与技术，2018，38（6）：56-62.

[53] Mohammad A W，Teow Y H，Ang W L，et al. Nanofiltration membranes review：Recent advances and future prospects. Desalination，2015，356：226-254.

[54] Marchetti P，Solomon M F J，Szekely G，et al. Molecular separation with organic solvent nanofiltration：A critical review. Chemical Reviews，2014，114（21）：10735-10806.

[55] Paul M，Jons S D. Chemistry and fabrication of polymeric nanofiltration membranes：A review. Polymer，2016，103：417-456.

[56] Anand A，Unnikrishnan B，Mao J Y，et al. Graphene-based nanofiltration nanofiltration membranes for improving salt rejection，water flux and antifouling：A review. Desalination，2018，429：119-133.

[57] Gohil J M，Ray P. A review on semi-aromatic polyamide TFC membranes prepared by interfacial polymerization：Potential for water treatment and desalination. Separation and Purification Technology，2017，181：159-182.

[58] Brami M V，Oren Y，Linder C，et al. Nanofiltration properties of asymmetric membranes prepared by phase inversion of sulfonated nitro-polyphenylsulfone. Polymer，2017，111：137-147.

[59] Zuo H R，Shi P，Duan M. A review on thermally stable membranes for water treatment：Material，fabrication，and application. Separation and Purification Technology，2020，236：116223.

[60] Cheng Q，Zheng Y，Yu S，et al. Surface modification of a commercial thin-film composite polyamide reverse osmosis membrane through graft polymerization of *N*-isopropylacrylamide followed by acrylic acid. Journal of Membrane Science，2013，447：236-245.

[61] Li D，Wang H. Recent developments in reverse osmosis desalination membranes. Journal of Materials Chemistry，2010，20：4551-4566.

[62] Al-Najar B，Peters C D，Albuflasa H，et al. Pressure and osmotically driven membrane processes：A review of the benefits and production of nano-enhanced membranes for desalination. Desalination，2020，479：114323.

[63] Khanzada N K，Farid M U，Kharraz J A，et al. Removal of organic micropollutants using advanced membrane-based water and wastewater treatment：A review. Journal of Membrane Science，2020，598：117672.

[64] Xu G，Xu J，Feng H，et al. Tailoring structures and performance of polyamide thin film composite（PA-TFC）desalination membranes via sublayers adjustment：A review. Desalination，2017，417：19-35.

[65] Jhaveri J H，Murthy Z V P. A comprehensive review on anti-fouling nanocomposite membranes for pressure driven membrane separation processes. Desalination，2016，379：137-154.

[66] Powell J，Luh J，Coronell O. Amide link scission in the polyamide active layers of thin-film composite membranes upon exposure to free chlorine：Kinetics and mechanisms. Environmental Science & Technology，2015，49（20）：12136-12144.

[67] Geise G M，Park H B，Sagle A C，et al. Water permeability and water/salt selectivity tradeoff in polymers for desalination. Journal of Membrane Science，2011，369（1-2）：130-138.

[68] Duan J，Pan Y，Pacheco F，et al. High-performance polyamide thin-film-nanocomposite reverse osmosis membranes containing hydrophobic zeolitic imidazolate framework-8. Journal of Membrane Science，2015，476：303-310.

[69] 郦绍所，周勇，高从堦. 耐氧化芳香聚酰胺反渗透膜的研究进展. 膜科学与技术，2016，36（2）：115-121.

[70] Nebipasagil A，Sundell B J，Lane O R，et al. Synthesis and photocrosslinking of disulfonated poly（arylene ether sulfone）copolymers for potential reverse osmosis membrane materials. Polymer，2016，93：14-22.

[71] Zhao Y，Dai L，Zhang Q，et al. Chlorine-resistant sulfochlorinated and sulfonated polysulfone for reverse osmosis membranes by coating method. Journal of Colloid and Interface Science，2019，541：434-443.

[72] Choudhury S R，Lane O，Kazerooni D，et al. Synthesis and characterization of post-sulfonated poly（arylene ether sulfone）membranes for potential applications in water desalination. Polymer，2019，177：250-261.

[73] 观姗姗，张守海，王晓丽，等. 耐氯性能优良的磺化杂萘联苯共聚醚砜复合纳滤膜. 膜科学与技术，2013，33（4）：17-22.

[74] Wang F，Zheng T，Xiong R，et al. CDs@ZIF-8 modified thin film polyamide nanocomposite membrane for simultaneous enhancement of chlorine-resistance and disinfection byproducts removal in drinking water. ACS Applied Materials & Interfaces，2019，11（36）：33033-33042.

[75] Yang Z，Guo H，Yao Z，et al. Hydrophilic silver nanoparticles induce selective nanochannels in thin film nanocomposite polyamide membranes. Environmental Science & Technology，2019，53（9）：5301-5308.

[76] Ashfaq M Y，Al-Ghouti M A，Zouari N. Functionalization of reverse osmosis membrane with graphene oxide and polyacrylic acid to control biofouling and mineral scaling. Science of the Total Environment，2020，736：139500.

[77] Huang X，Chen Y，Feng X，et al. Incorporation of oleic acid-modified Ag@ZnO core-shell nanoparticles into thin film composite membranes for enhanced antifouling and antibacterial properties. Journal of Membrane Science，2020，602：117956.

[78] Jeon S，Lee J H. Rationally designed *in-situ* fabrication of thin film nanocomposite membranes with enhanced

desalination and anti-biofouling performance. Journal of Membrane Science，2020，615：118542.

[79] Saleem H，Zaidi S J. Nanoparticles in reverse osmosis membranes for desalination：A state of the art review. Desalination，2020，475：114171.

[80] Pepperberg I M. The Alex Studies：Cognitive and Communicative Abilities of Grey Parrots. Cambridge，Mass：Harvard University Press，1999.

[81] Zhai Z，Zhao N，Dong W，et al. *In situ* assembly of a zeolite imidazolate framework hybrid thin-film nanocomposite membrane with enhanced desalination performance induced by noria polyethyleneimine codeposition. ACS Applied Materials & Interfaces，2019，11（13）：12871-12879.

[82] Zhang S，Zhang B，Zhao G，et al. Anion exchange membranes from brominated poly（aryl ether ketone）containing 3, 5-dimethyl phthalazinone moieties for vanadium redox flow batteries. Journal of Materials Chemistry A，2014，2：3083-3091.

[83] Ran J，Wu L，He Y，et al. Ion exchange membranes：New developments and applications. Journal of Membrane Science，2017，522：267-291.

[84] Shin D W，Guiver M D，Lee Y M. Hydrocarbon-based polymer electrolyte membranes：Importance of morphology on ion transport and membrane stability. Chemical Reviews，2017，117（6）：4759-4805.

[85] Wang X. Probing into the mechanism of perfluorinated sulfonic acid resin in chlor-alkali membrane. Chemical World，2013，54（7）：429-434.

[86] Lang W，Niu H，Liu Y，et al. Pervaporation separation of dimethyl carbonate/methanol mixtures with regenerated perfluoro-ion-exchange membranes in chlor-alkali industry. Journal of Applied Polymer Science，2013，129（6）：3473-3481.

[87] Mohammadi F，Rabiee A. Solution casting，characterization，and performance evaluation of perfluorosulfonic sodium type membranes for chlor-alkali application. Journal of Applied Polymer Science，2011，120（6）：3469-3476.

[88] 张永明. 全氟离子交换膜的研究和应用. 膜科学与技术，2008，28（3）：1-4.

[89] 高自宏，王学军，张恒，等. 氯碱用国产离子膜研发及应用. 氯碱工业，2010，46（10）：11-16.

[90] Al-Amshawee S，Yunus M Y B M，Azoddein A A M，et al. Electrodialysis desalination for water and wastewater：A review. Chemical Engineering Journal，2020，380：122231.

[91] Paidar M，Fateev V，Bouzek K. Membrane electrolysis：History，current status and perspective. Electrochimica Acta，2016，209：737-756.

[92] Alvarado L，Chen A. Electrodeionization：Principles，strategies and applications. Electrochimica Acta，2014，132：583-597.

[93] 邱柯卫，苏伟，孙志猛，等. 渗透蒸发脱盐技术研究进展. 膜科学与技术，2020，40（6）：1-17.

[94] Choudhury S，Ray S K. Synthesis of polymer nanoparticles based highly selective membranes by mini-emulsion polymerization for dehydration of 1, 4-dioxane and recovery of ethanol from water by pervaporation. Journal of Membrane Science，2021，617：118646.

[95] Kim H G，Na H R，Lee H R，et al. Distillation-pervaporation membrane hybrid system for epichlorohydrin and isopropyl alcohol recovery in epoxy resin production process. Separation and Purification Technology，2021，254：117678.

[96] Zeng H，Liu S，Wang J，et al. Hydrophilic SPEEK/PES composite membrane for pervaporation desalination. Separation and Purification Technology，2020，250：117265.

[97] 2019 年聚砜（PSF）行业研究报告. 新材料在线. www.xincailiao.com/news/news-detail.aspx?id=561860，

2020-03-13.

[98] Xuan Y N，Gao Y，Huang Y，et al. Synthesis and characterization of phthalazinone poly（aryl ether sulfone ketone）with carbonyl group. Chinese Journal of Polymer Science，2002，20（3）：225-229.

[99] Zhu L，Du C，Xu L，et al. Amphiphilic PPESK-*g*-PEG graft copolymers for hydrophilic modification of PPESK microporous membranes. European Polymer Journal，2007，43（4）：1383-1393.

[100] Zhu L，Xu L，Zhu B，et al. Preparation and characterization of improved fouling-resistant PPESK ultrafiltration membranes with amphiphilic PPESK-graft-PEG copolymers as additives. Journal of Membrane Science，2007，294（1-2）：196-206.

[101] Mu Y，Zhu K，Luan J，et al. Fabrication of hybrid ultrafiltration membranes with improved water separation properties by incorporating environmentally friendly taurine modified hydroxyapatite nanotubes. Journal of Membrane Science，2019，577：274-284.

[102] Kumar M，Sreedhar N，Jaoude M A，et al. High-flux，antifouling hydrophilized ultrafiltration membranes with tunable charge density combining sulfonated poly（ether sulfone）and aminated graphene oxide nanohybrid. ACS Applied Materials & Interfaces，2020，12（1）：1617-1627.

[103] Liu C，Mao H，Zhu J，et al. Ultrafiltration membranes with tunable morphology and performance prepared by blending quaternized cardo poly（arylene ether sulfone）s ionomers with polysulfone. Separation and Purification Technology，2017，179：215-224.

[104] Mavukkandy M O，Bilad M R，Giwa A，et al. Leaching of PVP from PVDF/PVP blend membranes：Impacts on membrane structure and fouling in membrane bioreactors. Journal of Materials Science，2016，51（9）：4328-4341.

[105] Bi Q，Li Q，Tian Y，et al. Hydrophilic modification of poly（vinylidene fluoride）membrane with poly（vinyl pyrrolidone）via a cross-linking reaction. Journal of Applied Polymer Science，2013，127（1）：394-401.

[106] Xu C，Huang W，Lu X，et al. Preparation of PVDF porous membranes by using PVDF-*g*-PVP powder as an additive and their antifouling property. Radiation Physics and Chemistry，2012，81（11）：1763-1769.

[107] Sun H，Yang X，Zhang Y，et al. Segregation-induced *in situ* hydrophilic modification of poly(vinylidene fluoride) ultrafiltration membranes via sticky poly(ethylene glycol) blending. Journal of Membrane Science，2018，563：22-30.

[108] Xie W，Li J，Sun T，et al. Hydrophilic modification and anti-fouling properties of PVDF membrane via *in situ* nano-particle blending. Environmental Science and Pollution Research，2018，25（25）：25227-25242.

[109] Wang P，Tan K，Kang E，et al. Plasma-induced immobilization of poly(ethylene glycol) onto poly(vinylidene fluoride) microporous membrane. Journal of Membrane Science，2002，195（1）：103-114.

[110] Bottino A，Capannelli G，Comite A. Novel porous membranes from chemically modified poly（vinylidene fluoride）. Journal of Membrane Science，2006，273（1-2）：20-24.

[111] Ma Z，Lu X，Wu C，et al. Functional surface modification of PVDF membrane for chemical pulse cleaning. Journal of Membrane Science，2017，524：389-399.

[112] Ma Z，Shu G，Lu X. Preparation of an antifouling and easy cleaning membrane based on amphiphobic fluorine island structure and chemical cleaning responsiveness. Journal of Membrane Science，2020，611：118403.

[113] Tan Z，Chen S，Peng X，et al. Polyamide membranes with nanoscale turing structures for water purification. Science，2018，360（6388）：518-521.

[114] Jiang C，Tian L，Zhai Z，et al. Thin-film composite membranes with aqueous template-induced surface nanostructures for enhanced nanofiltration. Journal of Membrane Science，2019，589：117244

[115] Wang Z，Wang Z，Lin S，et al. Nanoparticle-templated nanofiltration membranes for ultrahigh performance

desalination. Nature Communications，2018，9：2004.

[116] Wang S，Mahalingam D，Sutisna B，et al. 2 D-dual-spacing channel membranes for high performance organic solvent nanofiltration. Journal of Materials Chemistry A，2019，7：11673-11682.

[117] Zhu Y，Xie W，Gao S，et al. Single-walled carbon nanotube film supported nanofiltration membrane with a nearly 10 nm thick polyamide selective layer for high-flux and high-rejection desalination. Small，2016，12（36）：5034-5041.

[118] Lai G S，Lau W J，Goh P S，et al. Tailor-made thin film nanocomposite membrane incorporated with graphene oxide using novel interfacial polymerization technique for enhanced water separation. Chemical Engineering Journal，2018，344：524-534.

[119] Guo H，Peng L，Yao Z，et al. Non-polyamide based nanofiltration membranes using green metal-organic coordination complexes：Implications for the removal of trace organic contaminants. Environmental Science & Technology，2019，53（5）：2688-2694.

[120] Zhu C，Li H，Yang J，et al. Vacuum-assisted diamine monomer distribution for synthesizing polyamide composite membranes by interfacial polymerization. Journal of Membrane Science，2020，616：118557.

[121] Liang Y，Zhu Y，Liu C，et al. Polyamide nanofiltration membrane with highly uniform sub-nanometre pores for sub-1 Å precision separation. Nature Communications，2020，11（1）：2015.

[122] Tang Y J，Xu Z L，Xue S M，et al. A chlorine-tolerant nanofiltration membrane prepared by the mixed diamine monomers of PIP and BHTTM. Journal of Membrane Science，2016，498：374-384.

[123] Xue J，Jiao Z W，Bi R，et al. Chlorine-resistant polyester thin film composite nanofiltration membranes prepared with β-cyclodextrin. Journal of Membrane Science，2019，584：282-289.

[124] Jin P，Yuan S，Zhang G，et al. Polyarylene thioether sulfone/sulfonated sulfone nanofiltration membrane with enhancement of rejection and permeability via molecular design. Journal of Membrane Science，2020，608：118241.

[125] Guan S，Zhang S，Liu P，et al. Effect of additives on the performance and morphology of sulfonated copoly(phthalazinone biphenyl ether sulfone) composite nanofiltration membranes. Applied Surface Science，2014，295：130-136.

[126] 王榛麟，张守海，石婉玲，等. 磺化杂萘联苯共聚醚砜/聚醚砜复合纳滤膜制备. 水处理技术，2017，43（1）：17-21.

[127] Wieczorek J，Ulbricht M. Amphiphilic poly（arylene ether sulfone）multiblock copolymers with quaternary ammonium groups for novel thin-film composite nanofiltration membranes. Polymer，2021，217：123446.

[128] Su Y，Jian X，Zhang S，et al. Preparation and characterization of quaternized poly（phthalazinone ether sulfone ketone）NF membranes. Journal of Membrane Science，2004，241（2）：225-233.

[129] 颜春，张守海，杨大令，等. 季铵化条件对季铵化聚醚砜酮纳滤膜性能的研究. 功能材料，2007，7：1163-1165，1168.

[130] Li S，Li P，Cai D，et al. Boosting pervaporation performance by promoting organic permeability and simultaneously inhibiting water transport via blending PDMS with COF-300. Journal of Membrane Science，2019，579：141-150.

[131] Wang L，Liu M，Zhao J，et al. Comb-shaped sulfonated poly（ether ether ketone）as a cation exchange membrane for electrodialysis in acid recovery. Journal of Materials Chemistry A，2018，6：22940-22950.

[132] Shukla G，Shahi V K. Sulfonated poly（ether ether ketone）/imidized graphene oxide composite cation exchange membrane with improved conductivity and stability for electrodialytic water desalination. Desalination，2019，

451：200-208.

[133] Fan H，Huang Y，Yip N Y. Advancing the conductivity-permselectivity tradeoff of electrodialysis ion-exchange membranes with sulfonated CNT nanocomposites. Journal of Membrane Science，2020，610：118259.

[134] Galizia M，Chi W S，Smith Z P，et al. 50 th Anniversary perspective：Polymers and mixed matrix membranes for gas and vapor separation：A review and prospective opportunities. Macromolecules，2017，50：7809-7843.

[135] Powell C E，Qiao G G. Polymeric CO_2/N_2 gas separation membranes for the capture of carbon dioxide from power plant flue gases. Journal of Membrane Science，2006，279（1）：1-49.

[136] Nunes S P，Culfaz-Emecen P Z，Ramon G Z，et al. Thinking the future of membranes：Perspectives for advanced and new membrane materials and manufacturing processes. Journal of Membrane Science，2020，598：117761.

[137] Wu A X，Drayton J A，Rodriguez K M，et al. Influence of aliphatic and aromatic fluorine groups on gas permeability and morphology of fluorinated polyimide films. Macromolecules，2020，53（13）：5085-5095.

[138] Hu X，Lee W H，Zhao J，et al. Tröger's base（TB）-containing polyimide membranes derived from bio-based dianhydrides for gas separations. Journal of Membrane Science，2020，610：118255.

[139] Hu X，Lee W H，Bae J Y，et al. Thermally rearranged polybenzoxazole copolymers incorporating Tröger's base for high flux gas separation membranes. Journal of Membrane Science，2020，612：118437.

[140] Yuan K，Liu C，Zhang S，et al. Phthalazinone-based copolymers with intrinsic microporosity（PHPIMs）and their separation performance. Journal of Membrane Science，2017，541：403-412.

[141] Cheng Y，Ying Y，Japip S，et al. Advanced porous materials in mixed matrix membranes. Advanced Materials，2018，30（47）：1802401.

[142] Wang S，Yang L，He G，et al. Two-dimensional nanochannel membranes for molecular and ionic separations. Chemical Society Reviews，2020，49（4）：1071-1089.

[143] Wang Z，Zhang S，Chen Y，et al. Covalent organic frameworks for separation applications. Chemical Society Reviews，2020，49（3）：708-735.

[144] Qian Q，Asinger P A，Lee M J，et al. MOF-based membranes for gas separations. Chemical Reviews，2020，120（16）：8161-8266.

[145] Cheng Y，Zhai L，Ying Y，et al. Highly efficient CO_2 capture by mixed matrix membranes containing three-dimensional covalent organic framework fillers. Journal of Materials Chemistry A，2019，7：4549-4560.

第 4 章　电子信息用功能性高分子材料

4.1　概　　述

新型显示是信息产业重要的战略性和基础性产业，产业带动力强，对国民经济贡献大。《“十三五”国家科技创新专项规划》提出要围绕深空、深海、深地、深蓝四个方面构筑国家先发优势，发展保障国家安全和战略利益的技术体系。其中，深蓝主要指网络空间、信息技术、人工智能领域，上述领域都对电子信息材料有着迫切的需求。电子信息用高性能、功能性高分子材料作为一种重要的电子信息材料，在电子封装、柔性显示、高频高速印刷电路板等众多电子行业有着广泛应用。

第五代移动通信技术（5th generation mobile networks，5G）以其超高密度、超高速率、超低时延、超广连接、超高可靠性和安全性等特点成为新一代的无线移动通信技术，在 5G 高频高速的工作条件下，传输线介质材料的合理选择及参数的设计对传输线的损耗具有决定性的影响，信号传输的完整性和准确性要求传输线介质材料具有低介电常数和低损耗的特性。适合高密度、高频和高速化集成电路应用的低介电、低损耗挠性印刷电路板（flexible printed circuit board，FPCB）国产化材料正成为该行业的研发重点。

近年来，随着可穿戴技术、可折叠手机、超大屏幕显示器等发展，加速了柔性屏渗透率的提升。以高分子材料作为基板，开发轻而薄的柔性显示器成为国际上各大材料和显示面板厂家大力发展的方向。柔性显示屏已被广泛应用于手机、电视、车载显示器等电子产品领域，对航空航天、军事、工业等领域也有重大影响。柔性显示基板材料未来将凭借巨大的市场需求成为一类重要的电子信息材料[1]。

因此，我们建议未来十五年我国应该在 FPC 和柔性显示基板材料两个领域重点攻关、加快布局，尽早在柔性显示和 FPC 两个领域实现原材料自主化。本章将针对上述两个重要领域，对电子信息用高性能、功能性高分材料未来十五年的发展规划提出咨询建议。

4.2　柔性显示用功能性高分子材料

4.2.1　柔性显示用功能性高分子材料的种类范围

随着社会的进步，平板显示技术得到了迅速发展，相关器件已被应用到我们生活中的多个领域，平板显示产业已达每年千亿美元。目前液晶显示（liquid crystal display，LCD）是主流的平板显示技术，而有机发光二极管（organic light emitting diode，OLED）技术正在快速崛起。

无论是 LCD 还是 OLED，柔性显示技术是近十年来平板显示领域最为活跃的研究方向之一，同时也是平板显示产业最重要的发展方向之一。具有轻质、可弯曲、可折叠甚至可卷曲特性的柔性显示器件，一方面使用携带方便，另一方面极有可能通过使用卷对卷（roll to roll）或涂布技术进行大面积柔性加工，实现加工技术方面的革命性突破，极大地降低加工过程中能源和材料的消耗。

AMOLED（active matrix organic light emitting diode，有源矩阵有机发光二极管）屏具有发光效率高、能耗低和主动发光的特点，被誉为下一代显示屏。这种显示屏发展至今，以玻璃基板为支撑的硬屏已实现产业化，但玻璃基板厚而重，且变形量小。以高分子材料作为基板的柔性显示基板材料是实现 AMOLED 从硬屏转化为柔性屏的必需材料。

AMOLED 是将 OLED（有机发光二极管）像素淀积或集成在 TFT（thin film transistor，薄膜晶体管）阵列上，通过 TFT 阵列来控制流入每个 OLED 像素的电流大小，从而决定每个像素点发光强度的显示技术。柔性 AMOLED 显示屏的结构如图 4-1 所示。其中，TFT 背板由 TFT 阵列层和基板组成。在柔性聚合物薄膜基板上制造 TFT 主要有两种方法；一种方法是将在玻璃、石英或硅基底上通过高温制作的高性能多晶硅或单晶硅 TFT 转移到柔性聚合物薄膜上[2]，虽然这种方法提供了最佳的 TFT 性能，但是由于玻璃基板的浪费和转移过程的额外费用，因此不具有成本效益；另一种方法是直接在柔性聚合物薄膜基板上制造 TFT 阵列，如非晶硅（a-Si）、低温多晶硅（low temperature poly-silicon，LTPS）或有机半

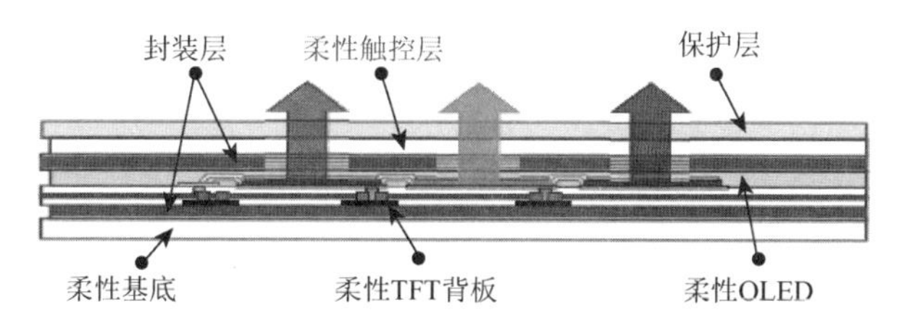

图 4-1　柔性 AMOLED 显示屏结构示意图

导体[3]。其中，LTPS TFT 的电子迁移速率更快，比 a-Si TFT 高两个数量级，能够提供更亮、更精细的画面，轻、薄、更省电[4, 5]，已成为柔性 AMOLED 显示屏的发展主力。但目前 LTPS TFT 背板的典型加工温度为 450～600℃，以使非晶硅结构在准分子激光照射下重新结晶转变为多晶硅结构[6]。这就要求作为基板的聚合物薄膜必须具备耐高温和高温尺寸稳定性等特性。

按照光线射出方式不同，OLED 组件可划分为：底发射式结构（BE-OLED）、顶发射式结构（TE-OLED）（图 4-2）。底发射式结构中发出的光经过驱动面板（TFT）时会被基板上金属配线阻挡，这样就会影响实际的发光面积，导致开口率较低；相比之下，在顶发射器件中，光从器件的顶部出射则不受 TFT 的影响，开口率提高。顶发射器件不用考虑 PI 薄膜基板的透光率，所以不用去除聚酰亚胺（PI）薄膜本身的颜色，但发出的光须穿过金属阴极，金属阴极需要做得更薄才能实现高透过率。金属阴极变薄之后，电阻会随之变大。对于大显示面积的电子设备，如电视屏幕，会由于屏幕中间与边框距离太远而供电不足，导致负载过大，出现无法显示的问题。所以，目前小屏幕（如手机等）采用顶发射式结构，大尺寸屏仍采用底发射式结构。

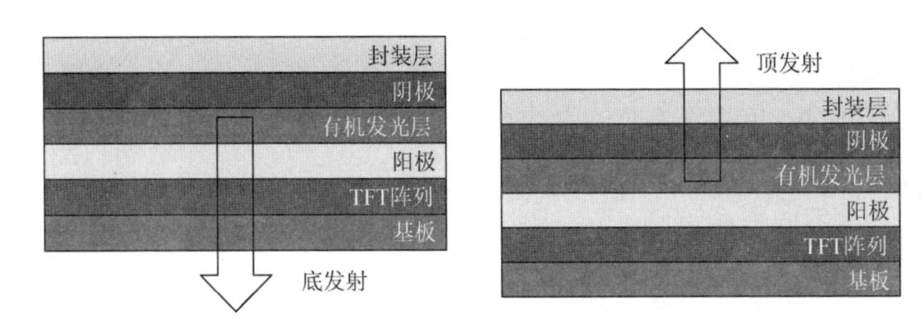

图 4-2　OLED 两种光线发射结构示意图

顶发射和底发射二者结合的穿透式结构组件优势在于双面显示信息，将是未来显示发展方向。但发展双面显示信息的穿透式结构的柔性显示屏必须使用耐高温无色透明聚合物基板，而无色透明柔性基板材料往往存在耐热性和透明性不匹配的问题[7-14]。目前柔性盖板及触控屏使用的无色透明 PI（CPI）的使用温度还不能满足 LTPS TFT 制造温度（450～600℃）的工艺要求。因此，研究耐高温无色透明柔性基板材料对于未来柔性 AMOLED 显示屏发展非常必要。

4.2.2　柔性显示用功能性高分子材料现状与需求分析

1. “十三五”期间现状

1）柔性显示基板用高分子材料

柔性基板是柔性 AMOLED 显示屏关键的支撑材料，直接关系到 AMOLED 显示屏的品质和使用寿命。目前，国际上主要是采用聚酰亚胺（PI）为原料制备柔性显示基板。然而，全球 PI 薄膜基板技术被美国、日本、韩国垄断，掌握大量核心专利[15]。例如，日本三菱瓦斯化学株式会社（以下简称三菱瓦斯）、三井化学、东洋纺株式会社（以下简称东洋纺）和韩国的 SKC 等主要生产商均从源头上紧紧把控 PI 柔性基板的生产与销售，尤其日本企业的生产量占全球市场份额的 95%。鉴于 PI 柔性基板在发展柔性 AMOLED 产业中的重要性，全球 AMOLED 面板制造厂商纷纷与 PI 柔性基板浆料制造厂商开展了战略合作。例如，韩国三星显示公司(以下简称三星公司)为了在柔性 AMOLED 产业竞争中占得先机，甚至于 2011 年 5 月与日本宇部成立了合资公司（三星显示公司），垄断了后者 PI 柔性基板浆料的全部市场份额。该项举措也使三星公司成为世界上首家实现柔性 AMOLED 面板量产的公司。近期，韩国为了摆脱日本公司在 PI 柔性基板浆料市场的垄断，开始布局相关材料的产业化。例如，2019 年 7 月 29 日，韩国 PI 制造商 SKC Kolon PI 宣布启动 PI 柔性基板浆料的量产设施，该设施于 2019 年 3 月投资 100 亿韩元(约合 5832 万元）建设。该生产线年产 PI 柔性基板浆料能力约为 600 t。

当前，我国已建设和正在建设的柔性 AMOLED 生产线已近 20 条，总规模居世界第一，但所用的柔性基板浆料均依赖进口，主要来自日本的公司，年需求量已达数千吨。以第 6 代柔性 AMOLED 生产线为例，该生产线单片玻璃尺寸为 1500 mm×1800 mm，一般产能为 48000 片/月，按照每片玻璃使用 PI 柔性基板浆料 0.6 kg 计算，每条线每月 PI 浆料的消耗量约为 28.8 t。因此，一条第 6 代柔性 AMOLED 生产线满产时每年 PI 浆料的消耗量为 300～400 t。国内十几条第 6 代柔性 AMOLED 生产线满产时对 PI 柔性基板浆料的需求量为 4000～6000 t。按照目前 PI 柔性基板浆料市场价格计算（80 万～100 万元/t），国内柔性 AMOLED 制造厂商每年要为进口 PI 柔性基板浆料付出数十亿元。鉴于 PI 柔性基板浆料所蕴藏的巨大的商业价值，日本宇部兴产等公司纷纷扩大 PI 柔性基板浆料产能，以图进一步控制中国市场。以上仅是柔性 AMOLED 显示屏顶发射器件使用的 PI 柔性基板的应用需求情况。另据 IHS Markit 公司的“2017 年柔性显示基板技术与市场”报告，2017～2019 年间，柔性显示基板出货营收复合增长率达到 164.7%，预测 2030 年预期将达 30 亿美元。由此可见，柔性显示基板材料的市场需求量巨大。

我国柔性显示屏所用柔性基板完全依赖进口的情况，严重制约我国柔性显示电子行业健康发展。如何突破卡脖子技术？只能依靠自主创新。绕开国外专利壁垒研发完全自主知识产权的柔性基板产品，尽快掌握核心技术，才能在未来显示市场占据主导位置。针对上述情况，国家在“十三五”期间启动了柔性 AMOLED 显示屏顶发射器件使用的 PI 柔性基板（又被称为黄色 PI 膜）的重点研发项目，已取得了积极进展，在未来相当一段时间继续启动工程化示范应用的重点研发项目，致力于解决我国“缺芯少屏”的现状。

可折叠手机屏幕需要双面显示信息的柔性显示屏。由于先机的重要性，全球各厂商争相发布自家首款可折叠屏幕的背后，面临的是关键材料耐高温无色透明聚合物基板的技术控制。关于耐高温无色透明聚合物基板，目前国际上依然采用无色透明的聚酰亚胺膜材料（CPI 基膜）。CPI 基底膜材料技术门槛更高，市场价格更为昂贵（>3000 元/m^2）。目前，日本、韩国、美国等依然掌握了 CPI 的核心专利技术，并大量布局，从源头上紧紧控制着 CPI 膜的生产和销售。例如，Kolon 于 2018 年投产的价值 5.3 亿元的生产线；SKC 预计 2019 年 10 月投产的 5.08 亿元的 CPI 基地；以及韩国三星公司选择日本住友化学作为 CPI 材料供应商。国外大批量投产的同时面临的仍然是全球市场的供不应求，按照 2022 年全球折叠柔性屏手机 3500 万台需求量折算每台尺寸 8 ft（1 ft = 3.048×10^{-1} m），CPI 基膜涂覆后 6000 元/m^2，对应市场空间共 42 亿元之巨大。

目前 CPI 薄膜的工业化生产企业主要集中在日本、韩国、美国，以三菱瓦斯、DuPont 公司、东洋纺、三井化学、SKC、Kolon 等为主要生产者；其中，日本现在是全球 CPI 薄膜的主要生产地和消费地，产量占全球的 95%。2016 年全球 CPI 薄膜的产量约为 92.8 万 m^2，产值为 1.54 亿美元。从下游来看，柔性显示技术和薄膜太阳能电池将会是 CPI 的主要应用领域，2016 年在 OLED 照明/显示和有机光伏用 CPI 薄膜占全球市场的 73%。全球可折叠智能手机盖板用 CPI 薄膜在 2018 年实现从无到有，于 2021 年市场规模达 8.2 亿美元（图 4-3）。

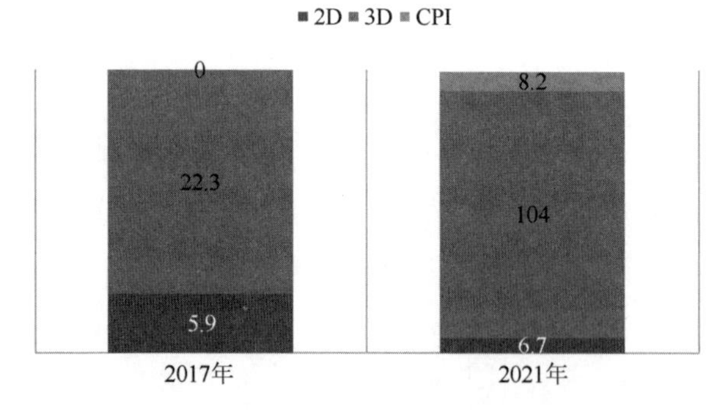

图 4-3　全球智能手机盖板材料市场规模

数据来源：UBI Research

遗憾的是，国内 CPI 柔性基板在规模、技术成熟度上都落后于国外供应商，CPI 基板的产业化技术仍需不断完善，因此我国亟需要成熟的 CPI 薄膜制备技术研发上线投产。

总之，我国所有柔性 AMOLED 产线所使用的 PI 柔性基板（黄色耐高温 PI

基板、CPI 基板）目前主要采用进口产品。这严重制约了我国柔性电子产业的健康发展，成为提升我国柔性电子产业国际竞争力的“卡脖子”问题之一。

2）液晶/高分子复合材料

要想实现柔性液晶显示，除了 PI 材料以外，还需要液晶/高分子复合材料。目前，主要有以下两种液晶/高分子复合材料体系，分别被称为高分子分散液晶（polymer dispersed liquid crystal，PDLC）和高分子稳定液晶（polymer stabilized liquid crystal，PSLC）。在 PDLC 薄膜中，液晶/高分子复合材料夹在两层透明 ITO 导电塑料薄膜中，液晶微区以液滴形式分散在高分子基体中，如图 4-4 所示[16]。在不施加电场的情况下，液晶分子的指向矢在高分子基体的边界作用下呈无规分布，PDLC 膜处于强烈光散射状态；施加电场后，液晶分子的长轴沿着电场方向平行排列，PDLC 膜呈透明状态。PDLC 膜可由液晶/非液晶性光聚合单体混合物通过紫外（UV）光固化或热固化，或由液晶/高分子混合物通过溶剂挥发，或由液晶/高分子混合物通过高温溶解而低温相分离等方法制备而成。其中 UV 光固化具有快速、低能耗、低环境污染等优点，因此 UV 光固化是 PDLC 膜制备的首选技术。北京大学杨槐教授课题组针对 PDLC 膜的正式电控调光膜、反式电控调光膜及双稳态电控调光膜等多种功能化智能薄膜，在原料的设计及制备、薄膜性能测试及优化薄膜的功能化应用等方面做了系统研究[17-25]，并在 PDLC 产业化应用方面解决了 UV 固化薄膜的易黄变、易收缩以及与 ITO 膜基板之间黏结力低等问题，在世界上率先开发出 UV 光固化法的 PDLC 膜的连续化生产技术，实现 PDLC 膜的连续化生产。PDLC 膜具有不需要基板内表面的预取向处理和偏振片等优点，在大面积柔性显示方面具有一定的潜力，曾经是人们关注的焦点。然而，为了两基板间足够的撕裂强度，需要具有较高的高分子基体含量，而高分子基体对液晶分子的锚定作用较强，其透明态需要施加较高的电场来维持，厚度为 20 μm 的液晶/高分子复合材料大面积薄膜（1 m^2 以上）的饱和电压一般在 60～85 V，因此，目前 PDLC 膜还难以应用于显示领域，只是广泛应用于建筑和汽车门窗、玻璃幕墙、室内隔断、大面积投影屏和投影式触摸屏等领域。

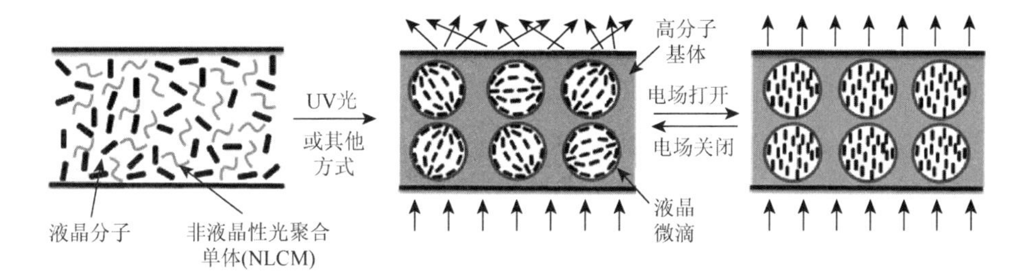

图 4-4 PDLC 薄膜的分子结构模拟图

PSLC 膜可由液晶/液晶性光聚合单体（LCM）混合物在形成某种分子取向状态后通过 UV 光固化制备而成。在固化后所形成的液晶/高分子网络复合材料体系中，高分子网络形成和液晶分子初始取向状态相同的取向，如图 4-5 所示[26]，同时液晶分子的初始取向状态又被取向的高分子网络所稳定。以介电常数各向异性 $\varepsilon<0$ 的向列相液晶/LCM 混合物为例，当对薄膜的基板内表面进行垂直取向处理后，液晶/LCM 混合物的分子形成垂直取向；然后使用 UV 光照射薄膜，使 LCM 的分子间发生交联反应，就可制备液晶/垂直取向高分子网络复合材料薄膜，液晶分子的垂直取向状态则被垂直取向的高分子网络稳定下来。当对薄膜施加电场时，液晶分子倾向于平行于电场方向排列，薄膜呈强烈光散射状态；电场关闭后，由于液晶分子初始的垂直取向状态被垂直取向的高分子网络稳定下来，所以液晶分子又回到垂直取向状态。通过调节高分子网络的含量和微结构，PSLC 膜的驱动电压可以很低，液晶/高分子网络的厚度为 20 μm 的大面积（1 m^2 以上）薄膜，其饱和电压可以在 10 V 以下；而其不同状态之间的转换时间可以达到 10 ms 以下，因此 PSLC 膜具有优异的电-光性能。然而在可驱动的 PSLC 膜中，高分子网络含量一般比较低，通常在 3 wt%～5 wt%，至多不超过 150 wt%，否则液晶分子在高分子网络的作用下难以驱动，这就造成了薄膜两层基板间的撕裂强度低，难以进行柔性薄膜的大面积制备，通常只能应用于玻璃基板中。

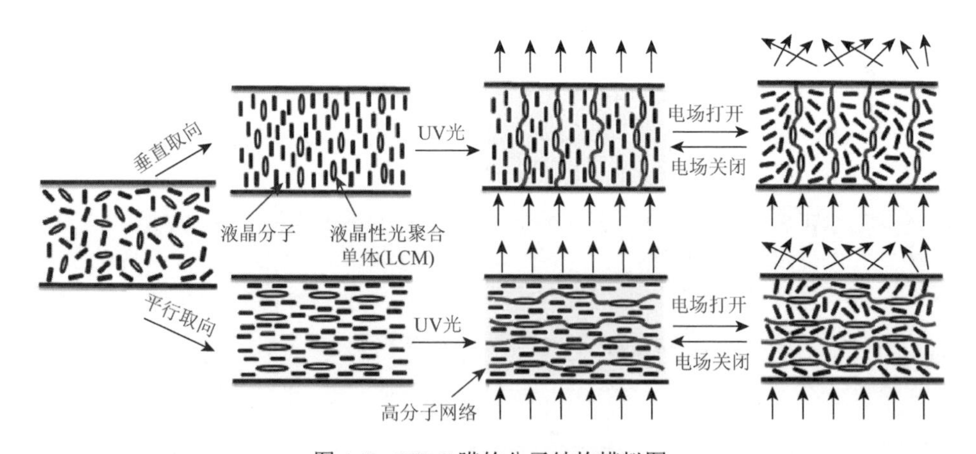

图 4-5　PSLC 膜的分子结构模拟图

为了保持 PDLC 和 PSLC 体系的优点、克服其缺点，北京大学杨槐教授的研究团队构建了一种 PDLC 和 PSLC 共存的新型复合材料（PD&SLC）体系，如图 4-6 所示[27]。在该体系中，采用手性向列相液晶（N*-LC）/非液晶性光聚合单体(NLCM)/LCM，其中 NLCM 具有柔性链结构，但 LCM 具有刚性链结构并且其分子结构与 N*-LC 非常相似，将该混合物夹在两层 ITO 导电塑料薄膜中，然后使用

UV 光照射薄膜一定时间。由于柔性链段自由基间的碰撞概率大于刚性链段与柔性链段以及刚性链段与刚性链段自由基间的碰撞概率，因此 NLCM 应该优先聚合成高分子基体，与 LCM 和 N*-LC 形成类似 PDLC 膜的微相分离结构[图 4-6（a）]。该高分子基体可以为两层 ITO 基板之间提供足够的撕裂强度。然后再对薄膜施加一定的电场使 N*-LC 分子形成垂直取向状态的情况下，继续使用 UV 光照射薄膜，引发 LCM 在 N*-LC 微滴中聚合，在 N*-LC 微滴中构筑与 PSLC 体系相似的垂直取向的高分子网络[图 4-6（b）]，降低高分子基体的界面对 N*-LC 分子的束缚作用，这样就可以制备 PD&SLC 体系薄膜。该薄膜具有较低的驱动电压，厚度为 20 μm 的复合薄膜（1 m^2 以上）饱和电压可降至 10 V 以下。这样，PD&SLC 体系薄膜既具有 PDLC 体系优异的力学性能，又具有 PSLC 体系优异的电-光特性。

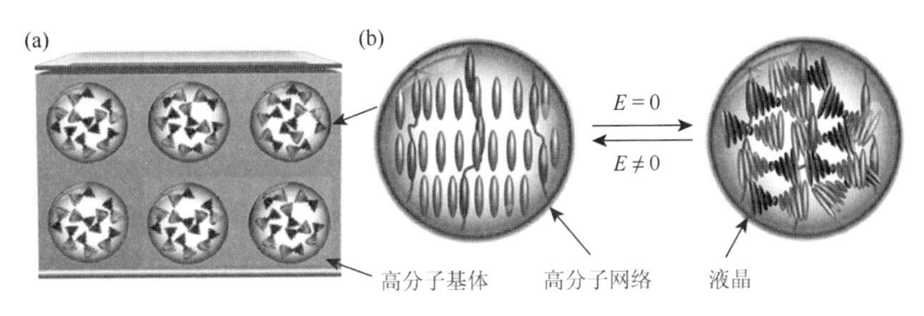

图 4-6　PD&SLC 薄膜的结构模拟示意图

在此基础上，北京大学杨槐教授团队系统地研究了该薄膜的色差、视角、光透过率和雾度等参数的调控方法，并指导天津佳视智晶光电科技有限公司开发出应用于智能防窥的薄膜产品，2018 年 10 月开始供货给京东方，应用于美国惠普公司的台式计算机（如 HP Elitebook 830G5）。该产品可以使 LCD 在防窥和非防窥状态之间自由地进行切换，是目前 LCD 中唯一的只有中国才能够制造的产品。

该 PD&SLC 体系极其有望制备成全柔性大面积显示器件。正如上文提到的那样，这将极大地降低加工能耗，节约原材料成本，具有极其重大的社会意义和应用价值。

2. 需求分析

（1）柔性 AMOLED 基板用耐高温高分子材料：到 2035 年，我国预计将有 40～50 条柔性 AMOLED 生产线，届时耐高温柔性基板的需求量将是目前的 4～5 倍，即达到 20000～30000 t/a，市场价值超过百亿元人民币。我国柔性 AMOLED 产业将有望超越韩国，成为全球最大的柔性显示面板制造国。此外，柔性太阳能电池产业、柔性透明印制线路板产业对耐高温柔性基板的需求量也将剧烈增长，预计将达到 100 万 m^2/a 以上，市场规模也将超过百亿元人民币。

（2）液晶/高分子复合材料：到 2035 年，有望实现液晶/高分子复合材料全柔性显示器的产业化。该复合薄膜在具有优异力学和电-光性能的同时，能够利用卷对卷或涂布加工技术实现大面积柔性薄膜化产品的连续化生产，极大地降低加工能耗，节约原材料成本。实现 LCD 器件逐渐向质轻、价廉，尤其是柔性薄膜化的方向转型，具有极其重大的社会意义和应用价值。

4.2.3　柔性显示用功能性高分子材料存在的问题

1）柔性基板材料

目前柔性显示屏所有的基板，无论是适用于顶发射器件的带颜色的耐高温聚合物薄膜，还是双面显示器件用的透明耐高温聚合物薄膜，目前都用 PI 材料。目前 PI 类基板材料存在的主要问题有：

（1）目前柔性显示用 PI 被国外寡头垄断，DuPont 公司、三菱瓦斯、东洋纺、三井化学和 SKC 是全球最主要的柔性显示用电子级 PI 生产企业，核心专利由美国、日本、韩国垄断。国内研究者通过引入第三单体的方法来绕开国外专利限制，设计、合成二胺或二酐第三单体难度极大，尤其针对透明耐高温聚合物薄膜，为了消除 PI 本身颜色实现透明，第三单体的合成成本居高不下，难以满足面板制造成本需求。

（2）PI 本身分子结构和工艺有难以克服的弱点。其酰亚胺环在潮湿环境下易开环导致产品性能降低甚至失效。另外，PI 在成膜前以聚酰胺酸浆料形式保存和使用。由于聚酰胺酸中促进水解的羧基与酰胺键相邻，使其储存稳定性较差；且我国 PI 浆料纯度不满足颗粒物含量＜50 个/mL 和金属离子含量＜5 ppm 的要求。

（3）现有 PI 透明基板的耐热性、高温尺寸稳定性不满足低温多晶硅薄膜晶体管（LTPS TFT）制造温度（450～600℃）工艺要求。

科学家也在寻找 PI 以外的耐高温透明聚合物材料。随着我国柔性显示产业的重大投资增加，从产业安全来看，研发我国完全自主可控的新型分子结构的柔性基板材料具有重要的战略意义。

例如，以我国含自主开发的二氮杂萘酮结构聚合物为基础研究柔性显示用耐高温柔性基板将是一条可选研究方案。分析采用二氮杂萘酮结构为基础的聚合物研究耐高温柔性基板的优点在于：

（1）打破国外专利限制，发展完全自主可控的柔性基板材料：含二氮杂萘酮结构系列高性能聚合物是大连理工大学独创的结构，拥有自主知识产权。由二氮杂萘酮结构出发研究的新型聚合物结构具有创新性，能绕开美国、日本、韩国关于柔性基板聚酰亚胺的专利技术限制。

（2）含二氮杂萘酮结构的聚合物耐高温，结构易调控，易于精制，浆料储存期长：二氮杂萘酮的六元二氮杂环结构的湿热稳定性优于 PI 酰亚胺五元一氮杂环结构，且其全芳香扭曲非共平面结构赋予聚合物耐高温可溶解性能优势，易精制提纯。含二氮杂萘酮联苯结构聚合物的精制只需水洗 3～5 遍即可达到工业级产品要求，采用去离子水洗涤及重新溶解沉降等方法即能达到电子级产品的要求。与聚酰亚胺的浆料聚酰胺酸相比，易于精制，便于储存，能解决目前聚酰胺酸浆料的金属离子和颗粒较难去除的问题。

2）液晶/高分子复合材料

全柔性液晶/高分子复合显示材料的高分子基体和高分子网络在长时间加热下（约 60℃，3000 h）的稳定性还存在一定的问题，需要进一步改善。

另外，我国柔性显示用的功能高分子材料的专利技术申请主要是科研院所和高等院校，我国企业方面研发力量薄弱，并且在科技成果转化与商业利用方面仍然不成熟。国内所申请的专利并不能对国外企业构成有效威胁，目前尚未形成一家龙头企业。

4.2.4　柔性显示用功能性高分子材料发展愿景

1. 战略目标

1）针对柔性 AMOLED 基板用耐高温高分子材料

2025 年：实现顶发射器件用耐高温柔性基板材料的工程化应用示范，并实现规模化，性能达到或超过国外同类产品；实现满足 LTPS TFT 高温工艺要求的耐高温无色透明柔性基板材料扩试合成技术，并进行示范化应用研究。

2035 年：实现无色透明柔性基板材料的工程化，并且性能达到或超过国外同类产品，满足国内柔性电子产业的应用需求。

2）针对液晶/高分子复合显示材料

2025 年：开发具有高稳定性的 PD&SLC 体系用非液晶性光聚合单体和液晶性光聚合单体的规模化生产技术。

2035 年：开发出显示质量与现有 TFT-LCD 相当的全柔性液晶/高分子复合显示材料，实现全柔性显示器的产业化。

2. 重点发展任务

2025 年：研究并掌握顶发射器件用耐高温柔性基板浆料的分子设计、合成工艺、纯化技术、批量化制备方法，建立其批量化制备生产线，产品性能达到柔性 AMOLED 器件应用需求；研究并掌握无色透明柔性薄膜基板材料的分子设计、合成工艺、纯化技术、工程化制备方法；实现高稳定性 PD&SLC 体系用非液晶性光聚合单体和液晶性光聚合单体的规模化生产；开发出全柔性液晶/高分子复合显示材料。

2035 年：建立无色透明柔性薄膜基板材料批量化制备生产线，产品性能达到柔性 AMOLED 器件应用需求；实现综合性优异的 PD&SLC 液晶/高分子复合显示器件的规模化生产，并替代部分传统 LCD 市场；实现 PD&SLC 全柔性显示器件的产业化。

具体的技术指标为：

1）顶发射器件用耐高温柔性基板核心关键技术指标

浆料：黏度 1000～2000 cps，黏度变化＜5%，储存期（–15～20℃）＞6 个月；固含量 10 wt%～20 wt%；纯度：颗粒物含量＜50 个/mL（0.5 μm 以上）；主要金属离子含量＜5 ppm。

成膜后：玻璃化转变温度（T_g）＞450℃，50～500℃的热膨胀系数（CTE）＜5 ppm/K，1%的热失重温度＞500℃，曲率半径为 1 mm 时可弯折 30 万次。

2）无色透明耐高温柔性基板材料

浆料：黏度 1000～2000 cps，黏度变化＜5%，储存期（–15～20℃）＞6 个月；固含量 10 wt%～20 wt%；纯度：颗粒物含量＜50 个/mL（0.5 μm 以上）；主要金属离子含量＜5 ppm。

成膜后：①光学性能：透光率＞87%；②耐热性能：T_g≥450℃，5%热失重温度 T_{d5}≥500℃，CTE（0～400℃）≤15 ppm/K；③机械性能：拉伸强度≥150 MPa，可弯折 30 万次以上。

3）液晶/高分子复合显示材料

液晶电阻率≥10^{17} Ω·cm，高分子电阻率≥10^{16} Ω·cm，面积 1 m^2、厚度 20 μm 的全柔性 PD&SLC 液晶/高分子复合薄膜驱动电压（V_{sat}）＜10 V，对比度（CR）＞50，开态响应时间（t_R）＜3 ms，关态响应时间（t_D）＜5 ms，稳定性良好（60℃，10000 h）。

4.3　挠性覆铜板用功能性高分子材料

4.3.1　挠性覆铜板用功能性高分子材料的种类范围

印制电路板（printed circuit board，PCB）是电子信息产品中不可缺少的重要组成，被称为“电子系统产品之母”。从消费类到投资类的电子信息产品，从民用到军用的电子设备，PCB 均发挥着前所未有的功能和作用。PCB 用基板材料的主要产品是覆铜箔层压板（copper-clad laminate，CCL）。覆铜板是 PCB 制造中首要基础原材料，决定了 PCB 的性能、品质、制造中的加工性、制造水平、制造成本及长期可靠性等性能。覆铜板主要包括两大类：刚性覆铜板和挠性覆铜箔层压板（flexible copper-clad laminate，FCCL）。FCCL 是由挠性绝缘基膜与金属箔组成的，最突出特征是高挠曲性，因此，它又被称为柔性覆铜板、软性覆铜板（台湾惯称为“软性铜箔积层板”“软性铜箔基板”）。FCCL 典型产品外形见图 4-7。

图 4-7　FCCL 典型产品外形

现代电子产品制造及使用过程中，在许多情况下是希望敷有电路的基板材料具有一个可活动的、挠性连接功能，并要求它可达到上百万次进行反复挠曲运动的周期；对于在线路板加工过程中的打孔、电镀、腐蚀等工艺来说，加工过程中要求必须有一定的挠曲角度；整机产品在最终装配时要求有效地节省空间。对于刚性覆铜板而言，即便是在很薄的情况下，当受外力弯曲时，其介电基体材料也很容易产生破裂，而 FCCL 承受数百万次的动态弯曲，非常适合三维空间安装，使布线更为合理、结构更紧凑，节省了安装空间，满足了电子设备轻、薄、小型化的要求。因此，FCCL 是 PCB 重点发展方向。

按照 FCCL 的不同基材（或称基膜）分类，可分为薄膜基材类和纤维补强基材类，其中薄膜基材主要品种有 PI 薄膜、聚酯薄膜（聚对苯二甲酸乙二醇酯）、聚醚醚酮薄膜、聚四氟乙烯介质薄膜及热致液晶聚合物薄膜等，纤维补强基材主要是环氧-玻纤布基薄片（或者卷材）类。因 PET 膜的热尺寸稳定性较低、耐热性欠缺，而环氧-玻纤布介电常数较高和挠曲性较差，PI 基膜的 FCCL 被认为是未来市场的主流品种。表 4-1 显示了三种常用的基材（PET 基膜、PI 基膜和环氧/玻纤布基）的 FCCL 在性能方面的对比。

表 4-1　不同基材的 FCCL 性能对比

基材	绝缘性	介电特性	耐吸湿性	挠曲性	尺寸精度	阻燃性	价格
PET 基	优～良	优	一般	优	差	差	优
PI 基	优～良	优	一般～差	优	良	良	差
环氧/玻纤布基	优	一般	优	一般	优	优	一般

4.3.2　挠性覆铜板用功能性高分子材料现状与需求分析

1. 全球 FCCL 的发展情况分析

FCCL 与刚性覆铜板相比，具有轻、薄和可挠性的特点。FCCL 最早可追溯至 1898 年专利中出现的关于使用石蜡纸基板制作平面导体。1960 年，美国工程师率先在热塑性薄膜上敷以金属箔，再蚀刻成型，从而在柔软电路板上形成线路图案。经过近半个世纪的发展，以 PI 薄膜等为基板材料的 FCCL 被广泛应用于手机、数码相机、汽车卫星方向定位装置、液晶电视、笔记本电脑等电子产品中。据 Prismark 统计，全球挠性印制电路板（由 FCCL 制造）在 2017 年产值达到 125 亿美元，产值的年增长率达到 14.9%（表 4-2）[28]。

表 4-2　2013～2017 年全球不同种类 PCB 的产值增长率（按产品类型分）

种类	2013 年产值/百万美元	2014 年产值/百万美元	2015 年产值/百万美元	2016 年产值/百万美元	2017 年产值/百万美元	2017 年/2016 年增长率/%
单/双面板	8074	8242	7905	7992	8264	3.4
多层板	21015	21834	20689	21061	22392	6.3
HDI 板	8121	8288	8011	7683	8968	16.7
封装基板	7658	7598	6922	6569	6696	1.9
挠性板	11284	11476	11798	10901	12523	14.9
合计	56152	57437	55325	54207	58843	8.6

尽管全球 PCB 行业近年来整体增速较低，而 FCCL 作为手机、数码相机等小型化设备的重要元件，全球 PCCL 的需求量在逐年增长，来自 JMS 数据（图 4-8）显示，2020 年全球 FCCL 的需求量超过 1.5 亿 m^2，近 10 年复合年均增长率（compound annual growth rate，GAGR）达到 9%，占 PCB 比例由 14%提升至 21%。国内 FCCL 产业蓬勃发展，占全球比例持续提升，近年来 GAGR 超过 11%，高于全球 FCCL 增速。目前国内 FCCL 产量已超过全球产量的 40%，是全球最大的 FCCL 市场之一。

虽然目前 FCCL 的薄膜基材品种较多，但 FCCL 市场的主流品种依然是 PI 基膜的 FCCL，占 CCL 用绝缘基膜总量的 85%以上。PI 薄膜的耐热性、刚性、柔软性、电气特性等优于其他树脂薄膜，但在高频电路用挠性印制电路板，更强调基膜的低介电常数性、低吸水率性及高可靠性，PI 薄膜需要克服目前吸湿后尺寸变化较大、介电常数和介电损耗需要降低等问题。2018 年全球 FCCL 用 PI 薄膜的需求约为 6500 t，市场容量超 65 亿元。目前 FCCL 用 PI 膜主要由美国、日本、韩国等老牌 PI 生产企业占据 80%以上市场，而中国处于起步发展阶段。

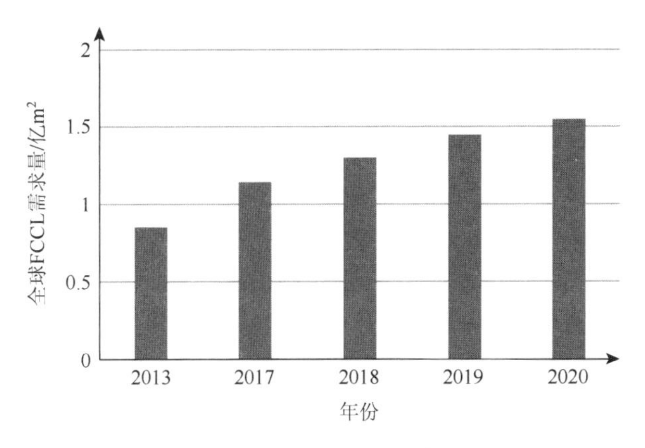

图 4-8　全球 FCCL 需求量

数据来源：JMS，势银智库

目前世界主要生产 FCCL 的厂家统计见表 4-3。

表 4-3　世界主要生产 FCCL 的厂家统计

国家/地区	厂家	生产品种		备注
		3 L-FCCL	2 L-FCCL	
日本	新日铁住金化学株式会社（Nippon Steel & Sumikin Chemical Co.Ltd）		△	世界最大的涂布法 2L-FCCC 生产厂。公司原名为新日铁化学株式会社，2012 年 10 月与住友金属矿山株式会社合并并更现名。http://kankyou.eng.nsc.co.jp/www.nssml.com.
	宇部日东化成株式会社有限公司（UBE-Nitto Kase Co.，Ltd）		△	公司原名宇部兴产株式会社，近年更名为现名，为宇部兴产的一家分公司，只规模生产 2L-FCCL。http://www.ube-ind.co.jp
	尼关工业株式会社（Nikkan Industries）	△	△	日本第二大 3 L-FCCL 生产企业，也生产 2L-FCCL。http://www.nikkan-ind.co.jp
	住友金属矿山株式会社（Sumitomo Metal Mining）		△	在日本是溅镀法生产 2L-FCCL 的最大厂家。2012 年 10 月归属于新日铁旗下。http://www.smm.co.Jp
	三井化学株式会社（Mitsui Chemicals）		△	https://jp.mitsuichem:cals.com/jp/
	东丽薄膜加工株式会社		△	采用溅镀法生产 2L-FCCL 的大型厂家。http://www.toray-taf.co.jp
	松下电工株式会社（Panasonic Electronic Devices）	△	△	具有高频特性的 LCP 膜的 2L-FCCL 产品在世界上很有特色。http://panasonic.co.jp/

续表

国家/地区	厂家	生产品种		备注
		3 L-FCCL	2 L-FCCL	
日本	株式会社有泽制作所	△	△	日本最大的 3L-FCCL 生产企业。http://www.arisawa.co.jp
	东丽工业株式会社（Toray Industries）		△	生产 2L-FCCL。http://www.toray.com
	日东电工株式会社（Nitto Denko）	△		主要生产 3L-FCCL，也是 FPC 的生产厂家。http://www.nitto.co.jp/
	NOK 株式会社（MEKTEC）	△	△	日本最大的 FPC 生产厂，也生产 FCCL。http://www.mektron.co.jp
	住友电气工业株式会社（Sumitomo Electric Industries，Ltd.）	△		日本大型 FPC 生产厂之一，也生产 3L-FCCL。http://global-sei.com
美国	Rogers（罗杰斯）公司	△	△	生产 3L-FCCL、2L-FCCL 产品。https://www.rogerscorp.cn
	DuPont（杜邦）公司	△	△	美国第二大化工企业，也是美国最大的 FCCL 生产企业。FCCL 生产厂设在美国与中国台湾，并自产 FCCL 用 PI 膜。http://www.dupont.com/
	3M 公司	△		
中国台湾	律胜科技股份有限公司（Microcosm）	△	△	http://www.microcosm.com.tw
	新扬科技股份有限公司（ThinFlex）	△	△	http://www.thinflex.com.tw/
	台虹科技股份有限公司（Taiflex Scientific）	△	△	在中国台湾最大的台资 FCCL 企业。http://www.taiflex.com.tw
	杜邦太巨科技股份有限公司	△	△	DuPont 公司在中国台湾建立的 FCCL 生产企业。http://www.wirex.com.tw
	长捷士科技股份有限公司（美 Rogers 投资厂）	△		http://70789114.boss.com.tw
	佳胜科技股份有限公司（Azotek）	△	△	生产 2L-FCCL 的量较大。www.azotek.com.tw
	亚洲电材股份有限公司	△	△	在中国大陆建立昆山雅森电子材料科技有限公司。http://www.aemg.com.tw/
	旗胜科技股份有限公司（Mektec）	△		日本 NOK 在中国台湾于 1984 年建立的 FPC 生产厂，后在此中国台湾厂也少量生产 FCCL。http://www.mektron.co.jp
	得万利科技股份有限公司（TECH ADVANCE）	△		2004 年 3 月建立，专业生产 FCCL 的企业，工厂设在台北。http://www.techadvance.com.tw
	南宝科技股份有限公司	△		http://www.nanpaotech.com.tw
韩国	韩华有限公司集团	△		
	东丽世韩公司（TSI）	△	△	

续表

国家/地区	厂家	生产品种		备注
		3 L-FCCL	2 L-FCCL	
韩国	韩国怡若仕有限公司（INNOX）	△		http://www.innoxcorp.com
	LG 化学股份有限公司（LG Chem）LG 化学		△	韩国第二大 2L-FCCL 生产企业 http:www.lgchem.com
	象牙 FLONTEC 公司	△		http://www.sftc.co.kr
	SK 创新公司（SK Innovation）	△	△	三星公司、DuPont 公司共同合资建立
	斗山电子材料有限公司（DOOSAN Electro-Materials）	△	△	韩国最大的 FCCL 生产企业。http://www.doosan.com
	LS 电线株式会社	△	△	采用溅射法生产 2L-FCCL
	LS Mtron 公司株式会社		△	
	韩国 ILGIN 公司		△	已有溅镀法生产 2L-FCCL 的生产线
	DMS 有限公司		△	有溅镀法生产 2L-FCCL 的生产线 3 条 http:www.dms-irvest.com.cn
	（SD Flex）公司		△	www.sdflex.co.kr

资料来源：中国电子材料行业协会. 2017.08

据中国电子材料行业协会分析当前FCCL行业的发展趋势包括以下4个方面：

（1）随着 3 层 FCCL（3L-FCCL）市场规模缩小，需要量降低，以 3L-FCCL 产品为主导的不少企业开始扩大汽车用 3 L-FCCL 的市场，发展高性能的覆盖膜（CL）列为重要的经营工作。

（2）随着中国手机产品出口外卖量的扩大，对 2 层 FCCL（2L-FCCL）需求量增加，中国大陆的层压法 2L-FCCL 企业扩充设备持续不断，担心如此发展下去，势必会出现设备投资过度，产能过剩状况凸显，低价竞争愈演愈烈情况。

（3）适应挠性印制电路板的薄形化、面积大型化、高频化、大容量、线路微细间发展，将是推动 FCCL 制造技术、企业经营业绩的关键。

（4）在 FCCL 原材料方面，2017 年随着层压法 2L-FCCL 的设备能力的增强，将驱动 PI 膜需求市场的增加。出于挠性印制电路板性能要求提高，压延铜箔的使用比例将会增大。在亚洲的电解铜箔企业供应对象上，更多地转向锂电池领域。这也造成 FCCL 用电解铜箔的供需关系势必会发生变化。

2. 我国 FCCL 产业的发展情况

在 20 世纪 60～90 年代中期，我国的 FCCL 的规模化生产基本上是空白（除少数几个研究所有少量的生产）。到 2002 年，FCCL 的实际生产量达到约 100 万 m^2/a。

2016 年，是我国国内 FCCL 行业产能、产量大发展的一年。2016 年我国国内 FCCL 企业（包括外资在大陆投资的企业）产能达到了 12966 万 m^2，同比增加 20.0%，实际生产量也达到了 5437 万 m^2/a。到 2017 年，我国国内的 FCCL 及其与挠性印制电路板相关的挠性材料合计产量实现 5949 万 m^2，销售收入达到了 26.94 亿元[29]。我国 2012～2017 年的 FCCL 及其与挠性印制电路板相关的挠性材料的产能、实际产量的变化情况如图 4-9 所示。

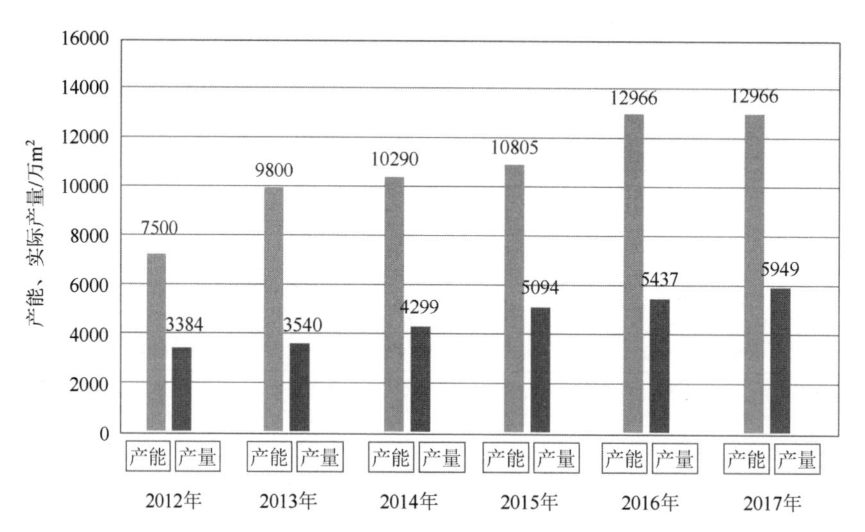

图 4-9　我国 2012～2017 年的 FCCL 及其与挠性印制电路板相关的挠性材料的产能、实际产量

资料来源：中电材协覆制板分会. 2018.5

国内 PI 薄膜制造企业有 50 多家，大部分单线产能低，幅宽窄，产品品质与国外企业差距较大，尤其是热尺寸稳定性和产品一致性，远远无法满足 FCCL 应用要求，只能应用于普通电工绝缘薄膜。

PI 薄膜的制造工艺分为化学亚胺化法和热亚胺化法。化学亚胺化法是将前驱体聚酰胺酸溶液在催化剂和脱水剂作用下低温完成闭环亚胺化反应，避免了热亚胺化法带来的微结构平整度不足的缺陷，产品物性好和批内批间一致性好，但设备昂贵。热亚胺化法是将前驱体聚酰氨酸溶液在高温下完成闭环亚胺化反应，因在制膜中有水等小分子放出易造成薄膜微结构缺陷，薄膜不平整，产品物性差和批次稳定性差，但设备投资低。目前国外公司均采用化学亚胺化法工艺制造包括 FCCL 基膜在内的高性能 PI 薄膜，而国内 PI 膜材料的大多数企业采用的是热亚胺化法。国内主要 PI 膜生产商见表 4-4。

从表 4-4 可见，国内只有株洲时代华鑫新材料技术有限公司（以下简称时代华鑫）突破化学亚胺化法规模化量产技术。时代华鑫在 2015 年突破化学亚胺化中试工艺技术，2017 年底实现 1545 mm 幅宽量产线的投产，2018 年实际产出超过 400 t。时代华鑫应用于 FCCL 领域的 PI 薄膜产品达到国外同类产品水平，现正在开展 5G 高频高速用低介损改性聚酰亚胺薄膜技术攻关，已进入工程验证阶段，产品在 15GHz 下的高频介损可降到 0.004 以内，在国际上处于领先水平。

表 4-4　国内主要 PI 膜生产商

生产商	产品名称	技术及产能
深圳瑞华泰薄膜科技有限公司	HV 型 PI 薄膜、HB-N 型黑色 PI 薄膜、HL 型 PI 薄膜	热亚胺化法、双向拉伸制造技术，产能 1500 t/a
株洲时代华鑫新材料技术有限公司	电子级 TN 型 PI 薄膜，可应用于柔性印刷电路板和 IC 封装基板领域	化学亚胺化法、双向拉伸制造技术，产能 500 t/a
桂林电器科学研究院有限公司	PI 薄膜	热亚胺化法、双向拉伸制造技术
江阴市云达电子新材料有限公司	6051 PI 薄膜、PI 漆布、PI 板	流延法、双向拉伸制造技术
长春高琦改性聚酰亚胺材料有限公司（HiPolyking）	轶纶纤维（PI 纤维）、PI 特种纸、PI 薄膜	生产基地 60000 m^2，2012 年建成两条生产线

数据来源：国家新材料产业发展战略咨询委员会徐坚教授报告

关于 PI 基柔性覆铜板的铜箔与基膜的复合工艺一般有两种：一种工艺是直接压合法，即采用热塑性聚酰亚胺（TPI）薄膜与 PI 基膜共挤形成 TPI/PI/TPI 后，与铜箔高温压合制备成柔性覆铜板。该工艺流程较短，但这种薄膜需要进口，采用此工艺开发高性能聚酰亚胺基柔性覆铜板的企业有日本松下电工株式会社、韩国斗山电子材料有限公司、台虹科技股份有限公司、律胜科技股份有限公司、中山新高、广州生益。另外一种工艺是在热固性 PI 膜材料表面上涂布一层薄的低介电热塑性高聚物，经过高温环化形成“三明治”结构的新型低介电膜基材，再采用等均压压合工艺制备柔性双面覆铜板。此工艺包含三个工艺步骤，剥离强度较高（≥1.5 kg/cm），采用此种工艺的企业有日本新日铁、韩国斗山电子材料有限公司，而国内的有台虹科技股份有限公司、新扬及中山新高。中山新高已于 2019 年引进了国内第一条连续等均压高温双钢带压合机（DBP），保证高性能柔性覆铜板产品的各项性能指标。

电子信息产品的高频、高速化对印刷线路板提出了高频特性的要求。传统 PI 基 FCCL 已不能满足 5G 等高频高速、超大容量、超低时延的传输性能要求。基于 PI 基 FCCL 需要解决的两个关键问题是：①降低 PI 树脂层的热膨胀系数，提高尺寸稳定性，解决 FCCL 的卷曲问题；②提高 PI 树脂层与铜箔的黏结强度。

4.3.3 挠性覆铜板用功能性高分子材料存在的问题

我国是生产 FPC、FCCL 的世界大国，而为其配套的电子级 PI 薄膜市场在制造水平的落后，以及国内化率的长期偏低的情况，与我国 FPC 发展很不相称。

国外寡头垄断：目前，三井化学、DuPont 公司、钟渊、宇部、SKC 和达迈，是全球最主要的 FCCL 用 PI 薄膜生产企业，除了台湾达迈科技股份有限公司，其余都在国外。我国已有二十多条采用层压法生产 2L-FCCL 的生产线，它们都采用购买 TPI 薄膜的生产模式。而我国国内企业目前仍没有 TPI 膜的产业化，这就阻碍了国内 2L-FCCL 用的 PI 膜需求的增大，试想，如果我国有的 FCCL 企业在这方面技术上得到突破，或者国内 PI 膜生产企业实现了 TPI 膜的产业化，那么我国所需要的 PI 膜量，将会有很大幅度的提高。

工艺及设备差距：一方面，国内生产 PI 膜材料的大多数企业采用的是热亚胺化法，而国外高性能 PI 膜则使用的是化学亚胺化法，避免了热亚胺化法带来的微结构平整度不足的缺陷；另一方面，高端 FCCL 用流涎-拉伸 PI 薄膜的生产装备国内还不能自给，而美国、日本等国家已经非常成熟。

目前我国在覆铜板领域取得了可喜的进展，但也不能忽视在该领域与国外相比存在的差距。我国所生产的覆铜板多为中低档产品，产品的附加值低，且产能严重过剩。例如，用层压法生产 2 L-FCCL 所用的关键材料——TPI 复合膜目前全部依赖进口；在集成电路载板、高频微波、高热传导用覆铜板、高性能挠性覆铜板，以及原材料、设备和标准、测试手段等方面，与美国、日本等国家相比，还存在一定的差距，这些均是我国科研工作者所要面临的挑战。目前存在的一些难题：①降低 PI 树脂层的热膨胀系数，提高尺寸稳定性，解决 FCCL 的卷曲问题；②提高 PI 树脂层与铜箔的黏结强度；③对铜箔的研究及新型铜箔的应用；④提高或解决 2L-FCCL 外观品质问题的研究。其中①和②是首先需要解决的关键性难题。另外，从分子结构设计出发，发展非聚酰亚胺类的低介电、耐高温聚合物材料也是一种突破技术瓶颈的策略。

4.3.4 挠性覆铜板用功能性高分子材料发展愿景

1. 战略目标

2025 年：突破 PI 类挠性基底薄膜与铜箔 CTE 匹配及黏结问题，突破 PI 类薄膜制造设备国产化技术瓶颈，初步实现 FCCL 用 PI 类薄膜制造稳定工程化，性能达到国外先进水平。达到中等规模量产，产能达到 500 t/a，能够满足国内 FCCL

一定需求，减小对国外产品的依赖程度。研究发展挠性覆铜板用非聚酰亚胺类的低介电、耐高温聚合物材料。

2035 年：实现 PI 类挠性基底薄膜产能达到 2000 t/a，满足国内 FCCL 需求。实现非聚酰亚胺类的低介电、耐高温聚合物材料制造技术工程化，并完成工程化应用示范研究，为未来规模化推广做好技术储备。

2. 重点发展任务

2025 年：研究并掌握 FCCL 用基底薄膜的分子设计、合成工艺及批量化制备方法，建立其批量化制备示范线。

核心技术指标：介电常数（1 MHz）＜3.0，体积电阻率＞$2.0\times10^{16}\,\Omega\cdot cm$，拉伸强度＞350 MPa，CTE＜20 ppm/K，与铜箔黏结强度＞1.5N/mm，尺寸稳定性＜0.06%，吸水率＜0.8%。

2035 年：建立 FCCL 用基底薄膜批量化制备生产线，产品性能达到 FCCL 的应用需求；掌握 FCCL 的批量化制备生产线，性能指标达到国际领先水平。

参 考 文 献

[1] Nakano S，Saito N，Miura K，et al. Highly reliable a-IGZO TFTs on a plastic substrate for flexible AMOLED displays. Journal of the Society for Information Display，2012，20（9）：493-498.

[2] Utsunomiya S，Inoue S，Shimoda T. Low-temperature poly-Si TFT transferred onto plastic substrates by using surface free technology by laser ablation/annealing（SUFTLA®）. Journal of the Society for Information Display，2002，10（1）：69-73.

[3] Chang T C，Tscao Y C，Chen P H，et al. Flexible low-temperature polycrystalline silicon thin-film transistors. Materials Today Advances，2020，5：100040-100050.

[4] Hwang H，Kim S，Ahn K，et al. P-171L：Late-news poster：A true 403 ppi-2.0-in VGA TFT-LCD for mobile application. Sid Symposium Digest of Technical Papers，2005，36（1）：344-347.

[5] Hamer J W，Yamamoto A，Rajeswaran G，et al. Invited paper：Mass production of full-color AMOLED displays. Sid Symposium Digest of Technical Papers，2012，36（1）：1902-1907.

[6] Kahlert H E，Burghardt B，Simon F，et al. High resolution optics for thin Si-film crystallization using excimer lasers：Present status and future development. In Poly-Silicon Thin Film Transistor Technology and Applications in Displays and other Novel Technology Areas，2003，5004：20-27.

[7] Kim J C，Chang J H. Quaternary copolyimides with various monomer contents：Thermal property and optical transparency. Macromolecular Research，2014，22（11）：1178-1182.

[8] Choi M C，Hwang J C，Kim C，et al. New colorless substrates based on polynorbornene-chlorinated polyimide copolymers and their application for flexible displays. Journal of Polymer Science Part A：Polymer Chemistry，2010，48（8）：1806-1814.

[9] Liu J，Lee T，Wen C，et al. High-performance organic-inorganic hybrid plastic substrate for flexible displays and electronics. Journal of the Society for Information Display，2011，19（1）：63-69.

[10] Ni H，Liu J，Wang Z，et al. A review on colorless and optically transparent polyimide films：Chemistry，process

and engineering applications. Journal of Industrial and Engineering Chemistry，2015，28：16-27.

[11] Sun N，Meng S，Zhou Z，et al. High-contrast electrochromic and electrofluorescent dual-switching materials based on 2-diphenylamine-（9，9-diphenylfluorene）-functionalized semi-aromatic polymers. RSC Advances，2016，6（70）：66288-66296.

[12] Tapaswi P K，Ha C S. Recent trends on transparent colorless polyimides with balanced thermal and optical properties：Design and synthesis. Macromolecular Chemistry and Physics，2019，220（3）：1800313.

[13] Tsai C L，Yen H J，Liou G S. Highly transparent polyimide hybrids for optoelectronic applications. Reactive & Functional Polymers，2016，108：2-30.

[14] Ji D，Li T，Hu W，et al. Recent progress in aromatic polyimide dielectrics for organic electronic devices and circuits. Advanced Materials，2019，31（15）：1806070.

[15] 钟珊，马燕玲. 柔性显示技术专利分析. 中国科技信息，2016，19：101-102，14.

[16] 姜明宵，胡伟频，王纯，等. 液晶显示的竞争前景以及液晶材料的未来应用. 光电子技术，2021，41（2）：96-98，109.

[17] Li W，Cao Y，Cao H，et al. Effects of the structures of polymerizable monomers on the electro-optical properties of UV cured polymer dispersed liquid crystal films. Journal of Polymer Science，Part B：Polymer Physics，2008，46（13）：1369-1375.

[18] Ding X，Cao M，Liu H，et al. A study of electro-optical properties of PDLC films prepared by dual UV and heat curing. Liquid Crystals，2008，35（5）：587-595.

[19] Kashima M，Cao H，Liu H，et al. Effects of the chain length of crosslinking agents on the electro-optical properties of polymer-dispersed liquid crystal films. Liquid Crystals，2010，37（3）：339-343.

[20] Yu H F，Dong C，Zhou W M，et al. Wrinkled liquid-crystalline microparticle-enhanced photoresponse of PDLC-like films by coupling with mechanical stretching. Small，2011，7（21）：3039-3045.

[21] Song P，Yu L，Jiao A，et al. The influence of charged ions on the electro-optical properties of polymer-dispersed liquid crystal films prepared by ultraviolet-initiated cationic polymerization. Journal of Applied Physics，2012，112（4）：043106.

[22] Zhang C，Wang D，Cao H，et al. Preparation and electro-optical properties of polymer dispersed liquid crystal films with relatively low liquid crystal content. Polymers for Advanced Technologies，2013，24（5）：453-459.

[23] Song P，Cao Y，Wang F，et al. Studies on the electro-optical and the light-scattering properties of PDLC films with the size gradient of the LC droplets. Liquid Crystals，2015，42（3）：390-396.

[24] Wang H，Gong H，Song P，et al. Reverse-mode polymer dispersed liquid crystal films prepared by patterned polymer walls. Liquid Crystals，2015，42（9）：1320-1328.

[25] Wang H，Wang L，Chen M，et al. Bistable polymer-dispersed cholesteric liquid crystal thin film enabled by stepwise polymerization. RSC Advances，2015，5（73）：58959-58965.

[26] 张洋，杨卫平，赵威，等. 聚合物稳定液晶材料研究进展. 功能高分子学报，2021，34（1）：49-65.

[27] 郭姝萌. 聚合物分散和稳定液晶共存体系的构筑及光调控性能的研究. 北京：北京科技大学，2018.

[28] 中国电子材料行业协会经济技术管理部，北京万胜博讯高科技发展有限公司. 挠性覆铜板（FCCL）行业市场调研报告（2017 版），2017.

[29] 中国电子材料行业协会经济技术管理部，北京万胜博讯高科技发展有限公司. 挠性覆铜板用聚酰亚胺（PI）薄膜行业市场研究报告（2016 版）. 2016.

第 5 章　生物医用功能性高分子材料

5.1　概　　述

生物医用材料（biomedical materials）或称生物材料（biomaterial），泛指用于对人体进行诊断、治疗、修复或对人体病患组织、器官进行替换或增进其功能的材料[1]。生物医用材料是医疗器械行业发展的基石，医疗器械的发展又将直接反哺生物医用材料的发展。生物医用材料是全民医疗健康体系的重要组成部分，其发展具有战略性、带动性和成长性的意义，是展现一个国家科技进步、综合国力提高的重要标志。

生物医用材料按照材料性质不同可以分为生物医用金属材料、生物医用高分子材料、生物医用陶瓷材料、生物医用复合材料、生物衍生材料等。根据深圳市赛瑞产业研究有限公司报告的数据，金属生物材料的市场份额最大（约为 72%），生物医用高分子材料（占比约为 15%）的复合增长率最高。生物医用材料按照用途不同，可分为心血管、骨科、体外诊断等 16 大类材料，如图 5-1 所示。

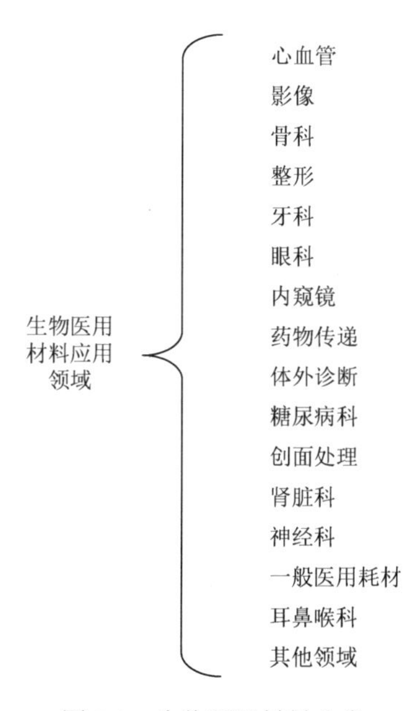

图 5-1　生物医用材料分类

生物医用材料产业的发展离不开医疗器械产业的带动，随着人口老龄化进程的加快，高新技术的持续注入，以及全球政府机构在政策及资金上的不断支持，生物医用材料产业将伴随着医疗器械产业而快速发展[2]。赛瑞研究报告显示，2010 年全球医疗器械市场达 1520 亿美元，2015 年世界市场已达 3000 亿美元，2019 年全球医疗器械市场容量约为 4519 亿美元。根据 EvaluateMedTech 预计，2020～2024 年全球医疗器械销售额复合增速 5.6%，2024 年市场规模或将达到 5945 亿美元。我国医疗器械市场与全球市场相比仍然有着较大的差距，主要体现在高品质的新材料。我国缺乏超前的研发优势和研发成果的产业化转化能力，目前还是以仿制为主。虽然很多新材料已有能力生产，但仍受到国外专利的限制，生产水平有限[1]。根据国外权威第三方网站 QMED 发布的医疗器械企业排行榜，2020 年前十名医疗器械公司的总销售额超过 1929 亿美元，全球共有 61 家医疗器械公司的销售额达到 10 亿美元以上（不包括私人公司）。根据 EvaluateMedTech 公司的报告，全球前 15 个领域的医疗器械分别为心血管内科等（表 5-1），其中前五个医疗器械应用领域分别是体外诊断、心血管、影像、骨科和眼科。我国医疗器械市场的前五大板块分别为影像、体外诊断、耗材、心血管和骨科。与国际市场格局相比，差别在于我国医疗器械市场医学影像类设备占比最大，排名第二为体外诊断，且全球排名较低的低值耗材在我国占据行业第三的位置，因此提高具有高附加值的高端医疗器械在我国医疗器械市场的占比应是我国医疗器械行业未来发展的重点。从 QMED 发布的 2020 年医疗器械企业排行榜中可以看出，美国总计 48 家企业进入百强榜单，占据了全球医疗器械百强企业 48%的份额。其次是日本，有 11 家企业上榜，占比 11%；中国共有 7 家企业进入百强，占比 7%。可见，美国在高值医疗器械行业仍处于全球领先的地位。随着研发能力的不断增强，心血管支架、封堵器、生物型硬膜补片、骨创伤修复器用原材料已经实现进口替代，并且已经形成三大产业聚集区，分别为长三角区域、珠三角区域和京津环渤海湾区域。总体来看，我国医疗器械领域的研发整体上仍以跟踪仿制为主，相关科技基础仍然很薄弱，许多共性关键技术和重要核心部件研发生产技术亟待突破。

表 5-1　全球及国内器械子板块占比

全球市场			国内市场		
序号	细分领域	占比/%	序号	细分领域	占比/%
1	体外诊断	13	1	医学影像	16
2	心血管	12	2	体外诊断	14
3	影像	10	3	低值耗材	13
4	骨科	9	4	心血管	6

续表

全球市场			国内市场		
序号	细分领域	占比/%	序号	细分领域	占比/%
5	眼科	7	5	骨科	6
6	整形	5	6	医疗 IT	5
7	内窥镜类	5	7	急救 ICU	4
8	药物传递	3	8	肾内	4
9	牙科	3	9	其他	32
10	糖尿病科	3			
11	创面处理	3			
12	肾脏科	3			
13	一般医用耗材	3			
14	神经科	2			
15	耳鼻喉科	2			
16	其他领域	17			

医疗器械发展的基础是生物医用材料。从生物医用材料的国际竞争格局来看，美国、西欧、日本仍然占据绝对领先优势，且市场呈现出由少数大型企业“寡头”垄断的局面。美国是全球最大的生物医用材料生产和消费国，欧盟则凭借其经济发达、社会医疗保障体系健全等优势成为全球第二大市场，亚太地区是全球第三大市场，其中日本以其先进的医疗技术促进了生物医用材料产业迅速发展。生物医用材料的发展具有产业高度聚集、行业集中度或垄断度高、生产和销售国际化等三个突出的特点。

我国生物材料市场规模巨大，2016 年，我国生物医用材料产业规模已达 1730 亿元，2020 年市场规模突破 4000 亿元。由于生物医用材料产业专业技术壁垒较高、风险高、投入大、研发周期较长，生物医用材料的研发仍然进展缓慢，无法与医疗器械市场的发展速度相匹配。此外，医疗器械生产企业平均规模偏小的问题依然存在；经营企业多、小、散的问题更加严重；研发投入不足的问题未能改观；跨国医疗器械公司仍然占据我国高端医疗器械市场。我国医疗器械出口以中低端产品为主，而且面临着国际贸易保护主义的压力[3]。我国已向全球提供 60%～70%的低值医用耗材，却无植入用金属及高分子等原材料的专门供应商，高值耗材的完整的产业链尚未形成，也无自己创立的生物医用基础原材料的公司或行业标准。尤其是近期的国家间的贸易摩擦，2018 年 11 月 19 日，美国商务部公布了针对关键新型基础技术和相关产品的出口管制框架提案，其中第十三条中包括生物材料。我国高端生物医用材料的生产能力严重短缺已经形成了“卡脖子”问题，给中国健康产业的发展造成了严重的安全隐患。十四亿多人口的健康命脉应掌握在自己人手中，不能依赖于国外技术。近年来，我国在生物材料政策层面做出的努力从未停止。“十三五”期间，在国家一系列改革政策指引下，各级食品药品监督管理部门加大了科学监管力度，监管法规政策不断完善，公众用械安全有效得到了较好的保障。医疗器械行业面临政策环境变化，行业监管、审评审批、医保制度、集中采购、两票制、分级诊疗等政策相继推出。同时，《国家中长期科学和技术发展规划纲要（2006—2020 年）》《“十三五”国家科技创新规划》《“十三五”材料领域科技创新专项规划》《中国制造 2025》《“十三五”国家基础研究专项规划》等政策都把生物医用材料作为重点发展的领域。另外，“生物医用材料研发与组织器官修复替代”重点专项的启动进一步加强了生物医用材料与组织器官修复替代的基础研究。“十四五”期间，国家在政策层面做出更多努力。我国“十四五”规划提出，推动生物技术和信息技术融合创新，加快发展生物医药、生物育种、生物材料、生物能源等产业，做大做强生物经济。地方政府重视生物材料产业发展，11 个省市“十四五”规划提及生物材料。因此，针对我国生物医用材料行业的现状，企业家必须要保持清醒的认识，加大研发投入，走自主研发道路，联合其他资源走合作发展的道路。

2021 年，《“十四五”医疗装备产业发展规划》将七类装备列入重点发展领域（诊断检验装备、治疗装备、监护与生命支持装备、中医诊疗装备、妇幼健康装备、保健康复装备、有源植介入器械），引领科技创新重点向高端产品转移，形成具有市场竞争力的自主品牌，多项耗材成为重点发展对象。骨科、血液净化与透析及心血管领域医疗器械在医疗器械领域占有较大的比例，本章仅涉及生物医用高分子材料的相关内容。生物医用高分子材料作为生物材料中的主要组成部分，应用范围较广且使用量大，此外该类材料的种类繁多，当前国内使用的主要包括橡胶材料、塑料材料、纤维材料及黏合剂材料四种[4]。医用高分子又是一门集化学、物理、材料、生物学、解剖学、临床医学等多门学科交叉的边缘学科[5]。医用高分子材料的特点及基本性能总结为五个方面：第一，具有稳定的力学性能，即医用高分子材料在实际的应用过程中，无论使用时间的长短，应具备稳定的强度、稳定的耐疲劳度及稳定的尺寸等；第二，具有较好的化学稳定性，医用高分子材料在加工的过程中较容易成型，且与人体接触时不会发生变异，进而导致排异或炎症反应的发生；第三，具有较稳定的物理性能，即经过灭菌后，能够保持原有状态，且与之相关的性能也是稳定的；第四，具有较好的生物相容性，即血液相容性、组织相容性，以及降解物的可吸收性；第五，具有较低的应用成本，易于市场推广，且材料容易获取，在医疗服务工作中广泛使用。

因此，本章将主要集中于血液透析用高分子材料、骨植入高分子材料及人工血管用高分子材料的发展战略研究。

5.2　血液透析用高分子材料

5.2.1　血液透析用高分子材料的种类范围

慢性肾脏病（CKD）已成为全球性公共健康问题。2014 年，我国终末期肾病患者总数为 216 万人，2016 年增加到 257 万人，到 2017 年达到 290 万人。预计到 2030 年，我国终末期肾病患者人数将突破 400 万人。刘志红院士 2013 年 9 月刊发的综述显示，全国成人 CKD 患病率为 10.8%，我国 CKD 患者约有 1.12 亿。其中，终末期肾脏病患者已经超过 200 万人。对于终末期肾病患者，全球公认的治疗手段为肾脏替代治疗：血液透析（hemodialysis，HD）、腹膜透析（peritoneal dialysis，PD）和肾脏移植术（renal transplantation，RTx）三种。但由于肾源较少、费用较高，因此血液透析成为主要的治疗手段。血液透析是将血液抽出体外，经过血液透析机的渗透膜，清除血液中的新陈代谢废物和杂质后，再将已净化的血液输送回体内，循环往复清除体内部分毒素、某些致病物质，净化血液，达到治疗疾病的目的。2019 年版《中国医疗器械蓝皮书》中将血液净化产品分为透析机、透析器、透析管路、透析粉液、透析药品等。其中既有设备，也有耗材和药品，而耗材中价值和技术含量高的那部分产品则可以划归于血液净化类高值医用耗材。血液净化类高值医用耗材按治疗方式不同可以分为血液透析材料、腹膜透析材料、血浆置换材料、连续性血液净化用材料和其他材料[6-8]。

我国肾病救治率低，费用居高不下。究其原因有以下几点：一是局限于透析中心和透析设备普及率不高及基层医生对透析方案的学术认识和治疗水平有限，且中国医保报销比例相对较低，大部分晚期肾病患者经济上无法承受，现阶段能够接受透析治疗的救治比例不到 20%，远低于发达国家 90%以上的救治比例。国内血液透析业务主要包括设备、耗材、渠道和人工服务。据中国产业信息网的消息，国内单次血透打包收费为 400～500 元，其中透析机折旧占费用的 8%，人工服务占比 27%，透析耗材占比 44%，透析液及透析药物占比 21%。其中，透析耗材包括透析器和透析管路，透析耗材的成本决定了血液透析的成本。二是我国血液净化市场起步较晚，技术水平相较于国外还有较大差距。因此，我国血液净化市场以进口产品为主，尤其是血液净化类高值医用耗材市场，进口产品占据 70%以上的市场份额，大大增加了病患的治疗成本。所以，国外进口材料的成本高和国内生产的材料质量不过关，是影响国内患者肾病救治成本和治疗效果的关键因素。

血液透析膜是透析器的核心元件，为半透膜，它通过扩散和对流传质机制去除患者血液中的毒素和多余的水分，同时基于孔径筛分机理保留大分子蛋白质等人体必需的物质。因此，研究和开发新型高性能血液透析膜是提高透析治疗效果、延长患者寿命的关键所在[9]。血液透析膜自二十世纪初问世以来，制膜材料的发展经历了由铜氨纤维素到再生纤维素，再到醋酸纤维素，以及生物相容性较好且通透性较高的合成膜，如醋酸纤维素透析膜、铜氨纤维素透析膜、聚砜（PSF）、聚醚砜（PES）、聚乙烯醇（PVA）、聚乳酸（PLA）、乙烯-乙烯醇共聚物（EVOH）、壳聚糖（CS）、聚甲基丙烯酸甲酯（PMMA）、聚丙烯腈（PAN）、聚氨酯（PU）、纤维素膜等[10]。其中，几种膜材料的特点见表 5-2。

表 5-2　几种膜材料特点

膜材料	通量	主要特征
聚砜类膜（包括聚砜、聚醚砜等）	低/高	机械性能优良，良好血液相容性，可实现高通量、中分子毒素清除效率高
聚甲基丙烯酸甲酯	高	膜具有吸附能力，尤其是吸附较大分子量的碱性蛋白
聚丙烯腈膜	高	相比聚砜性质稳定，更安全，耐热性、机械性能、亲水性都较高
纤维素膜	低	亲水性强，中分子毒素清除能力弱，血液相容性较差

透析器的透析膜面积达到 10～20 m^2，透析膜的人工表面状态是影响凝血的重要因素[11]。血液相容性是判定透析膜优劣的主要指标，其主要内涵指透析膜的抗凝血特性，它是保证透析安全和减少患者血液透析过程血细胞损失的关键参数。提高透析膜的抗凝血特性是新型透析膜材料开发的重点，研究者正试图通过改变透析膜材料的表面空间结构、表面改性、共混改性等途径提高透析膜的血液相容性[10]。

开发高通量、低中分子毒素清除率和优异血液相容性的血液透析膜材料是血液透析膜未来研究和发展的重要方向。目前比较有效的方法就是改进其制膜工艺，或加入其他辅料，来改善膜的性能等。研究最多的有纤维素类膜、聚砜类膜等，其中，纤维素膜由于有着较为完整的结构，并且其通透性较好、价格比较低、物理弹性较好，在血液透析中有着较好的效果[12]。但是其化学稳定性比较差，对其进行清洗、低温消毒等操作后，就会对其化学稳定性造成破坏。正是因为其具有这个缺陷，在不影响其选择通透性、血液相容性等特性的前提下，提高其化学稳定性对其在临床上的应用有着非常重要的意义。其中，聚砜类材料制备的血液透析膜因为具有孔径易调节、中分子毒素清除率高、血液相容性好、机械强度高和化学稳定性高等优点，是目前合成高分子材料制成的透析器中销量最大的品种。但聚砜类材料普遍具有疏水性，单独作为制膜材料使用存在超滤率低、残凝血严重、易吸附蛋白质、使膜孔受阻、难清洗复用、使用寿命短等缺点。因此，需要磺化改性及共混改性，以增强生物相容性和提高透析能力。共混改性是研究最多和工业化应用最广泛的改性方法，所用的材料有聚砜、聚乙烯吡咯烷酮（PVP）等。

针对血液透析市场的现状以及对其发展形势的预测可以从血液透析产品本身、血液透析产品管理、血液透析生产商三个方面加以概述：随着社会物联网和人工智能的发展，血液透析类产品更加趋向于便携化和智能化[13]。随着科学技术的进步及患者需求的不断升级，患者对血液透析类产品的要求也越来越高，很多厂家开始针对患者需求提供更加专业化、个性化的解决方案。便携化和智能化的产品受到更多人的关注，尤其是智能家用的血液透析类产品能够提高患者的生活质量，也便于远程监控，安全性有保障，将会迎来发展机遇。此外，据《中国医疗器械蓝皮书》（2019 年版）中报道，独立血透中心将成为各大企业争夺的重要战场。自 2014 年以来，政府开始逐步降低建立独立血透中心的要求，鼓励社会资本进入市场，推动血液透析中心向连锁化、集团化发展。2016 年，国家卫生和计划生育委员会印发《血液透析中心基本标准和管理规范（试行）》，在通知中，已经将血透中心归属于独立设置的医疗机构，并且出台了具体的血透中心建设标准和管理规范。随着政策的放开，国内庞大的血透需求必将衍生出广阔的血液透析产品市场，未来会有更多的社会资本进入血透中心，这也将成为各大血液净化企业业绩增长的重要市场。厂家将加快全产业链布局。从全球来说，目前血液净化市场主要集中在美国、日本和欧洲等发达国家和地区，从这些市场中我们可以获得相应的借鉴和启发。就拿美国市场来说，美国有大约 6000 个血透中心，其中德维特公司（血透中心业务为主）和费森尤斯集团（透析设备耗材及血透中心业务）占有 70%多的市场[14]。另外，美国血透中心已经相对饱和，所以透析机产品销售额非常低，是透析耗材和服务的零头，只有在透析机有大的更新换代时才会有增长的机会。因此，很多血透厂家利用其技术和成本优势加快全产业链布局，进入耗材和医疗服务领域以保持业务的稳定增长。虽然目前我国市场还处于开发初期，但发展速度非常快。随着市场成熟度不断提高，国产厂家只有加快全产业链布局，才能在日后的市场竞争中保持业务增长，取得竞争优势。

近年来，随着纳米材料制备技术的迅速发展，膜材料的纳米化也极有可能会将膜的性能提升上一个新的水平。此外，目前临床上使用的透析膜价格比较高，研制一种绿色且价格低廉的透析膜能够有效减轻患者的经济负担。随着高分子材料制备技术、改性技术的不断发展，相信在不久的未来，一定会研制出透析性能好、相容性能优、价格合适的透析膜[15]。

5.2.2　血液透析用高分子材料现状与需求分析

血液透析器是血液透析治疗过程中最关键的耗材，属于第三类医疗器械，直接决定了透析治疗效果和患者生存质量。透析主要设备包括血液透析机，耗材包括透析器、透析液和透析管路等。费森尤斯集团（德国）、Gambro 公司（瑞士，已被百特国际有限公司收购）和百特国际有限公司（美国）占全球市场的份额接近 70%（图 5-2），其中血液透析市场以费森尤斯为龙头，而在腹透市场，百特占据绝对的统治地位（图 5-3）。

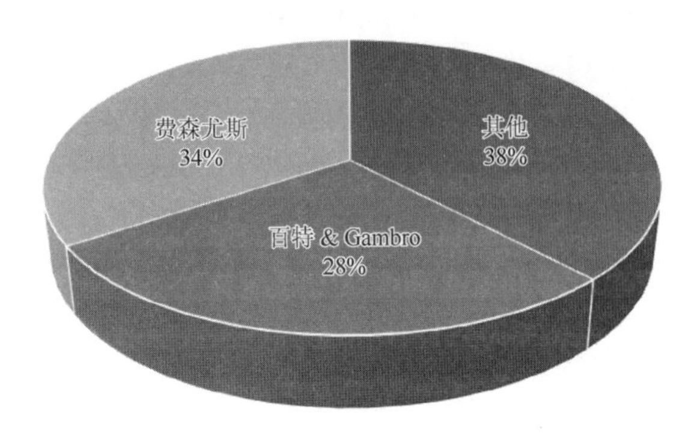

图 5-2　全球血透产品市场份额

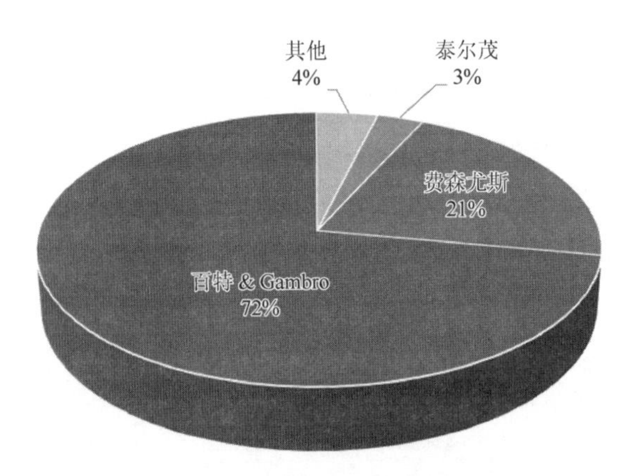

图 5-3　全球腹透产品市场份额

目前，据中国产业信息网消息，国内透析器的临床需求量超过 5000 万支/a，其中国外品牌的血液透析器约占 70%，因此，透析器价格居高不下。目前，在中国获批生产透析器的部分厂家能够自主生产透析膜等核心部件，技术有所突破。透析器的技术核心是透析膜的制备生产，目前国内多数企业都是从国外（如 3M 公司）购买膜丝进行透析器的组装，具备纺丝能力的企业（如威高集团、贝恩医疗设备（广州）有限公司、成都欧赛医疗器械有限公司）也直接进口国外的纺丝设备（如德国 FiLaTech 公司），而纺丝主要原料如聚砜、聚醚砜、聚乙烯吡咯烷酮全部依赖进口。原料、设备、技术等对国外企业依赖度高，因此急需打破国外企业的垄断，实现聚砜类透析器从原料到设备的国产化。随着我国大病医保政策的普及和国家血透中心的建设，透析器的未来增长空间巨大。因此，实现血液透析领域的“卡脖子”材料聚砜类血液透析器的国产化具有迫切性。

通过搜索血液透析的中国发明专利发现，申请的发明专利逐年增加（表 5-3）。然而，关于血液透析膜方面的专利却少之又少。国内的聚砜、聚醚砜的血液透析膜原材料的开发也与国际上有较大差距，目前小规模生产的血液透析膜产品性能指标也达不到血液透析膜原材料的要求。

表 5-3　中国血液透析专利分析　（单位：件）

类型	2013 年	2014 年	2015 年	2016 年	2017 年	2018 年	2019 年	2020 年	2021 年
血液透析	147	232	338	273	361	442	609	864	879
血液透析器	9	16	17	16	19	17	19	38	37
血液透析膜	2	12	19	12	7	6	15	10	10

目前，血液透析膜存在的问题主要包括生物相容性欠佳（如凝血、溶血、补体反应）、对中大分子毒素清除效率不足、透析过程破膜、透析器生产自动化程度不高等问题，尤其是国产透析膜的 β2 微球蛋白筛选系数较小，开发新型血液透析膜迫在眉睫[16]。

长时间透析过程中肝素的注射易引起出血风险及血小板减少等副作用，以及多种炎症并发症。因此，通过改善膜表面的抗凝特性，赋予膜良好的血液相容性，减少肝素使用量甚至实现无肝素透析，是透析膜发展的一个重要研究方向。

分析膜面积相近的各型透析器膜结构及对应磷酸盐清除率可知，低通量透析器磷酸盐清除率明显低于高通量透析器（表 5-4）。高通量透析膜相比低通量透析膜除了具有更加卓越的小分子毒素清除能力，还具有更高的超滤率及显著的中分子毒素（如 β2 微球蛋白）清除能力。

表 5-4　主流各型透析器膜结构对比

生产厂家及型号	膜材	类型	膜内径/壁厚	膜面积/m^2	膜丝结构	磷酸盐清除率*/(mL/min)
中国威高集团 F15	PSU + PVP	低通量	200/40	1.5	微波浪	159
中国威高集团 HF15	PSU + PVP	高通量	200/40	1.5	微波浪	178
中国贝恩医疗设备（广州）有限公司 B-16P	PES + PVP	低通量	200/35	1.6	微波浪	99
中国贝恩医疗设备（广州）有限公司 B-16H	PES + PVP	高通量	200/35	1.6	微波浪	155

续表

生产厂家及型号	膜材	类型	膜内径/壁厚	膜面积/m²	膜丝结构	磷酸盐清除率*/(mL/min)
德国费森尤斯集团 FX8	PSU + PVP	低通量	185/35	1.4	微波浪	160
德国费森尤斯集团 FX60	PSU + PVP	高通量	185/35	1.4	微波浪	177
德国贝朗集团 H115	PSU + PVP	高通量	195/35	1.5	微波浪	191
日本东丽（TORAY）株式会社 TS-1.6UL	PSU + PVP	高通量	200/40	1.6	纤维编制	193
日本尼普洛株式会社 ELISIO-15H	PES + PVP	高通量	200/40	1.5	微波浪	184

血液透析用的中空纤维膜具有合适的微观结构（孔隙率、孔径及其分布等）以保证其良好的膜分离功能，以及具有合理的宏观结构（包括内外径、壁厚），以获得良好的机械性能和分离性能[17]。因此，必须在材料制备和合适微孔结构形成两方面进行攻关，形成具有自主知识产权的工程技术，发展相关的产业。目前，国内市场上主要的透析器批文见表 5-5。

表 5-5　目前国内市场上主要的透析器批文部分

企业	品名	型号	材料
江西三鑫医疗科技股份有限公司	一次性使用空心纤维血液透析器	SM160H、SM180H、SM200H	中空纤维膜材料为聚醚砜，外壳和端盖材料为聚碳酸酯，封口胶材料为聚氨酯胶，密封圈材料为硅胶，护帽材料为聚乙烯
江苏朗生生命科技有限公司	一次性使用空心纤维血液透析器	LST100-A、LST120-A、LST140-A、LST160-A、LST180-A、LST200-A	膜材料为聚砜
威海威高血液净化制品有限公司	空心纤维透析器	MF10、MF12、MF13、MF14、MF15、MF16、MF17、MF18、MF19	外壳和端盖材料为聚碳酸酯，膜材料为聚砜，封口胶材料为聚氨酯胶，密封圈材料为硅胶，防尘帽材料为聚乙烯

大连理工大学蹇锡高院士团队将含二氮杂萘酮结构的单体 DHPZ 引入到杂萘联苯聚芳醚系列材料中，设计、合成具有扭曲非共平面结构的聚芳醚砜，实现了既耐高温又可溶解，解决了传统聚芳醚不能兼具耐高温可溶解的技术难题，是目前耐热等级最高的可溶性聚芳醚砜新品种。杂萘联苯聚芳醚砜具有优异的化学稳定性、热稳定性及力学性能，是一类性能优良的高分子膜材料，已应用于石油化工、军工、分离膜、离子交换膜等领域。

江西三鑫医疗科技股份有限公司与蹇锡高院士团队合作开发杂萘联苯聚芳醚

血液透析膜材料。与当前传统的透析膜材料聚醚砜相比，杂萘联苯聚醚砜分子结构中含有二氮杂萘酮单元结构，使得杂萘联苯聚醚砜材料具有更好的生物相容性，其所制备的分离膜具有更高的渗透选择性、更高的热稳定性和耐辐照性。杂萘联苯聚芳醚材料已完成细胞毒性、急性全身毒性、热原等试验，符合医用材料生物安全性能要求，有望应用于血液透析领域中空纤维膜的制备。若杂萘联苯聚醚砜新材料中空纤维膜正式投入市场并全面推广，按照现有市场规模保守推算，单在血透领域的需求量就在千吨级别。

威海帕斯砜新材料有限公司与江苏朗生生命科技有限公司合作，共同开发聚砜透析膜，采用先进的一步合成法生产工艺，解决了国产聚砜膜浑浊、纺丝堵滤网等技术难题，并同时开发了聚砜-聚乙烯吡咯烷酮透析膜，有望替代国外进口聚砜透析膜原料。

高通量、高中分子毒素清除率和优异血液相容性的血液透析膜材料依然是血液透析膜未来研究和发展的重要方向。高通量透析器已成为国外发展的主流方向，国内也开始向这个方向努力。在现有的材料中，聚砜类材料（包括聚砜和聚醚砜等）是非常适合做高通量透析膜的材料，1983 年，Stericher 和 Schneider 两位德国科学家首次将聚砜材料应用于血液透析膜制备；1991 年日本日机装株式会社将聚醚砜与多芳基聚合物共混制备血液透析膜；1999 年日本尼普洛株式会社使用聚醚砜与 PVP 共混制备血液透析膜。从膜性能来看，聚砜类材料制备的血液透析膜具有中分子毒素清除率高、血液相容性好、机械强度和化学稳定性高等优点，是目前合成高分子材料制成的透析器中销量最大的品种[18]。聚砜类材料普遍具有疏水性，单独作为制膜材料使用存在超滤率低、残凝血严重、易吸附蛋白质、难清洗复用等缺点，因此，往往需要通过改性的方法进行改善，常用的改性方法包括本体改性、表面改性和共混改性。例如，Ouradi 等[19]将聚砜与 AN69 共混制备平板膜，结果表明膜表面亲水性和电负性随着 AN69 含量的增加而增强，膜通量提高的同时对聚乙二醇的截留率也有明显上升。Omichi[20]将高分子量的 PVP 与聚砜共混制膜，改善了材料的血液相容性。作为亲水改性材料的 PVP 与聚砜类材料相容性良好，被越来越多厂商使用。但随着膜中加入量过大，洗脱后明显残留的 PVP 会增大膜对血液中补体的激活，且激活程度与 PVP 的含量正相关，从而影响膜材料固有的生物相容性。国内外越来越多的厂家投入到相关膜材料和膜结构的研发。因此，国外主流的透析器，尤其是德国的产品，聚砜类材料占了很大的比例。

血液透析膜只是模拟人体肾脏的分离功能，以去除中小分子毒素，但远不及人体血液净化体系（肝、肾等）的功能，因此，将传统的膜分离与血液灌流的功能结合起来，实现吸附和分离综合性能优异的血液净化膜系统也是今后发展的重要方向。

血液净化膜的国内及出口需求将会持续快速增长。国内市场用量约 5000 万只膜器/年，透析器市场的增长超过 20%，产能需尽快提升到超过 1 亿只膜器/年。相应地，用作原料的聚砜、聚醚砜及其他新型原材料的需求量，也将从目前的每年千吨级别提升到万吨的级别。目前，血透用聚砜类中空纤维膜材料全部依赖进口，同时制备中空纤维膜的纺丝核心技术也控制在外国公司手里，急需开发相应的材料及纺丝工艺取代进口，提升国产品牌的技术含量和影响力。随着我国大病医保政策的普及和国家血透中心的建设，透析膜及相关产品的增长空间巨大。因此，实现血液透析领域的原材料的国产化并拥有其加工技术具有紧要迫切性。

5.2.3　血液透析用高分子材料存在的问题

作为血液透析器的核心，血液透析膜在临床透析治疗过程中起到人工肾的作用，主要用于清除体内的代谢产物及小分子、中分子毒素，并维持体内水、电解质和酸碱平衡。然而，血液透析膜仍然存在着如下亟待解决的问题。

1）血液相容性

透析膜的血液相容性主要体现在抗凝血性能方面。虽然现在原材料经改性后，血液相容性已经有了很大的提高，但在使用过程中仍然离不开外加抗凝剂，如肝素。长时间透析过程中肝素的注射，易引起出血风险及血小板减少等副作用，以及多种炎症并发症，因此通过改善膜表面的抗凝特性，赋予膜良好的血液相容性，减少肝素使用量甚至实现无肝素透析是透析膜发展的趋势。

2）国产化聚砜类原料的性能及品质稳定性

国内产品仍以聚砜血液净化膜为主，但聚砜用作血液净化膜的血液相容性差，血液相容性相对较好的聚醚砜膜产品占比低；聚醚砜膜的血液相容性仍不能满足要求，国内的聚砜、聚醚砜质量达不到血液净化膜要求；改性聚醚砜的性能没有得到验证；其他高血液相容性膜原料研究缺失。

3）对中大分子毒素清除效率不足

中分子 β2 微球蛋白易诱发淀粉样病变，国产透析器的 β2 微球蛋白筛选系数较小。

4）效率低、高污染

无论现有的膜材料与血液相容性如何优异，在使用过程中都会造成大量的蛋白质吸附污染，造成体内的蛋白质丢失，这也是临床方面颇为重视的问题。同时，膜吸附蛋白质污染程度越严重，则越影响膜的通量和分离效率。需要对现有的聚砜类材料的成膜体系和成膜工艺进行系统改性，以实现高效、低污染的目标。

5）制膜技术与装备

树脂纯度对于透析膜的安全性至关重要，透析膜的孔径控制及透析器生产自动化程度不高等问题将导致透析膜透析过程破膜。

5.2.4　血液透析用高分子材料发展愿景

聚砜类血液透析膜具有良好的热稳定性、化学稳定性和机械强度，自 20 世纪 80 年代问世以来已经使用了 30 多年，目前市场占有率超过 60%。未来聚砜类血液透析膜的发展可以从以下三个方面推进。

1）膜内表面孔结构设计

为了提高膜对溶质的清除效率，需要设计更薄的内表面功能分离层和更高的内表面孔隙率，同时限制能透过白蛋白等对人体有益的大分子物质膜孔的生成。

2）提高膜机械强度

为了提高透析器清除效率并降低耗材成本，降低膜壁厚逐渐成为未来的发展趋势，需要研发分子量更高的聚砜类制膜原材料并用于血液透析膜的制备，以满足使用过程中对机械强度的要求，避免破膜现象的发生。

3）膜内亲疏水结构设计

高通量血液透析和血液透析滤过未来将逐渐取代低通量血液透析成为国内血液透析的主流治疗模式，膜内表面亲水性不佳则容易在使用过程中产生残凝血、跨膜压异常升高等问题[21]，而显著的内滤过和补液的排出带来膜两侧更强的液体交换量，不仅考验膜表面抗污染能力，也对膜拦截内毒素等热原物质的能力提出了更高要求。因此，需要进一步优化膜功能分离层和支撑层的结构，以保证使用的安全性和有效性[22]。

开发具有自主知识产权的血液透析膜材料，打造民族品牌并逐步摆脱依赖进口的局面，将为广大血液透析患者提供更经济、优质的医疗服务，也为国家节约巨额的医保开支，造福社会。在血液透析膜材料国产化方面，杂萘联苯聚芳醚新材料发展愿景主要可以归结为以下三点：

（1）针对现有血液透析膜材料存在的生物相容性欠佳（如凝血、溶血、补体反应等）、微炎症反应、透析过程破膜、易引起透析并发症等问题，基于聚合物分子链中二氮杂萘酮结构具有更好的生物相容性，开发综合性能更加优异的膜材料，以国际首创并具有自主知识产权的杂萘联苯聚芳醚树脂研究为基础，经过共聚合或共混改性，研制血液透析用新型杂萘联苯聚芳醚砜膜材料，形成原创性技术成果。

（2）以杂萘联苯聚芳醚砜为膜材料，研究新型血液透析膜的制备方法及其结构与性能关系，进一步丰富血液透析膜的制备方法和理论，形成原创性技术成果。二氮杂萘酮单元结构的引入使得杂萘联苯聚芳醚具有扭曲非共平面结构，所制杂萘联苯聚芳醚砜基血液透析膜具有更高的渗透选择性和更优异的耐辐照性，宜于辐照灭菌[23]。

（3）有力地促进国内外技术交流，对行业内同类产品的研发及制造起到良好的示范和带动作用，进一步推动产品升级换代和结构调整，产业延伸作用巨大。

最有应用前景的聚砜类材料的战略目标和重点发展任务如下：

1）战略目标

材料类型	现状	2025 年	2035 年
聚砜类材料（包括聚砜、聚醚砜材料等）	聚砜类材料在血液透析器材料中占有绝大多数的比例，且还有增加的趋势；血液相容性等性能还有不足之处；医用级树脂原料完全依赖进口；杂萘联苯聚芳醚砜等新材料的研究已经初见成效	实现医用级聚砜、聚醚砜、聚乙烯吡咯烷酮及杂萘联苯聚芳醚砜规模化生产，实现其用于血液净化膜关键技术的应用及示范，进入临床试验；攻克改性原料的关键制备技术	新型具有优异血液相容性的血液净化膜的规模化制备与应用技术，争取实现在透析过程中无抗凝剂或大量减少抗凝剂的使用；实现高血液相容性、高通量血液净化膜的大规模制备和应用及产品注册；实现国产聚醚砜类（包括杂萘联苯聚芳醚砜等新材料等）血液透析膜的市场占比超过 30%

2）重点发展任务

材料类型	2025 年	2035 年
聚砜类材料（包括聚砜、聚醚砜材料等）	聚砜类原材料及聚乙烯吡咯烷酮的开发，提高国产化原材料的性能；进行杂萘联苯聚芳醚血液透析膜材料的研究；完善膜制备技术；进行改性聚砜类原料的基础研究，攻克关键改性技术；进行医用级聚砜类材料的产业化研究，提高膜材料的抗凝血性能，并减少抗凝剂的使用	稳定的规模化生产，进一步降低聚砜类材料的成本，提高其性能，提高市场需求满足率；研制高品质血液透析膜，实现无抗凝剂透析；实现高通量、高清除率和良好血液相容性透析膜的规模化生产及产品认证

5.3　骨植入高分子材料

5.3.1　骨植入高分子材料的种类范围

骨科医疗器械在医疗器械行业中的占比达到十分之一，是主要子行业之一。骨科医疗器械是在手术中或术后部分或全部植入人体以替代、支撑定位或者修复骨骼、关节和软骨等组织的器件和材料。按照治疗用途的不同，骨科医疗器械主要分为脊柱骨科产品、创伤骨科产品和关节骨科产品等，属于高端产品。骨科植入物又是骨科医疗器械中最重要的门类。人工骨材料作为骨科植入物的原料，分类有无机骨材料、有机骨材料、复合骨材料。无机骨材料可以大致地分为金属填充材料、陶瓷填充材料两类[24]，前者因其良好的力学和加工性能，主要用作人工关节及植入体等。有机骨材料是由碳、硅、氧、氮等简单原子组成的有机分子通过聚合和交联来合成[25]，在分子量达到一定程度时可以呈现出很好的机械性能，同时又具有较好的生物相容性[26]。金属、陶瓷、有机骨材料在性能上都有自己独特的优点，同时其存在的不足又限制了广泛的应用，随着对植入材料的要求越来越高，结合不同材料的优越性合成复合骨材料就成为很多研究者的主要努力目标。

骨科植入物依据应用领域又可分为创伤类、脊柱类、关节类和其他，前三者的市场份额可以占到骨科器械的 80%以上（表 5-6）。相比于天然高分子材料，骨植入用合成高分子材料具有用量大等特点，主要有应用于创伤类内固定的晶态聚乳酸，关节表面功能性替代的超高分子量聚乙烯，用于脊柱类骨结构替代脊柱融合器的聚醚醚酮，用于满足一定机械强度或负重部位骨缺损修复的 PMMA 骨水泥等材料。另外，骨科植入物中还包括一些用于填充或修复骨缺损的填充材料。

表 5-6　骨植入合成高分子材料

<table>
<tr><th>领域</th><th>应用</th><th>常用材料</th><th>优点</th><th>缺点</th><th>其他</th></tr>
<tr><td>创伤类</td><td>固定</td><td>晶态聚乳酸</td><td>力学强度高，降解产物可以被代谢掉</td><td>降解时间长，降解产物呈酸性，易引起无菌性炎症反应</td><td>聚醚醚酮</td></tr>
<tr><td>关节类</td><td>关节臼窝</td><td>超高分子量聚乙烯</td><td>强度高、耐蠕变和耐磨性好、比较稳定</td><td>易氧化和疲劳骨折</td><td>聚醚醚酮</td></tr>
<tr><td rowspan="2">脊柱类</td><td>腰椎</td><td>聚醚醚酮</td><td>力学强度与骨基本匹配</td><td>生物活性一般</td><td>杂萘联苯聚芳醚</td></tr>
<tr><td>骨水泥</td><td>聚甲基丙烯酸甲酯</td><td>机械强度高、韧性好</td><td>产热，导致组织损伤，与骨组织结合不好，易松动</td><td>锌基玻璃聚烯丙酯水泥</td></tr>
<tr><td rowspan="2">其他</td><td>支架</td><td>聚己内酯</td><td>机械稳定性高、降解较慢</td><td>降解产物呈酸性</td><td rowspan="2">聚丙烯、聚四氟乙烯（PTFE）、聚对苯二甲酸乙二醇酯（PET）、聚丙烯酰胺（PAM）</td></tr>
<tr><td>软骨</td><td>非晶态聚乳酸、聚乳酸聚乙醇酸共聚物</td><td>降解时间短，无迟发性组织反应</td><td>强度不足，且降解产物呈酸性</td></tr>
</table>

应用面广的基础医用级高分子材料有超高分子量聚乙烯（UHMWPE）、聚醚醚酮（PEEK）、聚氨酯、聚砜、聚乳酸、聚乙烯和苯乙烯类热塑性弹性体（SEBS）等。目前，前五种原材料主要依赖进口。

超高分子量聚乙烯是平均分子量大于 200 万的热塑性工程塑料，其具有较好的性能优势，且具有摩擦系数小、磨耗低、耐化学药品性优良、耐冲击、耐压性、抗冻性、保温性、自润滑性、抗结垢性、耐应力开裂性、可再生性等优点，具有重要的实用价值，是关节类假体的重要组成部分。然而，原材料基本靠进口。人工关节包括人工髋关节和人工膝关节，决定人工关节寿命的关键是超高分子量聚乙烯摩擦面。超高分子量聚乙烯已经临床应用了近 60 年，至今仍是人工关节最主要的摩擦面材料，用于制作人工髋关节内衬和膝关节胫骨平台，基于超高分子量聚乙烯的人工关节占市场份额的 70%以上，具有不可替代性。

20 世纪 90 年代以来，欧美国家和地区陆续开发了高交联超高分子量聚乙烯，较好地解决了传统超高分子量聚乙烯在体内长期使用过程中的磨损问题。超高分子量聚乙烯人工关节体内磨损是临床发生骨溶解、无菌松动、脱位等症状的主要原因，导致关节翻修。高交联聚乙烯大幅度降低了磨损，减小了磨屑尺寸，显著降低了与磨损相关的症状发生率和假体翻修率。

维生素 E 超高分子量聚乙烯是欧美国家和地区在 21 世纪开发的新一代材料，主要是利用维生素 E 的抗氧化能力，提高人工关节在体内的氧化稳定性，避免或大幅度延迟因体内生物侵蚀而导致的氧化。将维生素 E 与高交联技术结合，已经获得了耐磨和抗氧化型人工关节，于 2009 年首次获美国食品药品监督管理局（FDA）批准进入临床应用。

聚芳醚骨植入材料，如 PEEK，具有很好的体内稳定性（不降解），其弹性模量 3～4 GPa 和拉伸强度 80～120 MPa，其复合材料拉伸强度可以达到 200 MPa 以上，与密质骨的力学性能（弹性模量 7～30 GPa，平均拉伸强度 105 MPa）接近。通过设计结构及制备复合材料来调控材料的力学性能与松质骨（模量 0.03～3GPa）、密质骨都能相匹配，避免应力遮挡。另外，PEEK 具有 X 射线可透过性，可以清楚地观察植入物周围组织的生长情况。因此，PEEK 被广泛用于脊柱修复、颌面外科及牙科领域。威格斯公司和 Solvay 集团等国际医用 PEEK 生产商积极拓展 PEEK 在医疗领域的市场，2017 年 11 月，Solvay 集团推出新的碳纤维增强、可用于植入性器械的射线可穿透 PEEK Zeniva® ZA-600 CF30。然而，由于技术壁垒高，投资风险大，我国能够生产 PEEK 企业较少，且相对于威格斯公司、Solvay 集团等国外医用 PEEK 生产企业，国内企业无医用 PEEK 生产能力。目前，国内植入级的聚芳醚原材料主要依赖于进口，急需解决植入级聚芳醚原材料国产化的问题。另外，PEEK 的缺点是无生物活性，不能和骨组织形成骨性结合[27]，现有的改进办法是表面改性和与生物活性玻璃、生物活性陶瓷进行复合改性。

5.3.2 骨植入高分子材料现状与需求分析

由于高发病率的肥胖和骨相关疾病、人口老年化等因素的推动，全球骨科医疗器械市场规模持续增长，到 2017 年已达到 386 亿美元的市场，年复合增长率为 3.5%，见表 5-7。这一时期增长缓慢的原因有医疗诊断意识不足，限制市场发展，另外就是巴西、俄罗斯、西班牙等国经济放缓，政府机构减少了对包括骨科疾病在内的各种疾病治疗的医疗报销，使得医疗器械企业难以增加市场份额，因此限制医疗器械的推广及使用。

表 5-7　2013～2017 年骨科医疗器械市场规模

年份	2013	2014	2015	2016	2017	年复合增长率/%
规模/亿美元	336	348	360	373	386	3.5

数据来源：Beckersspinev，TBRCAnalysis，TBRCEstimates

全球骨科设备市场从 2017 年的 386 亿美元增长到 2021 年的 430 亿美元，年复合增长率为 2.7%，见表 5-8。这一时期的增长与新兴市场需求有关，在发展中经济体如巴西、马来西亚、中国、印度、南非和其他新兴国家推动了该市场，同时对微创手术需求的增长将增加对先进微创骨科设备的需求，此外技术进步也成为市场增长的动力。

表 5-8　2017～2021 年骨科医疗器械市场规模

年份	2017	2018	2019	2020	2021	年复合增长率/%
规模/亿美元	386	400	410	420	430	2.7

伴随着中国社会的发展和人民生活水平的提高，骨移植材料的市场也在持续走高，从 2017 年全球骨科器械市场来看，中国达到 16.68%，成为仅次于美国的全球第二大骨科器械市场，远高于世界平均水平，远超其他国家骨科器械市场。中国每年有超过 10 万台骨外科移植手术，进口外科植入体的需求居高不下。目前，中国约 95%的人工关节均系外国进口，手术费用高昂。市场需求导致持续的社会投入和植入体国产化的科研热潮，在科研工作者们的共同努力下，近几年集中在骨移植材料领域出现了一系列重大的科研突破，实现了一系列进口产品的国产化替代，并开发了很多全新的骨移植材料，在一定程度上改变了骨移植材料的现有产品格局[28]，见表 5-9。

表 5-9　2017 年全球骨科器械市场及增长情况

国家	市场规模/亿美元	占比/%	2013～2017 年历史增长率/%	2017～2021 年预期增长率/%
美国	87.7	22.71	6.4	5
中国	64.4	16.68	7.8	6.1
日本	16.8	4.35	3	0.1
英国	11.3	2.93	1.6	1.1
德国	10.9	2.82	1.7	0.9

数据来源：Beckersspinexx，TBRC Analysis，TBRC Estimates

全球市场上，自 19 世纪 60～70 年代以来，强生（DePuy Synthes）、捷迈邦美（Zimmer Biomet）、史赛克（Stryker）、施乐辉（Smith & Nephew）、美敦力（Medtronic）这五家公司就通过不断投资并购逐渐占据全球骨科高值耗材的领军地位，形成骨科耗材五强的格局。全球先进的骨科技术、植入物和再生产品市场主要由史赛克公司、齐默生物科技集团、美敦力公司三大巨头主导。美国施乐辉公司和强生公司于 2017 年合并。这些公司合计占 2017 年市场总额的 63%。市场上的其他主要公司还包括整形外科植入物公司 Biotronik SE & Co. KG、莱特医疗集团（Wright Medical Group N.V.）、百泰克仪器公司、诺瓦托利公司、环球医疗公司、Synthes 控股公司、关节护理公司、百特国际有限公司和 Conmed 公司。

我国的骨科专业在 20 世纪 80 年代之前经历了艰难的发展历程，但是为骨科器械行业的发展打下了一定的基础。骨科植入器械由手术器械演变而来，早期发展相对缓慢，在研发、生产工艺和市场营销等各方面都与国际先进水平有着较大的差距。

根据 Frost&Sullivan 的数据，2012 年中国骨科植入物市场规模约为 210.06 亿元，根据医械研究院数据，2020 年中国骨科医疗器械市场总规模约为 342 亿元（全球市场规模的 1/10），随着近年来人口老龄化进程加速，医改扶持力度逐渐加大，预计未来五年复合增长率约 16%，2023 年预计将超过 500 亿元。

国内骨科植入物领域具有代表性的上市企业除了上述的威高和微创医疗之外，还有春立医疗、大博医疗、爱康医疗、凯利泰、创生控股和康辉医疗等。其中，美股上市的康辉医疗于 2012 年 11 月被美敦力公司并购，作为首个总部在美国之外的美敦力业务部门独立运营。创生控股于 2013 年 1 月被全球最大的骨科器械商之一的史赛克收购。根据标点信息相关报告，2019 年我国骨科植入医疗器械整体市场前五大公司分别为强生（中国）医疗器材有限公司、美敦力公司、捷迈邦美公司、史赛克公司及山东威高骨科材料股份有限公司，市场份额分别为 17.24%、9.70%、5.97%、5.19%及 4.61%，合计为 42.71%，行业集中度有所提升。随着落后的中小企业将被逐渐淘汰或被并购，我国医疗器械行业集中度将持续上升，企业规模将逐步扩大，在拓宽产品线的同时，不断巩固和扩大自身优势。2019 年我国骨科植入性医疗器械市场中，创伤类、脊柱类、关节类细分市场合计占据 85.80%的市场份额。其中，创伤类为最大的细分市场，占比 29.80%，其次脊柱类、关节类、其他的占比分别为 28.23%、27.77%、14.20%。

骨关节疾病发病率高，需求量大。根据 Frost&Sullivan 统计，2017 年在中国，类风湿关节炎发病率为 0.3%，骨关节炎发病率为 3%，最常见的手术治疗方法是膝髋关节置换，其中髋关节损伤后，患者通常无法自主行动，因此髋关节的置换渗透率相对较高，而膝关节有待进一步提升。根据 Frost&Sullivan 统计，我国关节手术例数从 2012 年到 2016 年年复合增长率为 14.5%，2021 年病例数超过 100 万例；我国关节植入物行业规模从 2012 年到 2016 年年复合增长率为 13.9%，2021 年超过 80 亿元。

关节类产品市场集中度较高，进口替代率最低、进口替代潜力大。2016 年中国骨关节植入物市场规模前五名的公司所占的市场份额总计为 57%，市场集中度较高。关节类较大的国产公司有爱康医疗、春立医疗等，其中爱康关节在国内的销售量较高。从销售量的角度，国产比例为 46.70%，其中髋关节和膝关节分别为 57.00%和 31.20%，是进口替代率最低的领域。由于关节类植入物的行业壁垒较高，且关节假体多为终生植入，平均使用寿命 15～20 年，所以患者多选择工艺更佳的进口产品，进口替代有待提高。

目前，全球仅有美国塞拉尼斯公司生产可用于人工关节的 UHMWPE 粉料，该公司仅对美国、德国 3 家人工关节型材材料企业销售，并签署排他协议，由于国外企业绝对垄断，UHMWPE 人工关节型材材料每吨售价高达 200 万元，高交联抗氧化产品甚至达到 500 万元，是非医用 UHMWPE 价格的数百倍。随着我国与欧美国家和地区贸易冲突和国内外骨科企业竞争加剧，已经出现多次突然提价 20%～50%的情况，且随时可能出现断供情况，严重威胁我国企业生存安全，是制约我国企业发展的“卡脖子”问题之一。

“十三五”期间，我国科研机构独立开发了超高分子量聚乙烯高性能化技术，自主开发了高强、耐磨、抗氧化超高分子量聚乙烯，实现了规模化制备，打破了国外对高性能超高分子量聚乙烯的技术封锁，具备了产业化能力。然而，受制于塞拉尼斯公司对我国的原材料封锁，高强耐磨超高分子量聚乙烯技术也只是“无米之炊”，目前难以转化为产品和生产力。因此，迫切需要自主开发植入级超高分子量聚乙烯合成技术和产业。

创伤类骨科疾病常指骨折，骨作为人体最大的组织器官，承担着生命活动的重要职责，却最容易引起缺损，每年因交通事故和生产安全事故所致创伤骨折数以百万计[29]。根据南方医药经济研究所数据统计，我国创伤性骨科植入物行业规模从 2010 年到 2015 年年复合增长率为 16.4%。2020 年行业规模接近 100 亿元，从 2015 年到 2020 年年复合增速在 13%左右。创伤类市场集中度低，进口替代率高，但仍有提升空间。创伤市场集中度低，五个企业集中率（CR5）从 2012 年的 28.76%上升至 2015 年的 40.50%，提升 11.74 个百分点。市场集中度的提升主要来自强生（中国）医疗器材有限公司与大博医疗科技股份有限公司的市占率提升。而史赛克公司 2013 年市占率大幅提升主要来自收购国内厂家创生控股有限公司。创伤类国产成规模的公司除了大博医疗之外，威高骨科和天津正天医疗器械有限公司同样是占比相对较高的厂家。这三家合计在国内厂家中 2015 年的市占率达到 27.28%（表 5-10）。除上述几家以外，行业中其他厂家规模相对较小，市场集中度较低。由于行业本身技术门槛相对有限，目前是进口替代率最高的子行业，从销量的角度，国产比例已经达到 85.2%。

表 5-10　三类骨科产品我国市场份额排名

序号	创伤类		关节类		脊柱类	
	企业	2016 年	企业	2016 年	企业	2016 年
1	施乐辉	17%	强生	16.19%	强生	30.62%
2	捷迈	14.70%	史赛克	9.39%	美敦力	26.04%
3	强生	14.40%	美敦力	5.84%	威高骨科	7.14%
4	林克骨科	13.50%	大博医疗	4.62%	史赛克	7.0%
5	史赛克	7.20%	捷迈	4.47%	天津正天	5.3%

资料来源：F&S 数据，大博医疗招股书

脊柱类以椎间融合为主，病因广泛、患病率不一。脊柱植入系统中最重要的是椎间融合系统，约占整个脊椎植入市场的一半，其他的脊柱植入系统主要包括胸腰椎钉板系统和颈椎钉板系统。常见的适应疾病有：下腰椎退变、脊柱侧弯、颈椎病、脊柱肿瘤、脊柱结核、脊柱创伤，以及先天性脊柱畸形等导致脊柱稳定性遭到破坏的疾病。

根据 CFDA 南方所数据统计，脊柱类骨科医疗器械销售额 2010 年到 2015 年年复合增速达到 18.6%，2020 年脊柱类骨科植入物市场规模已达到 100 亿元以上，2015～2020 年复合增速达到 16.75%。

脊柱类市场集中度最高，进口替代率仅次于创伤类。脊柱市场 CR5 从 2012 年的 68.02%，上升至 2015 年的 76.10%，提升 8.08%。市场份额的提升主要来自强生与史赛克的市占率提升。脊柱类较大的国产公司有威高、正天、大博等，这三家合计在国内厂家中 2015 年的市占率达到 45.06%。市场集中度高于创伤类。从销售量的角度，国产比例为 56.80%，低于创伤类的进口替代率。但由于行业技术壁垒并不高，我们预计未来从份额的角度，越来越多的市场份额会被国产公司占领，脊柱类将是进口替代的主战场。目前，这三家骨植入体原材料仍然主要依赖于进口。

聚醚醚酮是脊柱类产品的重要原材料之一，是最早由英国帝国化学工业集团在 1978 年开发的新型特种热塑性树脂。它具有以下特性：机械强度高，弹性模量与皮质骨相近，摩擦性能优异，可透过 X 射线，蠕变量低，惰性高，生物相容性出色，耐化学腐蚀和辐射，加工方式灵活多样等。目前，聚醚醚酮骨科植入物材料基本被英国威格斯公司、比利时苏威集团、德国赢创工业集团几家行业巨头垄断，我国没有医用聚醚醚酮的生产能力。医用级聚醚醚酮材料已经占据了聚醚醚酮材料 13%的消费量，成为聚醚醚酮材料最重要的应用之一。根据 IHS Markit 的最新研究报告，医用级聚芳醚酮材料在中国市场的消费量 2011 年为 5 t，2015 年为 15 t，2018 年为 31 t，增长速度非常快。受垄断和技术限制等原因，导致材料价格昂贵，产业化推广较慢，这也给社会医疗保险体系和患者本人带来沉重经济负担。

大连理工大学蹇锡高院士团队率先将含二氮杂萘酮结构的单体引入到骨植入聚芳醚酮材料中，与山东威高骨科材料股份有限公司合作开发杂萘联苯聚芳醚骨植入材料。材料在合成与精制的工艺性、易表面改性等多方面都具有明显的优势。材料的各项力学性能均满足聚芳醚骨植入材料的性能要求。在保证力学性能满足要求的前提下，研究能够满足多种加工方法（如热压、注塑成型等）要求的杂萘联苯聚芳醚材料，并委托威海德生技术检测有限公司对杂萘联苯聚芳醚进行生物相容性检测，包括体外细胞毒性试验（ISO 10993-5）、全身毒性试验（ISO 10993-11）、刺激与迟发型超敏反应试验（ISO 10993-10），结果均符合外科植入物国际标准，表明杂萘联苯聚芳醚具有优异的生物相容性。

从整体来看，我国骨科植入行业整体渗透率还很低，国产品牌的集中度较低，但是可增长空间大，此外在技术接近的情况下，国产价格优势明显，市场潜力充足。

根据骨科植入耗材行业研究报告，从市场情况来看，医用高值耗材市场中，以强生、美敦力等为代表的国外厂商在中高端产品领域竞争激烈。国内骨科植入耗材市场集中度较低，代表企业市场占比不高。全球市场基本被强生、美敦力、史塞克等少数公司垄断，国内企业多集中在创伤类植入耗材领域，代表性企业上海微创医疗、山东威高股份、大博医疗、凯利泰等几家企业，合计市场份额不到15%。国内厂商在国家推动国产化替代的进程中，创新力不断提升，创新产品不断涌现，市场占比逐步上升。总体来说，医用高值耗材行业在“两票制”的推行下，受到流通渠道整合的影响，行业形势仍然有待观望，但疾病发病率不断升高、医疗需求持续增长等诸多因素，仍然在推动着其快速发展。

人口老龄化和高活动量需求的增加，会带来大量的运动损伤和关节提早老化，导致骨科医疗器械的需求量逐步增加。

创伤类植入器械，主要是应对骨质疏松性骨折以及各种复杂创伤情况处理，金属内固定带来的应力遮挡会进一步导致局部骨量下降，高分子材料的优越性凸显。同时高分子材料比较容易通过化学修饰等提高内植物的生物学性能，如促进骨愈合、抗感染、抗骨质疏松等，对于提高临床效果有重要意义。

脊柱类骨结构替代方面的未来主要在于提高生物活性，提高骨整合、骨愈合和抗感染、抗肿瘤、抗骨质疏松等。

关节置换年轻化趋势和整体寿命的增长，对关节置换的活动摩擦面提出更高的寿命要求，除了陶瓷关节面以外，各种高分子材料的性能改进，延缓老化、提高耐磨损性能已成为主要需求。此外，年轻患者群体对术后功能的需求提高，因此，新型高功能和高寿命假体的设计也是迫在眉睫。

我国人口基数大，人工关节潜在年均需求在 300 万套以上，2018 年实际使用约 60 万套，按照当前人工关节年复合增长率 14.5%的速度估算，到 2035 年，我国人工关节需求将达到 500 万套，折合植入级超高分子量聚乙烯产量约 1000 t。全世界现有的植入级超高分子量聚乙烯产能仅能保障 200 万套人工关节的需求，为塞拉尼斯公司独家掌握，不对中国销售（信息来源于中国科学院宁波材料技术与工程研究所）。从人工关节产业近期、中期和长期的需求和趋势判断，迫切需要自主解决植入级超高分子量聚乙烯树脂制备技术，不断突破高性能化工艺技术，逐渐增加产能，提升超高分子量聚乙烯材料的强度、耐磨、韧性等关键性能，开发长寿命人工关节，满足我国和全世界对高性能人工关节的需求。

随着科学技术的不断发展，包括 3D 打印技术在内的增材制造技术已成为骨科领域的热点。3D 打印作为一项战略前沿的新技术，近几年，国内外发展非常迅速。国家提出的《中国制造 2025》计划，强调必须加强国内设备制造和材料、软件开发。中国工程院在 2017 年 3 月启动了“中国 3D 打印材料及应用战略咨询”项目，充分讨论和预测未来的发展。

3D 打印技术除了定制具备个性化几何外观的植入物外，还可通过改变植入物结构，提高骨植入物生物学性能。上海交通大学医学院附属第九人民医院戴尅戎院士团队在 3D 打印骨植入物研发、应用领域已开展大量工作，通过 3D 打印技术直接制备出具有表面多孔结构的骨植入物，提高 3D 骨植入体性能；团队已将包括 3D 打印个性化人工关节假体在内的一系列研究成果进行临床转化应用，并拥有国内唯一的“个性化人工关节”医疗产品注册证。3D 打印技术的发展大大提高了针对特定人群设计和制造的效率，目前我国在其临床应用发展方面有比较大的优势，但 3D 打印骨植入物仍存在成本高、产品质量稳定性不足、缺乏有效的评估或检测方法等制约因素。目前，植入级 3D 打印材料主要依赖进口。

5.3.3 骨植入高分子材料存在的问题

随着人民生活水平的提高，对骨科医疗器械的需求越来越大，骨植入高分子材料的发展也越来越迅速，然而，骨植入高分子材料的一些共性问题也越来越突出。

原材料的产品单一，缺少功能化、高性能化和系列化的产品，缺乏高生物相容性和力学相容性的植入材料，导致医疗器械仍然会出现骨整合、抗感染、骨诱导、抗骨质疏松等性能不理想的情况。因此，开发结构新颖的高分子原材料，开发高性能催化剂体系和配套的生产工艺是骨植入材料开发的重点。在骨科植入物器材领域，采用的国际标准和国外先进标准较多，常见的有国际标准（ISO）、英国标准（BS）、欧洲标准（EN）、国际电工委员会标准（IES）等。我国目前执行的还是行业标准或企业标准，而不同标准、不同材质、不同材料来源的骨科植入物及器材在质量上存在较大差异，给医疗单位采购、使用和监管都增加了难度。

此外，骨科领域常用的高分子骨植入材料，尤其是关节、脊柱类永久性植入物，原料主要依赖进口。虽然我国已经具有普通的工业级原材料的完整的产业链，具备从小试到中试和规模化制备的全技术链条开发能力，但是，相应原材料的物理性能、化学性能和生物学性能仍然无法满足植入级高分子原材料的要求，如纯度、催化剂和重金属残留等。材料的分子设计、合成技术、结构与性能研究与国外同类产品差距较大；物理性能、化学性能和生物学性能满足不了相应的国际标准、国内标准。同时，解决材料批次均一性及较高的稳定性是实现规模化生产的重点任务。

目前，我国尚未形成完善的产业研发链条协同创新机制，各单元各自为战、条块分割的现象比较严重，难以形成合力、协同攻关。原材料需求规模小、研发周期长、前期投入大、门槛高、风险大，客观上导致企业自主开发的动力不足。需要有力地整合调配资源，集中力量，分工合作，从技术、市场、政策、法规等多方面为国产植入级超高分子量聚乙烯材料及产品研发提供保障，充分调动各方积极性，扎实推动产业链协同联动，共同发展。针对骨植入高分子材料，缺乏相应的原材料及其性能的相关国家规范与标准。

在医疗器械的设计上，缺乏针对中国人或亚洲人种的设计，国内相关企业在生产加工及后处理等方面均存在一定的技术缺陷，对原材料生产商提出了较高的要求。

树脂成型加工和高性能技术开发是保障超高分子量聚乙烯临床应用取得成功的关键。临床应用表明，植入级超高分子量聚乙烯材料在体内长期使用仍产生大量的磨屑，导致骨溶解等系列症状，甚至假体失效翻修。市场上现有的高交联聚乙烯或维生素 E 聚乙烯部分地解决了磨损问题或抗氧化问题，但都是以牺牲其他关键性能为代价的，临床应用仍存在局限。开发高强、耐磨、抗氧化聚乙烯材料，是我国人工关节材料取得突破，实现赶上和超越国外产品的难得机遇。

骨植入高分子材料 3D 打印技术除了定制个性化几何外观外，还可改变植入物微结构，直接制备表面多孔结构，提高植入物-骨界面骨整合性能，最终提高植入物远期稳定与使用寿命。目前，聚乳酸、聚醚醚酮、聚芳醚等高分子材料多采用熔融沉积制造（FDM）工艺打印，难以打印复杂多孔结构；此外，FDM 打印植入物 Z 方向力学性能不足，限制其应用范围。另外，植入级高分子打印材料主要依赖进口，聚醚醚酮选择性激光烧结（SLS）打印设备、材料尚未国产化。

5.3.4 骨植入高分子材料发展愿景

老龄化、全民运动化、材料和工艺的改进将成为推动骨科植入物市场发展的重要因素，催生一部分市场需求[30]。开发新型聚芳醚材料，如杂萘联苯聚芳醚，优化其结构设计及制备工艺，拓宽其在骨植入领域的应用。新型合金材料、多孔活性炭材料、新型涂层技术及复合材料等在骨科植入物的使用，将为市场带来更多的解决方案和多元化竞争。

理想的骨组织工程细胞外基质的材料要求有：①良好的生物相容性，除满足生物医用材料的一般要求（如无毒、不致畸等）之外，还要利于种子细胞黏附、增殖，降解产物对细胞无毒害作用，不引起炎症反应，甚至利于细胞生长和分化；②良好的生物降解性，基质材料在完成支架作用后应能降解，降解率应与组织细胞生长率相适应，降解时间应能根据组织生长特性作人为调控；③具有三维立体多孔结构，基质材料可加工成三维立体结构，利于细胞黏附生长、细胞外基质沉积、营养和氧气进入、代谢产物排出，也有利于血管和神经长入；④可塑性和一定的机械强度，基质材料具有良好的可塑性，可预先制作成一定形状，具有一定的机械强度，为新生组织提供支撑，并保持一定时间直至新生组织具有自身生物力学特性；⑤骨引导活性，骨组织工程材料要考虑其骨诱导性和骨传导性；⑥易消毒性[31]。

在创伤植入物市场，为了提供更好的骨折愈合解决方案，新术式和新型植入物不断被研发出来，例如，多角度锁定板的推出使得骨科医生能够更好地处理复杂粉碎性骨折，髓内钉远端锁定、骨折微创内固定等解决方案均是当前市场关注热点。

在脊椎植入物市场，随着直接外侧腰椎融合术（DLIF）、斜外侧腰椎间融合术（OLIF）技术及椎间孔镜技术在国内的兴起，相应植入物解决方案的运用及研发也成为热点。另外，3D 打印备受瞩目，其不同于以往的定制类植入物，产品优势并不体现在个体化上，而是体现在微观结构上，能够更好地提升融合效果。

人工关节植入物市场，随着医学界对快速康复外科理念（enhanced recovery after surgery，ERAS）的推崇，微创的手术理念和技术也得到快速发展，同时对骨科植入物及其器械的设计也有了更高的要求。

未来骨科市场的热点主要集中在计算机辅助技术，3D 打印技术及对新材料、新工艺的探索上。以增材制造技术为代表的新技术也为骨科植入物的设计提供了更多的可能，3D 打印异型假体、个性化假体、特殊表面结构等得以实现，从而满足更多临床需求[32]。最有应用前景的超高分子量聚乙烯和聚芳醚医用材料的战略目标、重点发展任务和实施路径如下。

1）战略目标

材料类型	现状	2025 年	2035 年
超高分子量聚乙烯	关节植入体市场满足度：美国 70%～90%，中国不足 20%，缺乏自主原材料和成熟的高性能材料技术	获得植入级超高分子量聚乙烯和产品规模化制备技术，市场需求满足率达到 10%以上，主要来自市场的惯性增长	植入级超高分子量聚乙烯及应用技术形成完善体系和战略纵深，产业规模进一步扩大，市场竞争力加强，市场满足程度达到 70%以上。高强耐磨超高分子量聚乙烯全面应用于人工关节，培育新一代高性能超高分子量聚乙烯技术，推动产品快速发展，市场需求满足率快速增长至 45%～55%
聚芳醚骨植入材料	生物活性不高，无国产植入级原材料。植入级聚芳醚原材料结构品种单一	国产植入级聚芳醚原材料规模化生产。除 PEEK 之外，开发结构全新的聚芳醚骨植入材料，如杂萘联苯聚芳醚，其性能优于进口植入级 PEEK，进入临床试验。建成 500 kg/a 的原材料生产设备。聚芳醚骨植入体的表面改性进入临床试验阶段	建立国产植入级聚芳醚骨植入材料及表面改性聚芳醚骨植入体的行业标准。应用领域拓宽至牙种植体等领域，国产原材料市场占有率 30%。具有生物功能化聚芳醚植入材料进入临床试验，国产原材料市场占有率达到 20%

2）重点发展任务

材料类型	2025 年	2035 年
超高分子量聚乙烯	开发高性能的催化剂和合成工艺，实现植入级超高分子量聚乙烯规模化（百吨级）制备；人工髋关节、膝关节应用技术成熟，完成临床前试验	高性能人工髋关节、膝关节完成临床试验，获得临床应用。形成植入级超高分子量聚乙烯材料及产品创新和临床研究体系，形成市场竞争力
聚芳醚骨植入材料	开发现有聚醚醚酮及杂萘联苯聚芳醚骨植入材料。进行聚芳醚植入体表面改性技术的产业化研究。开发结构全新的聚芳醚骨植入材料，如杂萘联苯聚芳醚骨植入材料	建立聚芳醚骨植入材料及其表面改性技术的行业标准。拓展聚芳醚植入材料在牙科领域的应用，并完成临床试验。加强产学研沟通，形成完整的植入级原材料研发体系，提高市场需求满足率。实现原材料品种的多样化

5.4　人工血管用高分子材料

5.4.1　人工血管用高分子材料的种类范围

人工血管是用于修复或替代病变血管[尺寸由 2 mm（微小动静脉）至 30 mm（大动静脉）不等]的植入性假体，临床上主要用于建立血液透析通路，治疗血管内动脉瘤、腹主动脉瘤、胸主动脉瘤、外周血管病变等疾病（表 5-11）。按照来源不同，人工血管材料可分为动物源脱细胞基质、天然高分子材料及合成高分子材料[33]，见表 5-12。按照其尺寸不同，可分为大口径人工血管（6～36 mm）、中口径人工血管（4～6 mm）和小口径人工血管（2～4 mm）。

表 5-11　人工血管材料的性能要求

人工血管材料的性能要求	原因或目的
细胞组织相容	适应人体的自身组织，促进细胞/组织侵入血管生长
抗血栓	保持血管通透
尺寸可调	适应人体不同部位血管的需求
顺应性好	和人体血管动力学性能匹配
结构稳定（针对不可降解型）	长期有效
抗感染	保护血管
机械力学性能	抗组织挤压、防止变形
易于缝合	与人体血管或组织相连固定
较低的免疫反应	抑制免疫排斥所引起的炎症
材料价格合理	易于推广应用

表 5-12　人工血管制作材料和技术

制作材料	制作技术
动物源脱细胞基质 天然高分子材料 合成高分子材料	生物涂层技术 静电纺丝技术 组织工程

人工血管虽然历经了数十年的发展，其产品设计、材料、性能等方面不断提升，但仍不能完全满足临床需求。根据其临床应用的特点，用于制备人工血管的材料应该具有良好的生物相容性、血液相容性、机械性能及实用性等特点[34, 35]。

合成材料人工血管通常由聚酯、膨体聚四氟乙烯（ePTFE）、聚氨酯等制备，目前主要用于大口径人工血管已被广泛应用于临床，技术已经相对成熟。而小口径人工血管植入后容易形成血栓，通畅率较低，这些问题仍然限制了小口径人工血管的应用[36]。组织工程化血管则是将细胞培养在可降解的血管支架上，植入后诱导形成自身血管，是研发小口径人工血管（直径＜4 mm）的主要方向，但目前仍处于实验室阶段，还未进入临床应用，见表 5-13。

表 5-13　人工血管分类

分类	材料	优点	缺点
生物血管	自体、异体或异种动物的血管或组织	生物相容性好、血液相容性好	来源有限，易发生疾病传染
合成材料人工血管	聚酯（涤纶）	强度高、低吸水率、细胞相容性好，适合细胞侵入生长，促进血管组织包覆体形成。适合制备大口径人工血管，目前最可靠的织造型人工血管材料	血液相容性不佳，尤其在小口径血管中由于血液流速缓慢易形成血栓。无法完全满足小口径人工血管的制造要求

续表

分类	材料	优点	缺点
合成材料人工血管	聚四氟乙烯	化学性质稳定，耐腐蚀，耐老化，不吸水，生物相容性一般，不利于内皮细胞攀附形成完整内膜结构	憎水，不能融合形成组织包覆体，难以长期通畅
	聚氨酯/聚碳型聚氨酯（PCU）	生物相容性好、血液相容性好、耐磨、弹性强	
组织工程化血管	在体外经培养形成细胞与可降解材料的复合物	良好的细胞相容性和血液相容性，可制备小口径人工血管（直径<6 mm）	材料、细胞的选择，培养技术、血管体内重建的过程、临床应用的伦理等仍存在问题

PET 纤维具有耐久牢度和优良的内在理化特性，目前被认为是最可靠织造型人工血管的材料。ePTFE 是目前商品化非织造型人工血管的主要代表。其网络状的微孔结构避免了涤纶织造血管渗血的问题。聚氨酯材料以其优异的血液相容性和与 ePTFE 类似的防渗血孔隙结构，逐渐成为下一代人工血管新材料的研究热点。TPU 人工血管领域目前在临床上主要用于血液透析患者的血管通路移植物。

5.4.2　人工血管用高分子材料现状与需求分析

人工血管的研制及临床应用经历了半个多世纪的时间，对解决大血管（内径 16～32 mm）疾病的治疗提供了巨大的帮助，极大地促进了大血管外科手术的发展。术后 1 个月生存率由 20 世纪 80 年代以前的不足 80%，提高到 21 世纪初的 87%左右，近年来，一些医院报道可达 95%以上的生存率。可见大口径人工血管用于治疗相关疾病的手术日趋成熟，风险逐渐降低[37]。

全球 2016 年人工血管市场近 42 亿美元，到 2023 年预期将达到 62 亿美元，年复合增长率为 5.7%（数据来自 Allied Market Research 市场研究报告）。2016 年国内人工大口径血管使用量约为 2.0 万根，到 2021 年我国人工大血管的市场规模大于 3 万根，2016～2021 年人工大口径血管市场规模复合增长率为 6.65%。2019 年，中国人工血管市场零售规模为 655 亿元，同比增长 6.5%；2020 年，人工血管市场零售规模达到 702 亿元，同比增长 17.1%，未来五年（2021～2025 年）年均复合增长率约为 11.26%，2025 年将达到 1108 亿元。国内人工血管需求量巨大，人工血管的供货量受国际供货商控制，人工血管售价均在每根 1 万～4 万元之间，总体而言市场价格偏高，导致市场需求满足度不高。

人工血管的相关产品主要来自国外企业，主要有以巴德公司（现已并入美国 BD 公司）、泰尔茂株式会社、美国戈尔公司、德国贝朗公司等为代表的大型医疗器械公司，其他专业生产商包括美国勒梅特微管医疗公司、德国迈柯唯公司、德国 JOTEC 公司等，见表 5-14。近年来，几家大型公司不断通过收购合并，扩充自身产品线，增强市场竞争力。外企产品都具有高孔隙率、稳定性好、应用广泛等特点。据报道，Gore-Tex 人工血管的孔隙率可达到 76%，最新的两款产品在人工血管材料纯膨体聚四氟乙烯表面采用涂层技术，引入了肝素抗凝涂层 CBAS（Carmeda Bioactive Surface，Carmeda），极大地提高了人工血管的抗血栓性和通畅率。其中，Acuseal 人工血管还在聚四氟乙烯材料中间引入了硅胶层，增加了人工血管的耐穿刺性。Proapaten 人工血管于 2000 年第一次植入人体，截至目前全世界已经植入超过 100000 根。据《中国组织工程研究》杂志报道，Proapaten 人工血管在膝下的植入一年通畅率达到 70%以上。

表 5-14　国外人工血管主要企业

企业	国家	介绍	主要产品	材料
BO 公司（Becton，Dickinson and company）	美国	巴德公司成立于 1907 年，总部设立在美国新泽西州，是全美 Top10 医疗跨国公司。巴德公司核心业务集中在外周血管、专业外科、肿瘤、泌尿及电生理等疾病临床专业领域，并已在血管通道、外科疝修补、泌尿外科、外周血管等领域确立了全球市场领导地位。人工血管业务由下属子公司 Bard Peripheral Vascular Inc.负责 巴德公司于 2017 年 12 月被 BD 公司以 240 亿美元收购，相关业务纳入 BD 相应部门。新公司成为全球第五大医疗器械公司，仅次于美敦力、强生、GE 医疗、西门子医疗	Venaflo® Carboflo® Impra® Distaflo®	ePTFE
泰尔茂株式会社（Terumo Corporation）	日本	泰尔茂株式会社成立于 1921 年，总部位于日本东京都涩谷区，是医疗器械及医药制品的大型企业。产品包括一次性医用器械、输血用具系列、医药品和营养药系列、血管造影与治疗导管、医用电子产品系列、人工心肺产品系列、输液泵、注射泵、输血泵、麻醉泵、靶控泵系列、检验产品系列、家庭医疗保健产品系列等。目前，泰尔茂株式会社分别在中国的杭州市和长春市建立了工厂，在北京、上海、香港设有分社或办事处 2016 年该公司人工血管销售额达到 1.23 亿美元，占公司总销售额 5%。2018 年 4 月 Vascutek（原泰尔茂子公司）与 Bolton Medical（2017 年 4 月被泰尔茂收购）合并成立 Terumo Aortic，专注于全球血管植入物市场	Vascutek®Gelsoft Vascutek®Gelseal Vascutek®Gelweave	聚酯
戈尔公司（W.L.Gore & Associates）	美国	戈尔公司创立于 1958 年 1 月 1 日，位于美国特拉华州纽瓦克市，是一家以含氟聚合物为基础发展包括电子产品、纺织品、工业产品及医疗产品等多个领域产品的企业。戈尔医疗产品部门为复杂医疗难题提供创造性的治疗解决方案，所提供的产品包括人工血管、介入设备、血管内支架移植物、疝修补术用网状补片，以及用于血管、心脏、普通外科和骨科手术的缝合线，30 多年来使用了 2300 多万个植入物，挽救和改善了世界各地病患的生命及生活质量	Gore® Gore®Propaten® Gore-Tex®	ePTFE

续表

企业	国家	介绍	主要产品	材料
贝朗公司（B/Braun）	德国	德国贝朗始创于 1839 年，总部位于德国梅尔松根，是世界上最大的专业医疗设备、医药制品及手术医疗器械供应商之一。2017 年集团销售额约 67.8 亿欧元。贝朗子公司蛇牌公司（Aesculap AG & Co. KG）专注于外科手术主要过程中的产品和服务，主要产品包括开放式或微创外科手术设备、消毒盒、缝线及外科植入产品，如骨科、神经外科、脊柱、心血管产品等	Uni-Graft®W Silver Graft	聚酯
			VascuGraft®NEO VascuGraft®FLOW	ePTFE
勒梅特微管医疗公司（LeMaitre Vascular）	美国	美国勒梅特微管医疗创立于 1983 年，总部位于美国马萨诸塞州，是一家医疗器械及医疗设备公司，开发及制造心血管相关医疗设备，营运范围集中在美国和加拿大。2017 年公司销售额约 1 亿美元	AlboGraft®	聚酯
迈柯唯公司（MAQUET）	德国	迈柯唯是全球领先的医疗设备提供商及医疗工程提供商，隶属瑞典上市公司 GETINGE 集团，总部位于德国拉施塔特，致力于为全球手术室及 ICU 提供最佳解决方案。迈柯唯有四个专业部门：外科系统部、重症系统部、心血管外科部、麻醉系统部 2011 年 Atrium Medical 公司并入 MAQUET GETINGE 集团	Cardioroot Hemashield Gold Hemashield Platinum Intergard IntergardSilver	聚酯，含胶原涂层、含肝素涂层
			ExxcelSoft FusionBioline	ePTFE，肝素涂层
JOTEC 公司	德国	JOTEC 公司成立于 2000 年，凭借手术血管假体和血管内支架移植系统方面多样的产品线在欧洲治疗主动脉疾病的领域处于领先水平。JOTEC 于 2017 年 10 月以 2.25 亿美元被美国 CryoLife 公司收购	FlowNitBIOSEAL FlowWeaveBIOSEAL FlowWeavePLUS	聚酯
			FlowLineBipore FlowLineBiporeHEPARIN	ePTFE

国产人工血管生产商上海契斯特医疗科技公司、上海索康医用材料有限公司等企业持有批文，但产品市场占有率比较低，如表 5-15 和表 5-16 所示。

表 5-15　国内人工血管企业

企业	介绍	产品及原材料
上海契斯特医疗科技公司	上海契斯特医疗科技公司成立于 1993 年，隶属于上海市胸科医院。是国家三类植入医疗器械生产企业。公司是国内生产人工血管较早的企业之一。2003 年，“涤纶人造血管”认定为上海市高新技术成果转化项目	涤纶人造血管、涤纶心脏修补材料、聚酯疝补片及胸腔引流装置
上海索康医用材料有限公司	上海索康医用材料有限公司成立于 2002 年 6 月，雏形为上海市塑料研究所和叶明共同出资的合资公司，以技术转让的形式买断了医用膨体聚四氟乙烯技术。产品同时获得了欧盟 CE 认证、韩国 KFDA 认证和其他亚洲国家的认证	膨体聚四氟乙烯人工血管，同时衍生出膨体聚四氟乙烯面部植入物和膨体聚四氟乙烯外科隔离膜

续表

企业	介绍	产品及原材料
北京裕恒佳科技有限公司	北京裕恒佳科技有限公司是全球领先的医疗器械制造商，专注于血管腔内支撑型人工血管及送放系统的研究、设计、生产和应用技术服务，在血管腔内支撑型人工血管的研制领域不断推出具有领先水平的系列产品	聚酯血管腔内支撑型人工血管
武汉杨森生物技术有限公司	武汉杨森生物技术有限公司成立于2009年4月，是正大集团旗下专业从事高端医疗器械研发、生产与销售的国家高新技术企业，坐落于国家级生物产业基地——武汉光谷生物城。自主研发的全球首创聚氨酯复合材料“三层仿生结构人工血管”，极大地优化了人工血管的生物相容性和远期通畅率，是目前国内唯一、国际领先的仿人体自身动脉结构的人工血管	聚氨酯复合材料“三层仿生结构人工血管”

表 5-16　主要人工血管批文分布

厂家名称	国家	商品名	材料及制备工艺
BD 公司	美国	Distaflo、Venaflo	由表面衬碳层的膨体聚四氟乙烯制造
迈柯唯公司	德国	Hemashield Platinum Double Velour Vascular Graft	由含有牛胶原和甘油的双绒编织聚酯构成
泰尔茂株式会社	日本	人造血管	由聚酯制成，采用明胶封闭
		聚四氟乙烯人工血管 Vascutek-Terumo	由聚四氟乙烯材料制成，封闭型是用明胶处理
戈尔公司	美国	GORE-TEX Cardiovascular Patches	由膨体聚四氟乙烯制成
		GORE PROPATEN Vascular Graft	由膨体聚四氟乙烯制成，以共价键方式结合肝素
		GOREACUSEALVascularGraft	在膨体聚四氟乙烯内层和外层间，具有一低透血的硅胶层
贝朗公司	德国	VascuGraftPTFE	由一片合成无纺材料聚四氟乙烯制成
		VascuGraftSOFT	两部分聚四氟乙烯组成（两片设计）
英特尔凡斯柯拉有限公司	法国	InterGard	由聚酯材料并涂牛胶原制成
		InterGardSilver	由聚酯制成，内外表面涂有牛胶原和乙酸银涂层
JOTEC 公司	德国	FlowLineBiporeePTFEvascular graft	由膨体聚四氟乙烯制成
艾瑞姆集团	美国	AtriumAdvanta	由膨体聚四氟乙烯制成
上海契斯特医疗科技公司	中国	涤纶人造血管	由聚酯制成

续表

厂家名称	国家	商品名	材料及制备工艺
上海索康医用材料有限公司	中国	赫通（Hemothes）	由膨体聚四氟乙烯制成
北京裕恒佳科技有限公司	中国	血管腔内支撑型人工血管	由聚酯制成

目前已有数十个人工血管产品在中国获得了批准，但主要依赖于进口，市场完全由国外厂商主导，总体而言市场价格偏高，中国仅有上海索康医用材料有限公司一家企业能够生产。

5.4.3　人工血管用高分子材料存在的问题

小口径人工血管材料聚碳酸酯型聚氨酯存在无内皮化能力，导致其长期抗凝血不足的问题，如何设计材料的内表面，以满足快速原位内皮化并长期保持新生内皮的生理功能，是一个世界性的难题[37]。

聚氨酯在生物相容性及力学性能上均较好，但其在长期使用过程中仍会出现在体内老化降解和钙化现象[38]。目前，国内尚无医用级聚氨酯供应商，由于医用材料的特殊性，不仅要求材料本身无致畸致毒性、不易老化不易降解，具有良好的生物相容性并满足产品性能需求，同时还要求在原料制造过程中工艺稳定可控，对于环境低污染甚至零污染。以我国聚氨酯生产为例，国内液态聚氨酯生产商在加工过程中多使用 DMAc、DMF 等有机溶剂，大量工业化生产后对于环境的污染是肯定的，因此对医用聚氨酯水溶性原料的需求是迫切的。

在技术方面，传统的人工血管产品已在市场上应用多年，但血栓率高、组织相容性不佳等问题依然存在，特别是小口径人工血管（内径≤4 mm）方面，尚未有令人满足的产品推出。所以对于如何解决人工血管，特别是小口径人工血管（内径≤4 mm）产品推出的抗凝血、抗组织增生、炎性反应等方面工作一直是研究热点。纺丝编织工艺及涂层技术较低端，产品质量无法与进口产品媲美。

在材料方面，现阶段利用聚酯、聚四氟乙烯等材料制备大口径人工血管的技术已经趋于成熟，国际上相关产品已在临床中使用多年，表现出良好的效果。预计未来大口径人工血管仍将以聚酯、聚四氟乙烯等合成材料为主，并通过材料表面改性等手段研究降低人工血管的渗血率，改善其血液相容性。

在市场方面，目前国内人工血管市场被进口产品所占据，国产人工血管厂家少、实力弱、原材料被国际供货商垄断，未能形成有效产业链。因此，急需从人工血管的医用树脂原材料研发、纺丝编织技术、涂层技术等方面着手，进行自主研发，开发具有国际国内竞争力的人工血管产品，打破国际垄断。

5.4.4　人工血管用高分子材料发展愿景

新材料、新技术在人造血管领域研发上的应用为解决人造血管的技术问题提供了新的希望。

天然高分子材料和细胞脱基质材料是理想的生物相容性优秀的材料，其在人工血管领域应用大幅降低了传统高分子材料在植入后的排异和炎性反应，同时静电纺丝技术能够简单制备多孔性孔隙率较高的人造血管，使得植入后人体自体细胞能够与在人造血管空隙内黏附与生长，进一步增加了组织相容性。组织工程化人造血管更是能够允许血管细胞在支架内增殖、分化，最终形成与人体自身血管类似的血管组织。

然而，单一技术虽然优势明显但仍没有取得巨大突破形成可产业化商品，多种新材料、新方法的联合使用有望突破目前的技术瓶颈，造福人类。

小口径人造血管存在的主要问题是血液与管腔接触时易引发血小板聚集、血栓形成，其中血液中凝血酶原是一个关键因素，人造血管的表面孔隙率及渗透压也是诱导血小板聚集的重要因素[39]。此外，小口径人造血管很难保证良好的力学性能[40]。涤纶、真丝和聚四氟乙烯人造血管的共同缺陷在于顺应性都非常差，完全不具备人体动脉的柔韧性与弹性，这个缺陷在与小口径动脉吻合时就表现得非常明显，这也是血栓易在吻合口部位形成的主要原因。用聚氨酯材料制作的人造血管可以解决上述问题，是目前许多学者研究的方向。

聚氨酯在生物相容性及力学性能上均较好，但在长期使用过程中仍可发现聚氨酯在体内会出现老化降解和钙化现象，材料出现裂纹，甚至全部破坏。因此，聚氨酯材料应用于小口径血管的研究还有多方面的工作要做。人工血管用聚氨酯材料的战略目标和重点发展任务如下。

1）战略目标

材料类型	现状	2025 年	2035 年
聚氨酯/聚碳酸酯型聚氨酯	材料体内稳定性较好，但无内皮化，长期抗凝血不足。无医用级聚氨酯国内生产商	医用级聚氨酯原材料的工艺摸索，实现规模化生产能力，并进入临床试验研究。通过新型聚氨酯原材料的研究及多种技术相结合来攻克动物实验中小血管内皮化的难题	医用级聚氨酯原材料完成医疗器械产品注册工作。医用级聚氨酯原材料的市场需求满足度达到5%以上。获得新型聚氨酯原材料的医疗器械产品认证。通过新型材料的研究及多种技术相结合来实现小血管在人体的内皮化

2）重点发展任务

材料类型	2025 年	2035 年
聚氨酯/聚碳酸酯型聚氨酯	医用级聚氨酯原材料的产业化研究，通过优化合成方法及工艺来制备高性能的聚氨酯原材料。新型水溶性聚氨酯的设计和合成。肝素等生物活性分子接枝改性。综合多种技术，如结合合成材料的人工血管和天然血管来研究人工血管内皮化的基础科学问题。推进医用级聚氨酯原材料的临床试验。通过新型聚氨酯小口径人工血管的制备及多种技术相结合来改善人工血管的功能	进行原材料的医疗器械产品认证工作。通过提高性能及降低成本提高医用级聚氨酯的市场需求满足度。完成新型聚氨酯原材料的医疗器械产品认证工作

参 考 文 献

[1] 汪晓鹏. 简述医用高分子材料的发展与应用. 西部皮革，2020，42（17）：301-333.

[2] 胡堃，刘晨光. 生物医用材料在医疗器械领域的应用及产业发展概述. 新材料产业，2010，（7）：28-33.

[3] 沈丽斯，林伟聪. 医用高分子在医疗器械方面的应用. 中国医疗器械信息，2018，24（3）：321-348.

[4] 施娟娟. 医疗中生物医用高分子材料的应用探析. 当代化工研究，2020（14）：80-81.

[5] 沈健. 生物医用高分子材料的研制及其基础研究. 南京：南京理工大学，2004.

[6] Choi A H，Karacan I，Ben-Nissan B. Surface modifications of titanium alloy using nanobioceramic-based coatings to improve osseointegration：A review. Materials Technology，2020，35（11-12）：742-751.

[7] Francis A. Biological evaluation of preceramic organosilicon polymers for various healthcare and biomedical engineering applications：A review. Journal of Biomedical Materials Research，Part B，Applied Biomaterials，2021，109（5）：744-764.

[8] Ragucci G M，Elnayef B，Criado-Camara E，et al. Immediate implant placement in molar extraction sockets：A systematic review and meta-analysis. International Journal of Implant Dentistry，2020，6（1）：40.

[9] 于旭峰. 血液透析用纳米纤维基复合膜的制备及其性能研究. 上海：东华大学，2020.

[10] 高文卿，李彤，于美丽，等. 血液透析膜材料的改进及抗凝血特性. 生物医学工程与临床，2018，22（6）：713-716.

[11] Chowdhury N S，Islam F，Zafreen F，et al. Effect of surface area of dialyzer membrane on the adequacy of haemodialysis. Journal of Armed Forces Medical College Bangladesh，2012，7（2）：9-11.

[12] Nakagaki M，Miyata K. Membrane potential and permeability coefficient of cellulose membrane. Yakugaku Zasshi，1973，93（9）：1105-1111.

[13] Akl A I，Sobh M A，Enab Y M，et al. Artificial intelligence：A new approach for prescription and monitoring of hemodialysis therapy. American Journal of Kidney Diseases，2001，38（6）：1277-1283.

[14] Shreay S，Stephens M，Ma M，et al. PRM188. Efficiency of dialysis centers in the United States：An updated examination of facility characteristics that influence production of dialysis treatments. Value in Health，2013，16（3）：A47.

[15] 邓斯茜，邓兆燕. 血液透析膜的应用及其改性研究进展.中国社区医师，2019，35（20）：8-11.

[16] 徐天成，夏列波，牟倡骏. 聚砜类血液透析膜材料和结构研究进展.膜科学与技术，2018，38（1）：129-135.

[17] Broek A P，Teunis H A，Bargeman D，et al. Characterization of hollow fiber hemodialysis membranes：Pore size distribution and performance. Journal of Membrane Science，1992，73（2-3）：143-152.

[18] 潘振强，马晓华，许振良，等. 聚砜中空纤维血液透析膜的制备与表征. 中国生物医学工程学报，2016，35（3）：317-323.

[19] Ouradi A，Nguyen Q T，Benaboura A. Polysulfone-AN69 blend membranes and its surface modification by

polyelectrolyte-layer deposit—Preparation and characterization. Journal of Membrane Science，2014，454（15）：20-35.

[20] Omichi M，Matsusaki M，Maruyama I，et al. Improvement of blood compatibility on polysulfone-polyvinylpyrrolidone blend films as a model membrane of dialyzer by physical adsorption of recombinant soluble human thrombomodulin（ART-123）. Journal of Biomaterials Science，2012，23（5）：593-608.

[21] Ishihara K，Fukumoto K，Miyazaki H，et al. Improvement of hemocompatibility on a cellulose dialysis membrane with a novel biomedical polymer having a phospholipid polar group. Artificial Organs，2010，18（8）：559-564.

[22] Park S J，Hwang J S，Choi W K，et al. Enhanced hydrophilicity of polyethersulfone membrane by various surface modification methods. Polymer，2014，38（2）：205-212.

[23] 徐象贤，张守海，刘乾，等. 杂萘联苯共聚醚砜血液透析膜的制备与性能. 膜科学与技术，2020，40（5）：1-8.

[24] 宋萌，郭洁之，王士惟，等. 天然骨无机材料修复颌骨缺损的临床研究. 口腔颌面外科杂志，2004(4)：332-333.

[25] 沈序辉，宋晨路，沈鸽，等. 有机-羟基磷灰石复合骨替代材料. 材料科学与工程，1999（4）：3-5.

[26] 陈宽冰，石文君，杨伟. 胸骨肿瘤扩大切除及有机玻璃修补术的临床应用. 中华肿瘤防治杂志，2009，16（2）：150-151.

[27] Fukuda N，Tsuchiya A，Sunarso，et al. Surface plasma treatment and phosphorylation enhance the biological performance of poly（ether ether ketone）. Colloids and Surfaces B：Biointerfaces，2019，173：36-42.

[28] 胡堃，刘斌. 骨移植材料发展趋势.生物骨科材料与临床研究，2010，7（3）：32-38.

[29] 辛雷，苏佳灿. 人工骨修复材料的现状与展望.创伤外科杂志，2011，13（3）：272-284.

[30] 张世庆，孙嘉怿，陈成，等. 增材制造骨科植入型医疗器械的发展现状及应用.生物骨科材料与临床研究，2018，15（1）：76-80.

[31] 郑磊，王前，裴国献. 骨组织工程中理想细胞外基质材料的选择. 中华创伤骨科杂志，2000，（4）：70-72.

[32] Zhang Y，Yue K，Aleman J，et al. 3D bioprinting for tissue and organ fabrication. Annals of Biomedical Engineering，2017，45（1）：148-163.

[33] 严拓，刘雅文，吴灿，等. 人工血管研究现状与应用优势.中国组织工程研究，2018，22（30）：4849-4854.

[34] Lee L X，Li S C. Hunting down the dominating subclone of cancer stem cells as a potential new therapeutic target in multiple myeloma：An artificial intelligence perspective. World Journal of Stem Cells，2020，12（8）：706-720.

[35] Scarmozzino F，Poli A，Visioli F. Microbiota and cardiovascular disease risk：A scoping review. Pharmacological Research，2020，159：104952.

[36] 陈海啸，陈伟富，陈忠义. 小口径血管移植物的研究进展. 浙江省医学会手外科学分会成立大会暨 2008 年学术年会论文汇编，2008.

[37] 王维慈，欧阳晨曦，周飞，等. 高分子材料小口径人造血管的相关研究. 中国组织工程研究与临床康复，2008（1）：125-128.

[38] 唐兴奎. 自制小口径多微孔聚碳酸酯型聚氨酯人工血管可行性分析及表面偶联水蛭素的研究. 广州：中山大学，2006.

[39] 贾山山，陈群清，闫玉生. 肝素在人工小血管表面改性中的应用. 中国医学物理学杂志，2018，35（10）：1236-1240.

[40] 杨红军. 管状织物增强功能小口径人造血管的制备与性能研究. 上海：东华大学，2011.